共轭曲面的数字仿真原理及其工程应用

阎长罡　著

科学出版社

北　京

内 容 简 介

共轭曲面原理是高副机构的理论基础，本书主要介绍基于数学规划研究共轭曲面原理的新方法——数字仿真方法以及该方法的一些应用实例。

本书内容共有 9 章，分为两部分：理论部分与应用部分。第 1 章为共轭曲面原理基础，第 2 章介绍共轭曲面的数字仿真原理，这两章属于理论部分。第 3 章～第 9 章为应用部分，其中，第 3 章介绍一种特殊原理的传动类型——0° 渐开线包络蜗杆传动；第 4 章为齿条加工齿轮的仿真过程；第 5 章为螺杆加工用指状铣刀廓形的计算；第 6 章为螺杆加工用盘铣刀廓形的计算；第 7 章为双圆弧齿轮滚刀铲磨砂轮的廓形计算；第 8 章为螺杆磨削砂轮廓形的计算；第 9 章介绍共轭曲面的数字仿真原理在数控侧铣加工中的应用。本书内容是根据作者多年的研究成果和工程实践撰写的，在强调理论严密性、科学性的基础上，更加注重方法的实用性和操作的便利性。

本书可供机械工程专业的研究生与科研人员以及机械传动、复杂曲面的设计与加工等领域的工程技术人员参考。

图书在版编目(CIP)数据

共轭曲面的数字仿真原理及其工程应用/阎长罡著. —北京：科学出版社，2017.6

ISBN 978-7-03-053033-2

Ⅰ. ①共… Ⅱ. ①阎… Ⅲ. ①铣削-数字仿真 Ⅳ. ①TG54-39

中国版本图书馆 CIP 数据核字（2017）第 117831 号

责任编辑：张 震 杨慎欣 / 责任校对：彭 涛
责任印制：吴兆东 / 封面设计：无极书装

科 学 出 版 社出版
北京东黄城根北街 16 号
邮政编码：100717
http://www.sciencep.com
北京凌奇印刷有限责任公司印刷
科学出版社发行 各地新华书店经销
*
2017 年 6 月第 一 版 开本：720×1000 1/16
2019 年 2 月第三次印刷 印张：11 1/2
字数：226 000

定价：78.00 元

（如有印装质量问题，我社负责调换）

前　　言

共轭曲面原理是一门以几何图形和共轭运动为研究对象的学科。作为最基本的应用指导性理论，共轭曲面原理在机械传动设计、曲面加工制造等领域发挥着重要的作用。经过国内外专家学者长期不懈的努力，传统的共轭曲面原理研究已经发展到了相当成熟的阶段。

但是，“相当成熟”并不意味着没有问题，更不意味着没有发展的空间。例如，共轭曲面原理典型的应用主要是在齿轮传动的设计以及齿轮零件的加工方面。目前，关于齿轮的书籍并不少见，有的堪称经典，每年发表的相关学术论文更是数不胜数。归纳起来，这些文献可以分为两种类型：应用型及理论型。应用型文献对于解决对应的实际问题是行之有效的，但其缺点是适用范围有所限制。理论型文献强调数学推理的科学性和严密性，为描述共轭过程以及深层次的共轭规律，半个多世纪以来，各种数学方法和手段纷纷登上共轭曲面原理的舞台，如矢量旋转、张量、矩阵、活动标架法、群论及微分形式等。但这些方法在理解及转化为实际应用上具有相当的难度。

几十年来，生产应用中不断涌现出一些难以解决的问题，对传统的共轭曲面理论与方法提出了严峻的挑战。例如，弧齿锥齿轮的接触域分析；在大弹性变形下的谐波齿轮传动；各类误差引起的共轭过程的畸变以及对传动加工的影响；以离散点集描述曲面时数字化曲面的共轭问题；复杂曲面数控加工中的精度分析与控制等。这些问题有的已超出了传统理论的刚体假定、规范性假定及连续性假定的范围，有的解决过程迂回、不够直接。这就催生了共轭曲面原理内涵的扩展与研究方法的多样化问题。

共轭曲面的数字仿真原理与方法就是在此背景下产生的。

数字仿真方法是通过离散数学的数字计算手段，直接描述共轭过程的一种方法，本质上是将共轭过程的理论模型改变为数学规划模型。因此，这种方法具有模型简单、便于解算等优点，尤其在解决误差、变形、干涉、奇异以及非连续可微等复杂条件下的共轭曲面问题时，更能表现出特殊功效，具有传统理论与方法不可比拟的优越性。

本书内容分为两部分：理论部分与应用部分。第 1 章和第 2 章属于理论部分，其中，第 1 章介绍传统的共轭曲面原理的基本知识；第 2 章为本书的核心，描述共轭曲面数字仿真原理的相关内容。第 1 章与第 2 章既相互联系又相互独立。第 3 章～第 9 章为应用部分，除第 4 章齿条加工齿轮的例子来源于刘健教授当年“微分几何”课程的授课内容外，其余均为作者理论研究的对象或为企业解决实际问题的应用实例。其中，第 6 章盘铣刀部分稍有特殊，最初盘铣刀是与指状铣刀（第 5 章）一起为同一个螺杆零件设计的，但该螺杆零件具有“肚大口小”的特点，经过仿真计算后发现采用盘铣刀加工必将存在干涉，因而第 6 章的计算实例改为已有文献上的螺杆零件。书中各实例的全部计算程序均由作者本人独自编写完成，编程语言采用的是 C（早期）或 C#。

在多年的实践中，作者在处理一些实际的共轭曲面问题时，深深感到数字仿真方法所带来的便利性和优越性。限于精力和能力，显然作者不可能用仿真方法针对各种各样的共轭问题一一涉猎。在本书中，作者只就自身接触的有限的几个工程实例对共轭曲面数字仿真原理的工程应用做一个挂一漏万式的介绍，相信读者会从这几个实例中了解到数字仿真方法的精髓，为更好地解决各自遇到的共轭曲面问题提供有益的帮助。共轭曲面领域在理论方面具有深刻的内涵，可谓博大精深，实践方面的内容更是丰富多彩。同时，随着社会的发展、科技的进步，在共轭曲面领域不断地涌现出新的思路和新的问题，共轭曲面的数字仿真方法将具有更广阔的施展空间。

本书成稿之初，作者向恩师刘健教授进行了汇报与请教，就书名及本书的架构等进行了敲定。本书是作者的劳动成果，背后也凝聚着导师的智慧、心血与汗水，二十余年来，作者一直得到刘健教授的关怀、培养与指导，在此表示深深的感谢！大连理工大学 CIMS 中心的刘晓冰教授在作者多年的学习、工作、科研生涯中，给予了多方面的支持、帮助与指导，在此表示衷心的感谢！大连理工大学王晓明教授、曹利新教授同样给予了作者帮助与指导，在此一并表示谢意。作者在本书写作过程中得到了大连交通大学何卫东教授、王春教授、崔云先教授、单丽君教授、邓晓云副教授、施晓春副教授等的帮助，也在此表示感谢。本书的出版得到了大连交通大学机械学院的大力支持以及学院学科建设经费的资助，在此向以何卫东教授为院长的学院领导班子表示衷心感谢！

由于作者的能力与水平有限以及实践经验的欠缺，书中不当之处在所难免，还请各位专家学者多多批评指正！

阎长罡

2017 年 1 月 31 日

目　录

前言

第 1 章　共轭曲面原理基础 …… 1

1.1　回转运动群与圆矢量函数 …… 1

1.1.1　回转运动群 …… 1

1.1.2　圆矢量函数 …… 4

1.2　研究曲面的标架方法 …… 5

1.3　共轭曲面的基本方程及微分关系式 …… 6

1.3.1　共轭曲面的基本方程 …… 6

1.3.2　微分关系式 …… 7

1.4　共轭曲面的求解 …… 11

1.5　诱导曲率 …… 13

1.6　隐函数的存在性与函数的奇异性 …… 15

1.6.1　$f(u,v,w)=0$ 形式的隐函数存在性及解的奇异特征 …… 15

1.6.2　函数方程组解的存在性及奇异特征 …… 17

1.7　共轭的两类界限与奇点共轭 …… 22

1.7.1　一类界限 …… 22

1.7.2　二类界限 …… 23

1.7.3　奇点共轭 …… 24

参考文献 …… 26

第 2 章　共轭曲面的数字仿真原理 …… 27

2.1　共轭曲面数字仿真原理的产生过程 …… 27

2.2　共轭过程的数字仿真模型 …… 29

2.2.1　数字仿真的基本构思 …… 29

2.2.2　数字仿真的数学模型 …… 30

2.3　标杆函数的存在性及最小值条件 …… 32

2.3.1 标杆函数的存在性 …… 32
2.3.2 标杆函数的最小值条件 …… 33
2.4 共轭的界限 …… 34
2.4.1 解存在性的基础方程 …… 34
2.4.2 一类界点条件 …… 35
2.4.3 二类界点条件 …… 36
2.4.4 奇解点条件 …… 37
2.5 标杆函数的性质与共轭曲面基本特征的关系 …… 37
2.5.1 一般共轭情形 …… 37
2.5.2 奇点共轭情形 …… 41
2.6 接触域的仿真分析 …… 44
2.6.1 概述 …… 44
2.6.2 诱导曲率 …… 45
2.6.3 曲面离差与接触域的确定 …… 46
2.7 共轭曲面第二类问题的数字仿真研究 …… 48
2.7.1 共轭曲面的第二类问题 …… 48
2.7.2 数字仿真模型的建立 …… 48
2.7.3 算例 …… 50
参考文献 …… 53

第 3 章 0°渐开线包络蜗杆传动 …… 55

3.1 二次包络与奇点共轭 …… 55
3.1.1 奇点共轭的二次包络实现 …… 55
3.1.2 对二次包络的再认识 …… 57
3.2 一次包络下渐开线螺旋面的奇点共轭实现 …… 58
3.3 0° 渐开线包络蜗杆传动概述 …… 59
3.4 啮合面 …… 61
3.5 蜗杆廓面方程 …… 65
3.6 0° 渐开线包络蜗杆啮合过程的数字仿真 …… 68
3.6.1 0° 渐开线包络蜗杆传动的仿真模型 …… 68
3.6.2 蜗杆廓面上的一类界点条件 …… 70
3.7 0° 渐开线包络蜗杆齿面构成的数字分析 …… 72

3.8 0° 渐开线包络蜗杆传动的仿真接触域分析……80
3.8.1 仿真接触线分析……80
3.8.2 仿真接触域分析……82
参考文献……83

第 4 章 齿条加工齿轮的仿真过程……84

4.1 解析方法……84
4.2 共轭曲面的数字仿真方法……86

第 5 章 螺杆加工用指状铣刀廓形的计算……89

5.1 泛外摆线螺杆面方程的建立……89
5.1.1 螺杆面端面线形的构成……89
5.1.2 螺杆面方程的建立……91
5.2 指状铣刀廓形计算的解析方法与仿真方法……91
5.2.1 解析方法……91
5.2.2 仿真方法……94
5.3 计算实例及计算结果……96
5.4 端面为离散点形式的螺杆加工指状铣刀的廓形计算……97
5.4.1 无侧隙时指状铣刀廓形的计算与校验……97
5.4.2 有侧隙时指状铣刀廓形的计算与校验……100

第 6 章 螺杆加工用盘铣刀廓形的计算……103

6.1 螺杆的端面齿形……103
6.1.1 阴螺杆的端面齿形……103
6.1.2 阳螺杆的端面齿形……105
6.2 盘铣刀廓形计算的解析方法……108
6.3 盘铣刀廓形计算的仿真方法……111
6.4 盘铣刀廓形的准确性校验……114
6.4.1 误差设为 X 方向……114
6.4.2 误差设为 Y 方向……115
6.4.3 误差的计算与分析……115
参考文献……116

第 7 章　双圆弧齿轮滚刀铲磨砂轮的廓形计算 ······ 117

7.1　双圆弧滚刀法向截形的描述 ······ 118
7.2　双圆弧齿轮滚刀铲磨砂轮廓形的解析计算 ······ 120
7.2.1　砂轮铲磨滚刀坐标系的建立 ······ 120
7.2.2　砂轮铲磨滚刀解析数学模型的建立 ······ 121
7.3　铲磨砂轮廓形计算的数字仿真方法 ······ 124
7.4　计算实例 ······ 125
7.5　铲磨砂轮廓形的准确性校验 ······ 126
7.6　滚刀重磨对滚齿加工齿形误差的影响 ······ 129
7.6.1　滚齿加工的通用数字仿真模型 ······ 129
7.6.2　滚刀重磨后的滚齿加工齿形误差计算 ······ 133
7.6.3　砂轮铲磨工艺参数对滚齿加工齿形误差的影响 ······ 135
参考文献 ······ 135

第 8 章　螺杆磨削砂轮廓形的计算 ······ 136

8.1　砂轮廓形计算的解析方法 ······ 136
8.1.1　问题的提出 ······ 136
8.1.2　螺杆面方程的建立 ······ 137
8.1.3　磨削加工中心距的确定 ······ 139
8.1.4　确定砂轮廓形的解析方法 ······ 139
8.2　砂轮廓形计算的仿真方法 ······ 143
8.2.1　最小值条件与啮合条件的对比 ······ 143
8.2.2　砂轮廓形的仿真计算 ······ 145
8.3　砂轮截形准确性的校验 ······ 146
参考文献 ······ 149

第 9 章　共轭曲面的数字仿真原理在数控侧铣加工中的应用 ······ 150

9.1　引言 ······ 150
9.2　叶片曲面的造型 ······ 151
9.3　两点偏置法确定初始刀位 ······ 152
9.4　圆锥刀侧铣加工刀位规划的最小二乘法 ······ 154

9.5　圆锥刀具面族的包络面与包络误差计算 ······ 157
9.5.1　解析方法 ······ 157
9.5.2　基于共轭曲面仿真原理的包络面与包络误差计算 ······ 163
9.6　加工过程中相邻叶片的干涉检查 ······ 165
9.7　基于共轭曲面仿真原理的侧铣刀位最优性条件的生成 ······ 166
9.7.1　单刀位优化的难点分析 ······ 166
9.7.2　刀位的最优性判定条件 ······ 167
参考文献 ······ 171

第 1 章　共轭曲面原理基础

本章主要介绍共轭曲面原理研究的基本工具、理论与方法，以及相关概念，为后续的研究和应用提供必备的知识。内容包括回转运动群与圆矢量函数、研究曲面的标架方法、共轭曲面的基本方程、共轭曲面的求解、诱导曲率、隐函数的存在性与函数的奇异性、共轭的两类界限与奇点共轭。

1.1　回转运动群与圆矢量函数

1.1.1　回转运动群

1. 回转运动群的定义与性质

矢量 $\boldsymbol{R}$ 绕单位矢量为 $\boldsymbol{\Omega}_0$ 的轴回转 φ（角度）后成为矢量 $\boldsymbol{r}$，则有

$$\boldsymbol{r} = \boldsymbol{B}(\varphi)\boldsymbol{R} \tag{1.1}$$

式中，$\boldsymbol{B}(\varphi)$ 为回转运动群，简称回转群[1]。回转运动群属于合同变换群的一种，因而满足群公理，即具有封闭性、满足结合律、并存在幺元和逆元。回转运动群方法描述了刚体的回转运动，给曲面问题的研究带来了方便。

在已知正交标架 $\{\boldsymbol{o},\boldsymbol{ijk}\}$ 中，有回转轴 $\boldsymbol{op}$，如图 1.1 所示，则单位矢量 $\boldsymbol{\Omega}_0$ 可表示为

$$\boldsymbol{\Omega}_0 = \Omega_{01}\boldsymbol{i} + \Omega_{02}\boldsymbol{j} + \Omega_{03}\boldsymbol{k} \tag{1.2}$$

式中，$\Omega_{01},\Omega_{02},\Omega_{03}$ 为 $\boldsymbol{\Omega}_0$ 的坐标分量，且满足 $\sum_{i=1}^{3}\Omega_{0i}^2 = 1$。

回转运动群具有以下基本性质：

（1）$\boldsymbol{B}(\varphi)\boldsymbol{\Omega}_0 = \boldsymbol{\Omega}_0$，即回转轴上的矢量回转后仍为自身；

（2）$\boldsymbol{B}(0) = \boldsymbol{E}$，$\boldsymbol{B}(0)\boldsymbol{R} = \boldsymbol{E}\boldsymbol{R} = \boldsymbol{R}$，$\boldsymbol{E}$ 为恒等变换，即幺元；

（3）$\boldsymbol{B}^{-1}(\varphi) = \boldsymbol{B}(-\varphi)$ 为回转运动群的逆元，可描述逆方向回转运动；

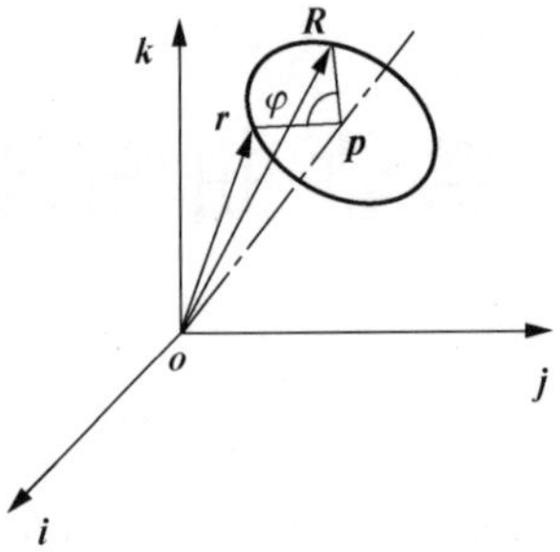

图 1.1　回转运动群

（4）$[\boldsymbol{B}(\varphi)\boldsymbol{a}]\cdot[\boldsymbol{B}(\varphi)\boldsymbol{b}]=\boldsymbol{a}\cdot\boldsymbol{b}$，即两矢量回转前的纯积等于回转后的纯积，特别地，$[\boldsymbol{B}(\varphi)\boldsymbol{a}]^2=\boldsymbol{a}^2$，表明回转运动群仅回转矢量位置而不改变其大小；

（5）$[\boldsymbol{B}(\varphi)\boldsymbol{a}]\times[\boldsymbol{B}(\varphi)\boldsymbol{b}]=\boldsymbol{B}(\varphi)[\boldsymbol{a}\times\boldsymbol{b}]$，即两矢量回转的矢积等于矢积的回转；

（6）$\boldsymbol{B}(\varphi+\theta)=\boldsymbol{B}(\varphi)\cdot\boldsymbol{B}(\theta)$；

（7）$\dfrac{\mathrm{d}\boldsymbol{B}(\varphi)}{\mathrm{d}\varphi}=\boldsymbol{B}(\varphi)\boldsymbol{\lambda}$，$\dfrac{\mathrm{d}\boldsymbol{B}^{-1}(\varphi)}{\mathrm{d}\varphi}=-\boldsymbol{B}^{-1}(\varphi)\boldsymbol{\lambda}$，其中，$\boldsymbol{\lambda}$ 是一反对称矩阵，其非零元素是 $\boldsymbol{\Omega}_0$ 的坐标分量，即

$$\boldsymbol{\lambda}=\begin{bmatrix}0 & \Omega_{03} & -\Omega_{02}\\ -\Omega_{03} & 0 & \Omega_{01}\\ \Omega_{02} & -\Omega_{01} & 0\end{bmatrix}$$

因为 $\boldsymbol{\lambda}$ 具有重要性质：$\boldsymbol{\lambda R}=\boldsymbol{\Omega}_0\times\boldsymbol{R}$。所以，有

$$\frac{\mathrm{d}\boldsymbol{B}(\varphi)}{\mathrm{d}\varphi}\boldsymbol{R}=\boldsymbol{B}(\varphi)\boldsymbol{\lambda R}=\boldsymbol{B}(\varphi)(\boldsymbol{\Omega}_0\times\boldsymbol{R})=\boldsymbol{\Omega}_0\times\boldsymbol{r}$$

$$\frac{\mathrm{d}\boldsymbol{B}^{-1}(\varphi)}{\mathrm{d}\varphi}\boldsymbol{R}=-\boldsymbol{B}^{-1}(\varphi)\boldsymbol{\lambda R}=-\boldsymbol{\Omega}_0\times[\boldsymbol{B}^{-1}(\varphi)\boldsymbol{R}]$$

2. 回转运动群的矩阵表示法

回转运动群可有多种表示方法，其中，矩阵表示法应用最为广泛。下面就直角坐标系 $\{O,XYZ\}$ 中，矢量 $\boldsymbol{R}$ 绕 Z 轴回转时回转运动群的矩阵表示进行描述。如图 1.2 所示，设坐标轴 X,Y,Z 的单位矢量分别为 $\boldsymbol{i},\boldsymbol{j},\boldsymbol{k}$，已知矢量 $\boldsymbol{R}$ 绕 Z 轴回转 φ 后成为矢量 $\boldsymbol{r}$，则 $\boldsymbol{R},\boldsymbol{r}$ 的坐标表示分别为

$$\boldsymbol{R}=X\boldsymbol{i}+Y\boldsymbol{j}+Z\boldsymbol{k}\tag{1.3}$$

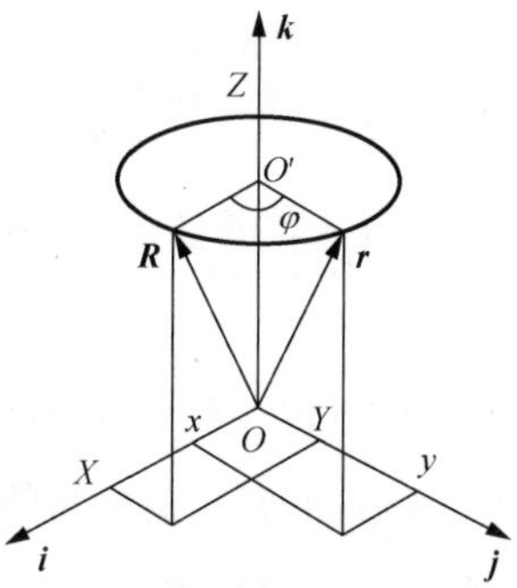

图 1.2　绕 Z 轴回转矢量

$$\boldsymbol{r} = x\boldsymbol{i} + y\boldsymbol{j} + z\boldsymbol{k} \tag{1.4}$$

式中，X,Y,Z 为 $\boldsymbol{R}$ 的坐标分量；x,y,z 为 $\boldsymbol{r}$ 的坐标分量。可知

$$\begin{cases} x = X\cos\varphi - Y\sin\varphi \\ y = X\sin\varphi + Y\cos\varphi \\ z = Z \end{cases} \tag{1.5}$$

写成矩阵形式有

$$\begin{bmatrix} x \\ y \\ z \end{bmatrix} = \begin{bmatrix} \cos\varphi & -\sin\varphi & 0 \\ \sin\varphi & \cos\varphi & 0 \\ 0 & 0 & 1 \end{bmatrix} \begin{bmatrix} X \\ Y \\ Z \end{bmatrix} \tag{1.6}$$

或可缩写成

$$\boldsymbol{r} = \boldsymbol{B}(\varphi)\boldsymbol{R}$$

式中，$\boldsymbol{r} = [x, y, z]^{\mathrm{T}}$；$\boldsymbol{R} = [X, Y, Z]^{\mathrm{T}}$；而

$$\boldsymbol{B}(\varphi) = \begin{bmatrix} \cos\varphi & -\sin\varphi & 0 \\ \sin\varphi & \cos\varphi & 0 \\ 0 & 0 & 1 \end{bmatrix} \tag{1.7}$$

即为回转运动群的矩阵表示。此时回转轴的单位矢量为 $\boldsymbol{\Omega}_0 = \boldsymbol{k}$，据此可知：

$$\boldsymbol{B}^{-1}(\varphi) = \boldsymbol{B}(-\varphi) = \begin{bmatrix} \cos\varphi & \sin\varphi & 0 \\ -\sin\varphi & \cos\varphi & 0 \\ 0 & 0 & 1 \end{bmatrix} \tag{1.8a}$$

$$\boldsymbol{E} = \begin{bmatrix} 1 & 0 & 0 \\ 0 & 1 & 0 \\ 0 & 0 & 1 \end{bmatrix} \tag{1.8b}$$

3. 回转运动群的并矢表示法

回转运动群也可以写成如下形式：

$$\boldsymbol{B}(\varphi)=\boldsymbol{E}+\sin\varphi(\boldsymbol{\Omega}_0\times\boldsymbol{E})+(1-\cos\varphi)(\boldsymbol{\Omega}_0\boldsymbol{\Omega}_0-\boldsymbol{E}) \tag{1.9a}$$

或者写成

$$\boldsymbol{B}(\varphi)=\boldsymbol{\Omega}_0\boldsymbol{\Omega}_0+\sin\varphi(\boldsymbol{\Omega}_0\times\boldsymbol{E})+\cos\varphi(\boldsymbol{E}-\boldsymbol{\Omega}_0\boldsymbol{\Omega}_0) \tag{1.9b}$$

式中，$\boldsymbol{\Omega}_0\boldsymbol{\Omega}_0$表示并矢式，注意，它并不表示两矢量的数量积，而具有类似矩阵的性质；$\boldsymbol{E}$称为恒等并矢，具有单位矩阵的性质，并矢的运算规则见文献[2]。

1.1.2 圆矢量函数

设$\boldsymbol{B}(\varphi)$表示绕Z轴的回转运动群，如果将$\boldsymbol{B}(\varphi)$作用于坐标轴X,Y的单位矢量$\boldsymbol{i},\boldsymbol{j}$，则有

$$\boldsymbol{B}(\varphi)\boldsymbol{i}=\begin{bmatrix}\cos\varphi & -\sin\varphi & 0\\ \sin\varphi & \cos\varphi & 0\\ 0 & 0 & 1\end{bmatrix}\begin{bmatrix}1\\0\\0\end{bmatrix}=\begin{bmatrix}\cos\varphi\\ \sin\varphi\\ 0\end{bmatrix} \tag{1.10}$$

$$\boldsymbol{B}(\varphi)\boldsymbol{j}=\begin{bmatrix}\cos\varphi & -\sin\varphi & 0\\ \sin\varphi & \cos\varphi & 0\\ 0 & 0 & 1\end{bmatrix}\begin{bmatrix}0\\1\\0\end{bmatrix}=\begin{bmatrix}-\sin\varphi\\ \cos\varphi\\ 0\end{bmatrix} \tag{1.11}$$

将以上结果分别用$\boldsymbol{e}(\varphi)$，$\boldsymbol{e}_1(\varphi)$表示，则有

$$\boldsymbol{e}(\varphi)=\cos\varphi\boldsymbol{i}+\sin\varphi\boldsymbol{j} \tag{1.12}$$

$$\boldsymbol{e}_1(\varphi)=-\sin\varphi\boldsymbol{i}+\cos\varphi\boldsymbol{j} \tag{1.13}$$

式中，$\boldsymbol{e}(\varphi)$，$\boldsymbol{e}_1(\varphi)$称为圆矢量函数。可见，圆矢量函数在本质上与回转运动群是相通的，但是它表示的是二维平面内的回转运动。圆矢量函数具有以下重要性质：

（1）$[\boldsymbol{e}(\varphi)]^2=[\boldsymbol{e}_1(\varphi)]^2=1$；

（2）$\boldsymbol{e}_1(\varphi)=\boldsymbol{e}(\varphi+\dfrac{\pi}{2})$；

（3）$\boldsymbol{e}(\varphi)\cdot\boldsymbol{e}_1(\varphi)=0$，$\boldsymbol{e}(\varphi)\times\boldsymbol{e}_1(\varphi)=\boldsymbol{k}$；

（4）$\boldsymbol{e}(\theta+\varphi)=\cos(\theta+\varphi)\boldsymbol{i}+\sin(\theta+\varphi)\boldsymbol{j}=\cos\theta\boldsymbol{e}(\varphi)+\sin\theta\boldsymbol{e}_1(\varphi)$

$=\cos\varphi\boldsymbol{e}(\theta)+\sin\varphi\boldsymbol{e}_1(\theta)$，

$\boldsymbol{e}_1(\theta+\varphi)=-\sin(\theta+\varphi)\boldsymbol{i}+\cos(\theta+\varphi)\boldsymbol{j}=-\sin\theta\boldsymbol{e}(\varphi)+\cos\theta\boldsymbol{e}_1(\varphi)$

$=-\sin\varphi\boldsymbol{e}(\theta)+\cos\varphi\boldsymbol{e}_1(\theta)$；

（5）$\dfrac{\mathrm{d}\boldsymbol{e}(\varphi)}{\mathrm{d}\varphi}=\boldsymbol{e}_1(\varphi)$，$\dfrac{\mathrm{d}\boldsymbol{e}_1(\varphi)}{\mathrm{d}\varphi}=-\boldsymbol{e}(\varphi)$。

1.2　研究曲面的标架方法

活动标架方法是研究现代微分几何学的方法之一。活动标架系指依附于图形的正交单位坐标系。可令标架的原点 p 位于曲面 $\boldsymbol{r}=\boldsymbol{r}(u,v)$ 上，其中，u,v 为曲面参数，标架 $\boldsymbol{e}_1,\boldsymbol{e}_2$ 处于该曲面的切平面内，$\boldsymbol{e}_3$ 为曲面上的单位法矢，一般可将标架记为 $\{\boldsymbol{r}(u,v),\boldsymbol{e}_1\boldsymbol{e}_2\boldsymbol{e}_3\}$。活动标架方法与回转运动群方法相结合，可以用来描述标架在所研究曲面上的几何运动和标架随该曲面的机械运动。活动标架在曲面上可以有两类无穷小的运动：无穷小平移和无穷小回转。这两类无穷小运动同曲面的形状特征密切相关，因此，产生了一种将运动学和几何学联系起来的研究方法。

矢径 $\boldsymbol{r}=\boldsymbol{r}(u,v)$ 的微分表达式可以写成

$$\mathrm{d}\boldsymbol{r}=\boldsymbol{r}_u\mathrm{d}u+\boldsymbol{r}_v\mathrm{d}v \tag{1.14}$$

式中，$\boldsymbol{r}_u,\boldsymbol{r}_v$ 分别表示矢径 $\boldsymbol{r}$ 对 u,v 的偏导矢。可将 $\mathrm{d}\boldsymbol{r}$ 进一步写成以下形式：

$$\mathrm{d}\boldsymbol{r}=\boldsymbol{e}_1\sigma_1+\boldsymbol{e}_2\sigma_2 \tag{1.15}$$

其中，

$$\begin{cases}\sigma_1=(\boldsymbol{r}_u\mathrm{d}u+\boldsymbol{r}_v\mathrm{d}v)\cdot\boldsymbol{e}_1=(\boldsymbol{r}_u\cdot\boldsymbol{e}_1)\mathrm{d}u+(\boldsymbol{r}_v\cdot\boldsymbol{e}_1)\mathrm{d}v\\ \sigma_2=(\boldsymbol{r}_u\mathrm{d}u+\boldsymbol{r}_v\mathrm{d}v)\cdot\boldsymbol{e}_2=(\boldsymbol{r}_u\cdot\boldsymbol{e}_2)\mathrm{d}u+(\boldsymbol{r}_v\cdot\boldsymbol{e}_2)\mathrm{d}v\end{cases} \tag{1.16}$$

式（1.14）和式（1.15）即为标架的无穷小平移表达式。σ_1,σ_2 表示标架原点在 $\boldsymbol{e}_1,\boldsymbol{e}_2$ 方向的无穷小位移，即曲面沿 $\boldsymbol{e}_1,\boldsymbol{e}_2$ 方向的弧微分。从解析上看，σ_1,σ_2 又是关于 u,v 的一次微分形式，显然

$$\sigma^2=(\mathrm{d}\boldsymbol{r})^2=(\mathrm{d}s)^2=\sigma_1^2+\sigma_2^2 \tag{1.17}$$

式中，σ 表示曲面上任意方向的弧微分；s 表示弧长。

无穷小回转表达式为

$$\begin{cases}\mathrm{d}\boldsymbol{e}_1=\boldsymbol{e}_2\omega_3-\boldsymbol{e}_3\omega_2\\ \mathrm{d}\boldsymbol{e}_2=\boldsymbol{e}_3\omega_1-\boldsymbol{e}_1\omega_3\\ \mathrm{d}\boldsymbol{e}_3=\boldsymbol{e}_1\omega_2-\boldsymbol{e}_2\omega_1\end{cases} \tag{1.18}$$

式中，ω_i（$i=1,2,3$）具有明确的物理意义，它表示活动标架$\{\boldsymbol{r}(u,v),\boldsymbol{e}_1\boldsymbol{e}_2\boldsymbol{e}_3\}$瞬时回转角速度矢量$\boldsymbol{\omega}$的分量，即

$$\boldsymbol{\omega}=\boldsymbol{e}_1\omega_1+\boldsymbol{e}_2\omega_2+\boldsymbol{e}_3\omega_3 \tag{1.19}$$

其中，$\omega_1,\omega_2,\omega_3$也是$u,v$的一次微分形式，可以表示为关于$\sigma_1,\sigma_2$的线性组合，即

$$\begin{cases}\omega_1=-c_{12}\sigma_1-c_{22}\sigma_2\\ \omega_2=c_{11}\sigma_1+c_{12}\sigma_2\\ \omega_3=g_1\sigma_1+g_2\sigma_2\end{cases} \tag{1.20}$$

其中，系数$c_{11},c_{12},c_{22},g_1,g_2$为$\omega_1,\omega_2,\omega_3$的协变导数，其几何意义如下：$c_{11},c_{22}$分别是曲面在$\boldsymbol{e}_1,\boldsymbol{e}_2$方向的负法曲率；$c_{12}$是曲面在$\boldsymbol{e}_1$方向的负测地挠率；$g_1,g_2$为曲面在$\boldsymbol{e}_1,\boldsymbol{e}_2$方向的测地曲率。

上面的五个微分形式$\sigma_1,\sigma_2,\omega_1,\omega_2,\omega_3$构成了曲面的不变式，其中，$\sigma_1,\sigma_2$决定曲面的尺度特征；$\omega_1,\omega_2,\omega_3$决定曲面的形状特征。

在标架方法中，曲面的法曲率可以表示为

$$k_n=-\frac{\mathrm{d}\boldsymbol{r}\cdot\mathrm{d}\boldsymbol{e}_3}{(\mathrm{d}s)^2} \tag{1.21}$$

将式（1.15）、式（1.17）、式（1.18）及式（1.20）代入上式可得

$$k_n=-\frac{\sigma_1\omega_2-\sigma_2\omega_1}{\sigma_1^2+\sigma_2^2}=-(c_{11}\cos^2\theta+2c_{12}\cos\theta\sin\theta+c_{22}\sin^2\theta) \tag{1.22}$$

式中，$\cos\theta=\sigma_1/\mathrm{d}s=\sigma_1/\sqrt{\sigma_1^2+\sigma_2^2}$；$\sin\theta=\sigma_2/\mathrm{d}s=\sigma_2/\sqrt{\sigma_1^2+\sigma_2^2}$；$\theta$为法曲率所在方向与$\boldsymbol{e}_1$的夹角。

1.3 共轭曲面的基本方程及微分关系式

1.3.1 共轭曲面的基本方程

本章仅讨论固定中心距、定速比、无轴向进给条件下的共轭运动过程。

符号规定：用大写字母表示回转前的诸几何与运动要素，回转后的要素则用对应的小写字母表示。针对两共轭曲面的相同要素，分别冠以上角标“1”“2”以示区别。

设$\boldsymbol{\Omega}_0^{(1)},\boldsymbol{\Omega}_0^{(2)}$分别表示两回转轴的单位方向矢量，$\boldsymbol{\Omega}^{(1)},\boldsymbol{\Omega}^{(2)}$为回转角速度矢

量，则有 $\boldsymbol{\Omega}^{(1)}=\Omega_1\boldsymbol{\Omega}_0^{(1)}$，$\boldsymbol{\Omega}^{(2)}=\Omega_2\boldsymbol{\Omega}_0^{(2)}$，$\Omega_1,\Omega_2$ 为回转角速度的大小；回转角度以 ϕ_1、ϕ_2 表示，$\phi_2=I\phi_1$，I 为速比。由于 Ω_1 的大小不影响共轭解析的性质，假定 $\Omega_1=1$，则有 $\boldsymbol{\Omega}^{(1)}=\boldsymbol{\Omega}_0^{(1)}$，$\boldsymbol{\Omega}^{(2)}=I\boldsymbol{\Omega}_0^{(2)}$，$\mathrm{d}t=\mathrm{d}\phi_1$，其中，$t$ 为时间参数。

设两个曲面分别为 Σ_1,Σ_2，它们的曲面方程分别为 Σ_1：$\boldsymbol{R}^{(1)}=\boldsymbol{R}^{(1)}(u_1,v_1)$，$\Sigma_2$：$\boldsymbol{R}^{(2)}=\boldsymbol{R}^{(2)}(u_2,v_2)$，其中，$u_1,v_1,u_2,v_2$ 为曲面参数，于是有共轭曲面方程：

$$\boldsymbol{r}^{(1)}=\boldsymbol{B}_1(\phi_1)\boldsymbol{R}^{(1)}(u_1,v_1) \tag{1.23a}$$

$$\boldsymbol{r}^{(2)}=\boldsymbol{B}_2(\phi_2)\boldsymbol{R}^{(2)}(u_2,v_2) \tag{1.23b}$$

$$\boldsymbol{r}^{(1)}-\boldsymbol{r}^{(2)}=A\boldsymbol{a} \tag{1.23c}$$

$$\boldsymbol{n}^{(1)}=\boldsymbol{B}_1(\phi_1)\boldsymbol{N}^{(1)} \tag{1.23d}$$

$$\boldsymbol{n}^{(2)}=\boldsymbol{B}_2(\phi_2)\boldsymbol{N}^{(2)} \tag{1.23e}$$

$$\boldsymbol{n}=\boldsymbol{n}^{(1)}=\boldsymbol{n}^{(2)} \tag{1.23f}$$

式中，A 为中心距；$\boldsymbol{a}$ 为中心距单位矢量；$\boldsymbol{N}^{(1)},\boldsymbol{N}^{(2)}$ 分别表示曲面 Σ_1,Σ_2 的单位法矢，两者回转后的矢量分别用 $\boldsymbol{n}^{(1)},\boldsymbol{n}^{(2)}$ 表示；$\boldsymbol{n}$ 为单位公法矢。

1.3.2　微分关系式

首先，在曲面 Σ_1 和 Σ_2 上设立活动标架 $\{\boldsymbol{R}^{(1)},\boldsymbol{E}_1^{(1)}\boldsymbol{E}_2^{(1)}\boldsymbol{E}_3^{(1)}\}$ 和 $\{\boldsymbol{R}^{(2)},\boldsymbol{E}_1^{(2)}\boldsymbol{E}_2^{(2)}\boldsymbol{E}_3^{(2)}\}$，其中，$\boldsymbol{E}_3^{(1)}=\boldsymbol{N}^{(1)}$ 和 $\boldsymbol{E}_3^{(2)}=\boldsymbol{N}^{(2)}$ 为两曲面的单位法矢。当两曲面回转时，标架也随之回转，即 $\boldsymbol{e}_j^{(i)}=\boldsymbol{B}_i(\phi_i)\boldsymbol{E}_j^{(i)}$（$i=1,2$；$j=1,2,3$）。注意，两曲面在啮合点处有相同的单位公法矢，即 $\boldsymbol{e}_3^{(1)}=\boldsymbol{e}_3^{(2)}=\boldsymbol{n}=\boldsymbol{e}_3$，为讨论问题方便，规定在啮合点处两个标架重合，即 $\boldsymbol{e}_1^{(1)}=\boldsymbol{e}_1^{(2)}=\boldsymbol{e}_1$，$\boldsymbol{e}_2^{(1)}=\boldsymbol{e}_2^{(2)}=\boldsymbol{e}_2$，啮合点处的公共标架为 $\{\boldsymbol{r}^{(1)},\boldsymbol{e}_1\boldsymbol{e}_2\boldsymbol{e}_3\}$，其中，$\boldsymbol{e}_1,\boldsymbol{e}_2,\boldsymbol{e}_3$ 为啮合点处公共标架的单位矢量。

1. 共轭的第一组微分关系式

对式（1.23a）两端微分有

$$\begin{aligned}\mathrm{d}\boldsymbol{r}^{(1)}&=\mathrm{d}(\boldsymbol{B}_1\boldsymbol{R}^{(1)})\\&=\boldsymbol{B}_1(\mathrm{d}\boldsymbol{R}^{(1)}+\lambda\Omega_1\boldsymbol{R}^{(1)}\mathrm{d}t)\\&=\boldsymbol{B}_1(\mathrm{d}\boldsymbol{R}^{(1)}+\boldsymbol{\Omega}^{(1)}\times\boldsymbol{R}^{(1)}\mathrm{d}t)\\&=\boldsymbol{B}_1\mathrm{d}\boldsymbol{R}^{(1)}+\boldsymbol{\Omega}^{(1)}\times\boldsymbol{r}^{(1)}\mathrm{d}t\end{aligned} \tag{1.24}$$

同理对式（1.23b）两端微分，有

$$\mathrm{d}\boldsymbol{r}^{(2)} = \boldsymbol{B}_2\mathrm{d}\boldsymbol{R}^{(2)} + \boldsymbol{\Omega}^{(2)} \times \boldsymbol{r}^{(2)}\mathrm{d}t \tag{1.25}$$

两曲面在啮合点处的速度分别为

$$\begin{cases}\boldsymbol{v}^{(1)} = \boldsymbol{\Omega}^{(1)} \times \boldsymbol{r}^{(1)} \\ \boldsymbol{v}^{(2)} = \boldsymbol{\Omega}^{(2)} \times \boldsymbol{r}^{(2)}\end{cases} \tag{1.26}$$

于是，式（1.24）和式（1.25）又可写为

$$\begin{cases}\mathrm{d}\boldsymbol{r}^{(1)} = \mathrm{d}_1\boldsymbol{r}^{(1)} + \boldsymbol{v}^{(1)}\mathrm{d}t \\ \mathrm{d}\boldsymbol{r}^{(2)} = \mathrm{d}_2\boldsymbol{r}^{(2)} + \boldsymbol{v}^{(2)}\mathrm{d}t\end{cases} \tag{1.27}$$

式中，$\mathrm{d}_1\boldsymbol{r}^{(1)} = \boldsymbol{B}_1\mathrm{d}\boldsymbol{R}^{(1)}$ 和 $\mathrm{d}_2\boldsymbol{r}^{(2)} = \boldsymbol{B}_2\mathrm{d}\boldsymbol{R}^{(2)}$，均表示相对微分。

对式（1.23c）两端微分并结合式（1.27）即得

$$\mathrm{d}_1\boldsymbol{r}^{(1)} - \mathrm{d}_2\boldsymbol{r}^{(2)} = \boldsymbol{v}^{(21)}\mathrm{d}t \tag{1.28}$$

式中，$\boldsymbol{v}^{(21)} = \boldsymbol{v}^{(2)} - \boldsymbol{v}^{(1)}$，表示共轭曲面之间的相对运动速度。由式（1.26）可得

$$\boldsymbol{v}^{(21)} = \boldsymbol{\Omega}^{(21)} \times \boldsymbol{r}^{(1)} - A(\boldsymbol{\Omega}^{(2)} \times \boldsymbol{a}) \tag{1.29}$$

其中，$\boldsymbol{\Omega}^{(21)} = \boldsymbol{\Omega}^{(2)} - \boldsymbol{\Omega}^{(1)}$，为相对回转角速度矢量。

由于接触点处存在公法矢 $\boldsymbol{e}_3$，则 $\mathrm{d}_1\boldsymbol{r}^{(1)} \cdot \boldsymbol{e}_3 = \mathrm{d}_2\boldsymbol{r}^{(2)} \cdot \boldsymbol{e}_3 = 0$，于是得到

$$\boldsymbol{v}^{(21)} \cdot \boldsymbol{e}_3 = 0 \quad \text{或} \ \boldsymbol{v}^{(21)} \cdot \boldsymbol{n} = 0 \tag{1.30}$$

上式称为共轭条件式，表明在啮合点处相对速度与公法线正交。此条件式在共轭曲面原理中占有重要地位，它给出了共轭时运动与几何间应满足的关系。

由式（1.15）可求得 $\mathrm{d}_1\boldsymbol{r}^{(1)}$ 和 $\mathrm{d}_2\boldsymbol{r}^{(2)}$ 的表达式：

$$\mathrm{d}_1\boldsymbol{r}^{(1)} = \boldsymbol{e}_1\sigma_1^{(1)} + \boldsymbol{e}_2\sigma_2^{(1)} \tag{1.31a}$$

$$\mathrm{d}_2\boldsymbol{r}^{(2)} = \boldsymbol{e}_1\sigma_1^{(2)} + \boldsymbol{e}_2\sigma_2^{(2)} \tag{1.31b}$$

式中，$\sigma_1^{(1)}, \sigma_2^{(1)}, \sigma_1^{(2)}, \sigma_2^{(2)}$ 分别表示曲面 Σ_1, Σ_2 的两组微分形式。

另外，由于 $\boldsymbol{e}_1\boldsymbol{e}_2\boldsymbol{e}_3$ 表示两曲面在啮合点处的共同标架，相对运动速度 $\boldsymbol{v}^{(21)}$ 也可展开在此标架之中：

$$\begin{cases}\boldsymbol{v}^{(21)} = \boldsymbol{e}_1 v_1^{(21)} + \boldsymbol{e}_2 v_2^{(21)} \\ v_i^{(21)} = \boldsymbol{v}^{(21)} \cdot \boldsymbol{e}_i \quad (i = 1, 2)\end{cases} \tag{1.32}$$

将式（1.31）和式（1.32）代入式（1.28）可得

$$\sigma_1^{(1)} - \sigma_1^{(2)} = v_1^{(21)}\mathrm{d}t \tag{1.33a}$$

$$\sigma_2^{(1)} - \sigma_2^{(2)} = v_2^{(21)}\mathrm{d}t \tag{1.33b}$$

式（1.33）说明了两共轭曲面回转运动群参数应满足的关系之一，称为第一组微分关系式。

2. 共轭的第二组微分关系式

对活动标架的单位矢量 $\boldsymbol{e}_1, \boldsymbol{e}_2, \boldsymbol{e}_3$ 分别进行微分可得

$$\begin{cases} \mathrm{d}\boldsymbol{e}_i^{(1)} = \mathrm{d}_1\boldsymbol{e}_i^{(1)} + \boldsymbol{\Omega}^{(1)} \times \boldsymbol{e}_i^{(1)}\mathrm{d}t \\ \mathrm{d}\boldsymbol{e}_i^{(2)} = \mathrm{d}_2\boldsymbol{e}_i^{(2)} + \boldsymbol{\Omega}^{(2)} \times \boldsymbol{e}_i^{(2)}\mathrm{d}t \end{cases} \quad i = 1,2,3 \tag{1.34}$$

式中，$\boldsymbol{e}_i = \boldsymbol{e}_i^{(1)} = \boldsymbol{e}_i^{(2)}$。则由上式可得

$$\mathrm{d}_1\boldsymbol{e}_i^{(1)} - \mathrm{d}_2\boldsymbol{e}_i^{(2)} = \boldsymbol{\Omega}^{(21)} \times \boldsymbol{e}_i\mathrm{d}t \tag{1.35}$$

把 $\boldsymbol{\Omega}^{(21)}$ 展开在活动标架中，可得

$$\begin{cases} \boldsymbol{\Omega}^{(21)} = \boldsymbol{e}_1\Omega_1^{(21)} + \boldsymbol{e}_2\Omega_2^{(21)} + \boldsymbol{e}_3\Omega_3^{(21)} \\ \Omega_i^{(21)} = \boldsymbol{\Omega}^{(21)} \cdot \boldsymbol{e}_i \end{cases} \tag{1.36}$$

于是，结合式（1.18）有

$$\begin{cases} \mathrm{d}_1\boldsymbol{e}_1^{(1)} = \boldsymbol{e}_2\omega_3^{(1)} - \boldsymbol{e}_3\omega_2^{(1)}, \mathrm{d}_1\boldsymbol{e}_2^{(1)} = \boldsymbol{e}_3\omega_1^{(1)} - \boldsymbol{e}_1\omega_3^{(1)}, \mathrm{d}_1\boldsymbol{e}_3^{(1)} = \boldsymbol{e}_1\omega_2^{(1)} - \boldsymbol{e}_2\omega_1^{(1)} \\ \mathrm{d}_2\boldsymbol{e}_1^{(2)} = \boldsymbol{e}_2\omega_3^{(2)} - \boldsymbol{e}_3\omega_2^{(2)}, \mathrm{d}_2\boldsymbol{e}_2^{(2)} = \boldsymbol{e}_3\omega_1^{(2)} - \boldsymbol{e}_1\omega_3^{(2)}, \mathrm{d}_2\boldsymbol{e}_3^{(2)} = \boldsymbol{e}_1\omega_2^{(2)} - \boldsymbol{e}_2\omega_1^{(2)} \end{cases} \tag{1.37}$$

将式（1.36）和式（1.37）代入式（1.35）可解得

$$\omega_1^{(1)} - \omega_1^{(2)} = \Omega_1^{(21)}\mathrm{d}t \tag{1.38a}$$

$$\omega_2^{(1)} - \omega_2^{(2)} = \Omega_2^{(21)}\mathrm{d}t \tag{1.38b}$$

$$\omega_3^{(1)} - \omega_3^{(2)} = \Omega_3^{(21)}\mathrm{d}t \tag{1.38c}$$

式（1.38）表达了共轭曲面活动标架的几何回转角速度分量与合成运动角速度分量之间的关系，称为共轭的第二组微分关系。

若以 $\boldsymbol{e}_1, \boldsymbol{e}_2, \boldsymbol{e}_3$ 分别与式（1.38）相乘并相加则得

$$\boldsymbol{\omega}^{(1)} - \boldsymbol{\omega}^{(2)} = \boldsymbol{\Omega}^{(21)}\mathrm{d}t \tag{1.39}$$

式中，$\boldsymbol{\omega}^{(1)} = \boldsymbol{e}_1\omega_1^{(1)} + \boldsymbol{e}_2\omega_2^{(1)} + \boldsymbol{e}_3\omega_3^{(1)}$；$\boldsymbol{\omega}^{(2)} = \boldsymbol{e}_1\omega_1^{(2)} + \boldsymbol{e}_2\omega_2^{(2)} + \boldsymbol{e}_3\omega_3^{(2)}$。

3. 共轭的第三组微分关系式

前面的公式中经常出现微分形式 $\mathrm{d}t$，它在下面的讨论中占有重要的地位，弄

清 dt 的解析表达式，就等于掌握了曲面共轭原理的关键。

如图 1.3 所示，当 $\mathrm{d}t=0$，即时间取一系列常数 $t_1,t_2,\cdots,t_n$ 时，将在共轭曲面上得到一族接触线，即时间参数 t 是曲面参数 (u_i,v_i) 的函数：

$$t=t(u_i,v_i)\quad i=1,2 \tag{1.40}$$

微分后得

$$\mathrm{d}t=t_{u_i}\mathrm{d}u_i+t_{v_i}\mathrm{d}v_i \tag{1.41}$$

上式即为关于 u_i,v_i 的一次微分形式。也可将 dt 表示为 $\sigma_1^{(i)},\sigma_2^{(i)}$ 的一次形式：

$$\mathrm{d}t=T_1^{(i)}\sigma_1^{(i)}+T_2^{(i)}\sigma_2^{(i)}\quad i=1,2 \tag{1.42}$$

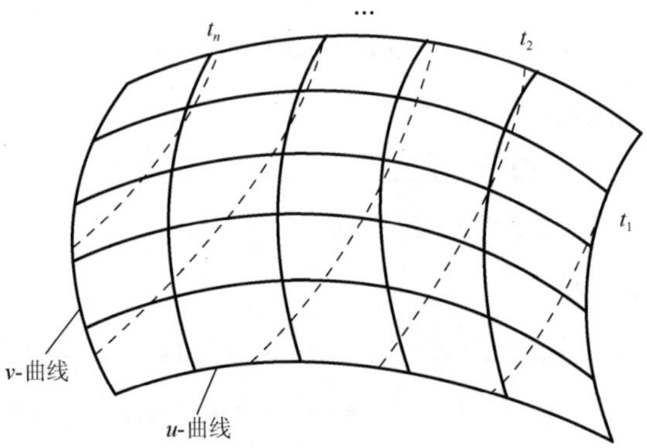

图 1.3　t 与 (u_i,v_i) 的关系

对式（1.30）微分，得

$$\mathrm{d}\boldsymbol{v}^{(21)}\cdot\boldsymbol{e}_3+\boldsymbol{v}^{(21)}\cdot\mathrm{d}\boldsymbol{e}_3=0 \tag{1.43}$$

对式（1.29）微分可得

$$\mathrm{d}\boldsymbol{v}^{(21)}=\boldsymbol{\Omega}^{(21)}\times\mathrm{d}_1\boldsymbol{r}^{(1)}+\boldsymbol{\Omega}^{(21)}\times\boldsymbol{v}^{(1)}\mathrm{d}t \tag{1.44}$$

将式（1.44）代入式（1.43），并且 $\mathrm{d}\boldsymbol{e}_3=\mathrm{d}_1\boldsymbol{e}_3+\boldsymbol{\Omega}^{(1)}\times\boldsymbol{e}_3\mathrm{d}t$，则可以整理得

$$\mathrm{d}t=\frac{(\Omega_2^{(21)}\sigma_1^{(1)}-\Omega_1^{(21)}\sigma_2^{(1)})+(v_2^{(21)}\omega_1^{(1)}-v_1^{(21)}\omega_2^{(1)})}{\boldsymbol{q}\cdot\boldsymbol{e}_3} \tag{1.45}$$

式中，

$$\boldsymbol{q}=\boldsymbol{\Omega}^{(2)}\times\boldsymbol{v}^{(1)}-\boldsymbol{\Omega}^{(1)}\times\boldsymbol{v}^{(2)} \tag{1.46}$$

将式（1.20）代入式（1.45）可得

$$\begin{aligned}
\mathrm{d}t &= \frac{(\Omega_2^{(21)} - v_1^{(21)}c_{11}^{(1)} - v_2^{(21)}c_{12}^{(1)})\sigma_1^{(1)} - (\Omega_1^{(21)} + v_1^{(21)}c_{12}^{(1)} + v_2^{(21)}c_{22}^{(1)})\sigma_2^{(1)}}{\boldsymbol{q}\cdot\boldsymbol{e}_3} \\
&= \frac{t_1^{(1)}\sigma_1^{(1)} + t_2^{(1)}\sigma_2^{(1)}}{\boldsymbol{q}\cdot\boldsymbol{e}_3} \\
&= T_1^{(1)}\sigma_1^{(1)} + T_2^{(1)}\sigma_2^{(1)}
\end{aligned} \tag{1.47a}$$

式中，

$$t_1^{(1)} = \Omega_2^{(21)} - v_1^{(21)}c_{11}^{(1)} - v_2^{(21)}c_{12}^{(1)} \tag{1.47b}$$

$$t_2^{(1)} = -\Omega_1^{(21)} - v_1^{(21)}c_{12}^{(1)} - v_2^{(21)}c_{22}^{(1)} \tag{1.47c}$$

$$T_1^{(1)} = \frac{t_1^{(1)}}{\boldsymbol{q}\cdot\boldsymbol{e}_3} \tag{1.47d}$$

$$T_2^{(1)} = \frac{t_2^{(1)}}{\boldsymbol{q}\cdot\boldsymbol{e}_3} \tag{1.47e}$$

其中，上角标“(1)”指的是把 dt 表示于$\sigma_1^{(1)}$ $\sigma_2^{(1)}$系中，当然也可以把 dt 表示于$\sigma_1^{(2)}$ $\sigma_2^{(2)}$系中：

$$\mathrm{d}t = \frac{t_1^{(2)}\sigma_1^{(2)} + t_2^{(2)}\sigma_2^{(2)}}{\boldsymbol{q}\cdot\boldsymbol{e}_3} = T_1^{(2)}\sigma_1^{(2)} + T_2^{(2)}\sigma_2^{(2)} \tag{1.48a}$$

$$t_1^{(2)} = \Omega_2^{(21)} - v_1^{(21)}c_{11}^{(2)} - v_2^{(21)}c_{12}^{(2)} \tag{1.48b}$$

$$t_2^{(2)} = -\Omega_1^{(21)} - v_1^{(21)}c_{12}^{(2)} - v_2^{(21)}c_{22}^{(2)} \tag{1.48c}$$

$$T_1^{(2)} = \frac{t_1^{(2)}}{\boldsymbol{q}\cdot\boldsymbol{e}_3} \tag{1.48d}$$

$$T_2^{(2)} = \frac{t_2^{(2)}}{\boldsymbol{q}\cdot\boldsymbol{e}_3} \tag{1.48e}$$

式（1.47）和式（1.48）称为共轭的第三组微分关系式，其揭示了共轭曲面的更深层次的规律。

1.4　共轭曲面的求解

根据式（1.29）和式（1.30）可将共轭条件式写为

$$\begin{aligned}
f &= [\boldsymbol{\Omega}^{(21)} \times \boldsymbol{B}_1(\phi_1)\boldsymbol{R}^{(1)} - A\boldsymbol{\Omega}^{(2)} \times \boldsymbol{a}]\cdot \boldsymbol{B}_1(\phi_1)\boldsymbol{N}^{(1)} \\
&= \boldsymbol{\Omega}^{(21)} \cdot \boldsymbol{B}_1(\phi_1)(\boldsymbol{R}^{(1)} \times \boldsymbol{N}^{(1)}) - A(\boldsymbol{\Omega}^{(2)} \times \boldsymbol{a})\cdot \boldsymbol{B}_1(\phi_1)\boldsymbol{N}^{(1)} = 0
\end{aligned}$$

将式（1.9a）代入上式并利用并矢运算规则，可以得到

$$f = P\cos\phi_1 + Q\sin\phi_1 - R = 0 \tag{1.49a}$$

式中，

$$P = \boldsymbol{\Omega}^{(21)}\cdot(\boldsymbol{R}^{(1)}\times\boldsymbol{N}^{(1)}) - (\boldsymbol{\Omega}^{(21)}\cdot\boldsymbol{\Omega}_0^{(1)})\boldsymbol{\Omega}_0^{(1)}\cdot(\boldsymbol{R}^{(1)}\times\boldsymbol{N}^{(1)})$$
$$-A(\boldsymbol{\Omega}^{(2)}\times\boldsymbol{a})\cdot\boldsymbol{N}^{(1)} + A(\boldsymbol{\Omega}^{(2)}\times\boldsymbol{a})\cdot\boldsymbol{\Omega}_0^{(1)}(\boldsymbol{\Omega}_0^{(1)}\cdot\boldsymbol{N}^{(1)}) \tag{1.49b}$$

$$Q = (\boldsymbol{\Omega}^{(21)}\times\boldsymbol{\Omega}_0^{(1)})\cdot(\boldsymbol{R}^{(1)}\times\boldsymbol{N}^{(1)}) - A(\boldsymbol{\Omega}^{(2)}\times\boldsymbol{a})\cdot(\boldsymbol{\Omega}_0^{(1)}\times\boldsymbol{N}^{(1)}) \tag{1.49c}$$

$$R = -(\boldsymbol{\Omega}^{(21)}\cdot\boldsymbol{\Omega}_0^{(1)})\boldsymbol{\Omega}_0^{(1)}\cdot(\boldsymbol{R}^{(1)}\times\boldsymbol{N}^{(1)}) + A(\boldsymbol{\Omega}^{(2)}\times\boldsymbol{a})\cdot\boldsymbol{\Omega}_0^{(1)}(\boldsymbol{\Omega}_0^{(1)}\cdot\boldsymbol{N}^{(1)}) \tag{1.49d}$$

P, Q, R 中均不含参数 ϕ_1，只是 u_1, v_1 的函数。

式（1.49a）形式简单，具有很明显的特征。通常将式（1.49a）简写为 $f(u_1,v_1,\phi_1)=0$，$f(u_1,v_1,\phi_1)$ 又称为啮合函数。

当两共轭曲面的回转角速度单位矢量正交时，式（1.49）中的 P, Q, R 表达式还可以进一步简化。建立两个固定坐标系 $\{O_1, X_1Y_1Z_1\}$ 和 $\{O_2, X_2Y_2Z_2\}$，如图 1.4 所示。各坐标轴对应的单位矢量方向矢依次为 $\boldsymbol{i}_1, \boldsymbol{j}_1, \boldsymbol{k}_1, \boldsymbol{i}_2, \boldsymbol{j}_2, \boldsymbol{k}_2$，中心距 $O_1O_2 = A\boldsymbol{a}$，$\boldsymbol{a} = \boldsymbol{i}_1$，$\boldsymbol{i}_2 = -\boldsymbol{i}_1$，$\boldsymbol{j}_2 = -\boldsymbol{k}_1$，$\boldsymbol{k}_2 = -\boldsymbol{j}_1$。两共轭曲面分别绕 Z_1, Z_2 轴回转，回转角速度遵从前面的约定，即有 $\boldsymbol{\Omega}_0^{(1)} = \boldsymbol{\Omega}^{(1)} = \boldsymbol{k}_1$，$\boldsymbol{\Omega}_0^{(2)} = \boldsymbol{k}_2$，$\boldsymbol{\Omega}^{(2)} = I\boldsymbol{k}_2 = -I\boldsymbol{j}_1$，代入式（1.49b）～式（1.49d）可得

$$\begin{cases} P = -I(\boldsymbol{R}^{(1)}\times\boldsymbol{N}^{(1)})\cdot\boldsymbol{j}_1 \\ Q = -I(\boldsymbol{R}^{(1)}\times\boldsymbol{N}^{(1)})\cdot\boldsymbol{i}_1 \\ R = (\boldsymbol{R}^{(1)}\times\boldsymbol{N}^{(1)} + AI\boldsymbol{N}^{(1)})\cdot\boldsymbol{k}_1 \end{cases} \tag{1.50}$$

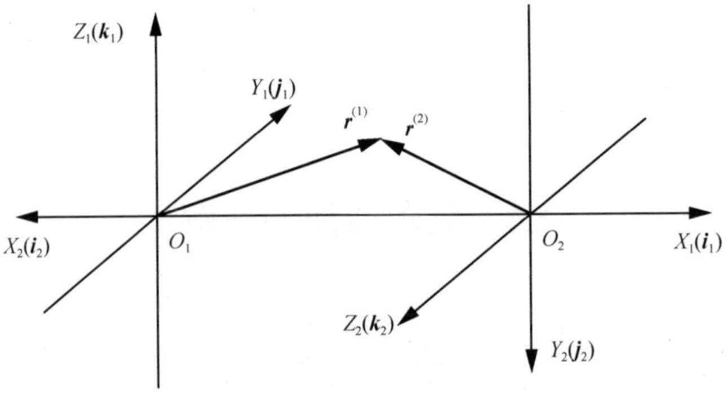

图 1.4　正交回转轴坐标系

由式（1.23）可以解出共轭曲面 Σ_2 的表达式：

$$\boldsymbol{R}^{(2)} = \boldsymbol{B}_2^{-1}(\phi_2)(\boldsymbol{r}^{(1)} - A\boldsymbol{a}) = \boldsymbol{B}_2^{-1}(\phi_2)[\boldsymbol{B}_1(\phi_1)\boldsymbol{R}^{(1)} - A\boldsymbol{a}] \tag{1.51}$$

与共轭条件式（1.49）联立，消除一个参量，即可求得共轭曲面 Σ_2 的方程 $\boldsymbol{R}^{(2)}$ 。

由式（1.49）解出 $\phi_1 = \phi_1(u_1, v_1)$ ，代入式（1.23a），即得啮合面方程：

$$\boldsymbol{r}_p^{(1)} = \boldsymbol{B}_1(\phi_1(u_1, v_1))\boldsymbol{R}^{(1)}(u_1, v_1) \tag{1.52}$$

此时的矢径原点为 O_1 。

如果共轭条件式（1.49）满足 $f_{u_1} \neq 0$，则可解得 $u_1 = u_1(v_1, \phi_1)$，即在曲面 Σ_1 上得到一个线族，其中，每一条曲线对应一个确定的转角 ϕ_1 （或者时刻 t ），即为瞬时接触线，它是两共轭曲面瞬时啮合点的集合。显然，瞬时接触线的微分性质为

$$\mathrm{d}\phi_1 = \phi_{1u_1}\mathrm{d}u_1 + \phi_{1v_1}\mathrm{d}v_1 = 0$$

或写为

$$\mathrm{d}u_1 / \mathrm{d}v_1 = -\phi_{1v_1} / \phi_{1u_1}$$

由上式可以确定出瞬时接触线的切矢方向，不难看出，接触线的切矢及单位矢量分别为

$$\boldsymbol{T} = \boldsymbol{R}_{u_1}^{(1)}\phi_{1v_1} - \boldsymbol{R}_{v_1}^{(1)}\phi_{1u_1} \tag{1.53a}$$

$$\boldsymbol{\alpha} = (\boldsymbol{R}_{u_1}^{(1)}\phi_{1v_1} - \boldsymbol{R}_{v_1}^{(1)}\phi_{1u_1}) / \sqrt{(\boldsymbol{R}_{u_1}^{(1)}\phi_{1v_1} - \boldsymbol{R}_{v_1}^{(1)}\phi_{1u_1})^2} \tag{1.53b}$$

1.5　诱 导 曲 率

在研究共轭曲面间相切条件下的微分结构时，人们比较关心它们之间的相对弯曲程度和贴切程度，这便需要讨论其诱导曲率问题。

共轭曲面的诱导法曲率 $k_n^{(21)}$ 通常定义为两共轭曲面法截线（即过公法线的平面在两共轭曲面上的截线）的相对曲率。根据式（1.22）有

$$k_n^{(1)} = -(c_{11}^{(1)}\cos^2\theta + 2c_{12}^{(1)}\cos\theta\sin\theta + c_{22}^{(1)}\sin^2\theta) \tag{1.54a}$$

及

$$k_n^{(2)} = -(c_{11}^{(2)}\cos^2\theta + 2c_{12}^{(2)}\cos\theta\sin\theta + c_{22}^{(2)}\sin^2\theta) \tag{1.54b}$$

式中，$c_{11}^{(1)}, c_{11}^{(2)}$ 分别表示各共轭曲面沿 $\boldsymbol{e}_1$ 方向的负法曲率；$c_{22}^{(1)}, c_{22}^{(2)}$ 分别表示各共轭

曲面沿 $\boldsymbol{e}_2$ 方向的负法曲率； $c_{12}^{(1)}, c_{12}^{(2)}$ 分别表示各共轭曲面沿 $\boldsymbol{e}_1$ 方向的负测地挠率；θ 为法截线方向与 $\boldsymbol{e}_1$ 轴的夹角，即

$$\cos\theta = \frac{\sigma_1^{(1)}}{\sqrt{\sigma_1^{(1)^2} + \sigma_2^{(1)^2}}} = \frac{\sigma_1^{(2)}}{\sqrt{\sigma_1^{(2)^2} + \sigma_2^{(2)^2}}} \tag{1.55a}$$

$$\sin\theta = \frac{\sigma_2^{(1)}}{\sqrt{\sigma_1^{(1)^2} + \sigma_2^{(1)^2}}} = \frac{\sigma_2^{(2)}}{\sqrt{\sigma_1^{(2)^2} + \sigma_2^{(2)^2}}} \tag{1.55b}$$

将式（1.54a）和式（1.54b）相减，可得共轭曲面 Σ_1 和 Σ_2 之间的诱导法曲率：

$$k_n^{(21)} = k_n^{(1)} - k_n^{(2)} = -(c_{11}^{(21)}\cos^2\theta + 2c_{12}^{(21)}\cos\theta\sin\theta + c_{22}^{(21)}\sin^2\theta) \tag{1.56}$$

式中， $c_{11}^{(21)} = c_{11}^{(1)} - c_{11}^{(2)}$ ； $c_{12}^{(21)} = c_{12}^{(1)} - c_{12}^{(2)}$ ； $c_{22}^{(21)} = c_{22}^{(1)} - c_{22}^{(2)}$ 。

根据式（1.20），利用微分形式的外积运算[3]有

$$c_{11}^{(2)}[\sigma_1^{(2)}\sigma_2^{(2)}] = [\omega_2^{(2)}\sigma_2^{(2)}] \tag{1.57}$$

注意，上式中的方括号不是普通意义的中括号，代表外积运算。利用式（1.33）及式（1.47a）可求得

$$[\sigma_1^{(2)}\sigma_2^{(2)}] = (1 - v_1^{(21)}T_1^{(1)} - v_2^{(21)}T_2^{(1)})[\sigma_1^{(1)}\sigma_2^{(1)}] \tag{1.58}$$

由式（1.33b）及式（1.38b）可求得

$$\begin{aligned}[\omega_2^{(2)}\sigma_2^{(2)}] = \{&c_{11}^{(1)}(1 - v_1^{(21)}T_1^{(1)} - v_2^{(21)}T_2^{(1)}) \\ &-T_1^{(1)}(\Omega_2^{(21)} - c_{11}^{(1)}v_1^{(21)} - c_{12}^{(1)}v_2^{(21)})\}[\sigma_1^{(1)}\sigma_2^{(1)}]\end{aligned} \tag{1.59}$$

将式（1.58）和式（1.59）代入式（1.57），并结合式（1.47b）和式（1.47d），可得

$$c_{11}^{(21)} = Q_1 T_1^{(1)^2} \tag{1.60a}$$

同理可得

$$c_{12}^{(21)} = Q_1 T_1^{(1)} T_2^{(1)} \tag{1.60b}$$

$$c_{22}^{(21)} = Q_1 T_2^{(1)^2} \tag{1.60c}$$

式中，

$$Q_1 = \frac{\boldsymbol{q}\cdot\boldsymbol{e}_3}{1 - v_1^{(21)}T_1^{(1)} - v_2^{(21)}T_2^{(1)}} \tag{1.60d}$$

将式（1.60）代入式（1.56）则有

$$\begin{aligned} k_n^{(21)} &= -Q_1(T_1^{(1)2}\cos^2\theta + 2T_1^{(1)}T_2^{(1)}\cos\theta\sin\theta + T_2^{(1)2}\sin^2\theta) \\ &= -Q_1(T_1^{(1)}\cos\theta + T_2^{(1)}\sin\theta)^2 \\ &= -Q_1\frac{(T_1^{(1)}\sigma_1^{(1)} + T_2^{(1)}\sigma_2^{(1)})^2}{\sigma_1^{(1)\,2} + \sigma_2^{(1)\,2}} \\ &= -Q_1\left(\frac{\mathrm{d}t}{\mathrm{d}s_1}\right)^2 \end{aligned} \tag{1.61}$$

类似地，诱导曲率也可以用曲面 Σ_2 上的参数来表示，有

$$\begin{aligned} k_n^{(21)} &= -Q_2(T_1^{(2)}\cos\theta + T_2^{(2)}\sin\theta)^2 \\ &= -Q_2\frac{(T_1^{(2)}\sigma_1^{(2)} + T_2^{(2)}\sigma_2^{(2)})^2}{\sigma_1^{(2)\,2} + \sigma_2^{(2)\,2}} \\ &= -Q_2\left(\frac{\mathrm{d}t}{\mathrm{d}s_2}\right)^2 \end{aligned} \tag{1.62a}$$

式中，

$$c_{11}^{(21)} = Q_2 T_1^{(2)^2} \tag{1.62b}$$

$$c_{12}^{(21)} = Q_2 T_1^{(2)} T_2^{(2)} \tag{1.62c}$$

$$c_{22}^{(21)} = Q_2 T_2^{(2)^2} \tag{1.62d}$$

$$Q_2 = \frac{\boldsymbol{q}\cdot\boldsymbol{e}_3}{1 - v_1^{(21)}T_1^{(2)} - v_2^{(21)}T_2^{(2)}} \tag{1.62e}$$

1.6　隐函数的存在性与函数的奇异性

1.6.1　$f(u,v,w)=0$ 形式的隐函数存在性及解的奇异特征

已知函数 $f(u,v,w)$ 在点 (u_0,v_0,w_0) 某一邻域内有定义，且满足 $f(u_0,v_0,w_0)=0$，则 $f(u,v,w)=0$ 在点 (u_0,v_0,w_0) 邻域内的结构，可用其泰勒级数来表示：

$$f(u,v,w) = \nabla^{\mathrm{T}} f(u_0,v_0,w_0)\begin{bmatrix}\mathrm{d}u\\ \mathrm{d}v\\ \mathrm{d}w\end{bmatrix} + \frac{1}{2}\begin{bmatrix}\mathrm{d}u\\ \mathrm{d}v\\ \mathrm{d}w\end{bmatrix}^{\mathrm{T}} \nabla^2 f(u_0,v_0,w_0)\begin{bmatrix}\mathrm{d}u\\ \mathrm{d}v\\ \mathrm{d}w\end{bmatrix} + \cdots = 0 \tag{1.63}$$

式中，$\nabla f(u,v,w)=[f_u,f_v,f_w]^{\mathrm{T}}$为函数$f(u,v,w)$的梯度；$\nabla^2 f(u,v,w)=\begin{bmatrix} f_{uu} & f_{uv} & f_{uw} \\ f_{vu} & f_{vv} & f_{vw} \\ f_{wu} & f_{wv} & f_{ww} \end{bmatrix}$为函数 $f(u,v,w)$ 的二阶梯度或海赛矩阵。

函数 $f(u,v,w)=0$ 的性态，在很大程度上取决于函数梯度 ∇f 。如果 ∇f 的三个分量 f_u , f_v , f_w 在点 (u_0,v_0,w_0) 处均不为零，则在该点邻域内，可由该函数确定单值、连续且有连续偏导数的函数解，即 $u=u(v,w)$ ， $v=v(u,w)$ ， $w=w(u,v)$ ，此为函数的正则情况；反之，若 ∇f 的三个分量中出现一个或一个以上的元为零，则在点 (u_0,v_0,w_0) 邻域内，就会相应地有一个或一个以上的解无法确定。

在点 (u_0,v_0,w_0) 邻域内，函数的奇异可分为下面三种情况。

（1） ∇f 中有一个元为零。

$f_u=0$ ，则解 $u=u(v,w)$ 无法确定； $f_v=0$ ，则解 $v=v(u,w)$ 无法确定； $f_w=0$ ，则解 $w=w(u,v)$ 无法确定。

（2） ∇f 中有两个元为零。

$f_u=f_v=0$ ， $f_w\neq 0$ ，则解 $u=u(v,w)$ 和 $v=v(u,w)$ 无法确定； $f_u=f_w=0$ ， $f_v\neq 0$ ，则解 $u=u(v,w)$ 和 $w=w(u,v)$ 无法确定； $f_v=f_w=0$ ， $f_u\neq 0$ ，则解 $v=v(u,w)$ 和 $w=w(u,v)$ 无法确定。这几种情形从纯数学角度讲是完全等价的，下面就第一种情形进行讨论。

将 $f_u=f_v=0$ ， $f_w\neq 0$ 代入式（1.63）并省略二阶小量，则此时有 $\mathrm{d}w=0$ ，即 $w=w_0$ ，在此特异情况下，可由函数 $f(u,v,w)=0$ 解得显函数解 $w=w(u,v)$ ，该函数在 (u_0,v_0,w_0) 处表现为平稳点。

把上述几种情形之一，称为函数 $f(u,v,w)=0$ 出现了平稳奇点。

（3） $f_u=f_v=f_w=0$ 。

此时三个显函数解 $u=u(v,w)$ ， $v=v(u,w)$ ， $w=w(u,v)$ 均无法确定，表明函数 $f(u,v,w)=0$ 出现了深层次的奇异特征，称满足此条件的点为函数 $f(u,v,w)=0$ 的非平稳奇点。

由式（1.63）可知，考察非平稳奇点的性质需要展开到函数的二阶项：

$$f_{uu}\mathrm{d}u^2 + f_{vv}\mathrm{d}v^2 + f_{ww}\mathrm{d}w^2 + 2f_{uv}\mathrm{d}u\mathrm{d}v + 2f_{uw}\mathrm{d}u\mathrm{d}w + 2f_{vw}\mathrm{d}v\mathrm{d}w + \cdots = 0 \quad (1.64)$$

分别令式（1.64）中 $\mathrm{d}u,\mathrm{d}v,\mathrm{d}w$ 为零，即可得到函数在三个截形上的切线特征。以 $\mathrm{d}w = 0$ 为例，由式（1.64）可得

$$f_{uu}\mathrm{d}u^2 + 2f_{uv}\mathrm{d}u\mathrm{d}v + f_{vv}\mathrm{d}v^2 = 0 \quad (1.65)$$

可见式（1.65）为关于 $\mathrm{d}u$、$\mathrm{d}v$ 的二次方程，可以解得

$$\frac{\mathrm{d}u}{\mathrm{d}v} = \frac{-f_{uv} \pm \sqrt{f_{uv}^2 - f_{uu}f_{vv}}}{f_{uu}} \quad (1.66)$$

$\dfrac{\mathrm{d}u}{\mathrm{d}v}$ 确定了点 (u_0, v_0, w_0) 邻域内 u-v 平面上函数截形的切线方向。

根据式（1.66）解的性态，又可将非平稳奇点分为以下三类：

（1）$f_{uv}^2 - f_{uu}f_{vv} > 0$，$\dfrac{\mathrm{d}u}{\mathrm{d}v}$ 有双解，表明非平稳奇点处有两个切线方向，称此奇点为节点；

（2）$f_{uv}^2 - f_{uu}f_{vv} = 0$，$\dfrac{\mathrm{d}u}{\mathrm{d}v}$ 有单解，表明非平稳奇点处只有一个切线方向，称此奇点为尖点；

（3）$f_{uv}^2 - f_{uu}f_{vv} < 0$，无解，称此奇点为孤立奇点。

1.6.2　函数方程组解的存在性及奇异特征

本节重点讨论以下三个命题。

命题 1.1：已知曲面 $\boldsymbol{R} = \boldsymbol{R}(u,v) = x(u,v)\boldsymbol{i} + y(u,v)\boldsymbol{j} + z(u,v)\boldsymbol{k}$，曲面上无奇点，即 $\boldsymbol{R}_u \times \boldsymbol{R}_v \neq 0$，$f(u,v,w)$ 为定义在该曲面上的函数，且 $f_u \neq 0$，$f_v \neq 0$，求解 $\begin{cases} u = u(x,y,z) \\ w = w(x,y,z) \end{cases}$ 的存在条件。

由已知曲面方程的三个分量及曲面上的函数，可以构成下述函数方程组：

$$\begin{cases} x(u,v) - x = 0 \\ y(u,v) - y = 0 \\ z(u,v) - z = 0 \\ f(u,v,w) = 0 \end{cases} \quad (1.67)$$

解的存在与否取决于下面雅可比矩阵的性态：

$$\boldsymbol{J}=\begin{bmatrix} x_u & x_v & 0 \\ y_u & y_v & 0 \\ z_u & z_v & 0 \\ f_u & f_v & f_w \end{bmatrix} \tag{1.68}$$

由条件 $\boldsymbol{R}_u \times \boldsymbol{R}_v \neq 0$ 可知，当 $f_w \neq 0$ 时，$\boldsymbol{J}$ 的所有三阶子式不会同时为零，所以 $\boldsymbol{J}$ 的秩 $\mathrm{rank}(\boldsymbol{J})=3$，此时可解出 $\begin{cases} u=u(x,y,z) \\ w=w(x,y,z) \end{cases}$ 或 $\begin{cases} v=v(x,y,z) \\ w=w(x,y,z) \end{cases}$ 两组等价的解；当 $f_w=0$ 时，$\boldsymbol{J}$ 的所有三阶子式均等于零，而二阶子式不全为零，所以 $\mathrm{rank}(\boldsymbol{J})=2$，此时解无法确定。

下面分析 $f_w=0$ 的几何特征。

由 $f(u,v,w)=0$ 及 $f_v \neq 0$ 可以解得 $v=v(u,w)$，将之代入曲面方程，便可得到曲面 $\boldsymbol{R}$ 上的一族曲线，即

$$\boldsymbol{R}=\hat{\boldsymbol{R}}(u,w)=\boldsymbol{R}(u,v(u,w)) \tag{1.69}$$

式中，w 为线族参数。称这一族曲线为特征线族 $\{c_w\}$。

假设特征线族存在包络，则必然存在曲线参数 u 与线族参数 w 的函数关系 $w=w(u)$，代入式（1.69），可得曲面上包络线的方程：

$$\boldsymbol{R}=\boldsymbol{R}^*(u)=\boldsymbol{R}(u,v(u,w(u))) \tag{1.70}$$

分别求式（1.69）和式（1.70）对 u 的导数，可得到特征线族中曲线的切矢

$$\hat{\boldsymbol{R}}_u=\boldsymbol{R}_u+\boldsymbol{R}_v \cdot v_u \tag{1.71}$$

及包络线的切矢

$$\boldsymbol{R}_u^*=\boldsymbol{R}_u+\boldsymbol{R}_v \cdot (v_u+v_w \cdot w_u) \tag{1.72}$$

根据包络的定义，在包络线每个点处必然满足

$$\hat{\boldsymbol{R}}_u \times \boldsymbol{R}_u^*=0$$

将式（1.71）和式（1.72）代入上式可得

$$w_u \cdot v_w \boldsymbol{R}_u \times \boldsymbol{R}_v=0 \tag{1.73}$$

式中，w_u 不会恒等于零。因为若 $w_u \equiv 0$，则表明 w 是与 u 无关的常数，此时“包络线”已蜕变为特征线族中的一条曲线，显然与包络线的原始定义不符，此处将

不考虑这种情况。另外，由已知条件知 $\boldsymbol{R}_u \times \boldsymbol{R}_v \neq 0$，因此由式（1.73）必然可以得到 $v_w = 0$，又根据隐函数求导法则可知 $v_w = -\dfrac{f_w}{f_v}$，于是有

$$f_w = 0 \tag{1.74}$$

即 $f_w = 0$ 为特征线族 $\{c_w\}$ 的包络条件。

从集合论的观点出发，不难发现命题 1.1 的已知条件已经给出了集合 (u,v) 与集合 (x,y,z) 的一一对应关系，这种映射关系被称为双射。但是经过参数变换，即把曲面参数 u , v 换成 u , w 后，集合 (u,w) 与集合 (x,y,z) 的映射关系却不能够轻易地断定为双射。其原因是，当 $f_w = 0$ 时，特征线族将在曲面上形成包络，而包络总具有边界特征，也就是说，包络线以内的曲面部分有特征线族分布，包络线以外的曲面部分则没有特征线族的分布。换言之，$f_w = 0$ 意味着特征线族将无法布满整个曲面。这时，虽然以 (u,w) 表示的曲面上的点都可以在空间确定一个相应的位置，即对应一组确定的直角坐标 (x,y,z)，但对于曲面上包络线以外部分的每一点，其空间位置坐标 (x,y,z) 却无法用曲线坐标 (u,w) 来描述。因此，集合 (u,w) 只与集合 (x,y,z) 的一部分实现对应，两集合不构成双射关系，只有当 $f_w \neq 0$ 时，双射关系才成立。

命题 1.2：已知曲面族 $\boldsymbol{R} = \boldsymbol{R}(u,v,w) = x(u,v,w)\boldsymbol{i} + y(u,v,w)\boldsymbol{j} + z(u,v,w)\boldsymbol{k}$ ，w 为面族参数，且曲面上无奇点，即 $\boldsymbol{R}_u \times \boldsymbol{R}_v \neq 0$，求解 $\begin{cases} u = u(x,y,z) \\ w = w(x,y,z) \end{cases}$ 的存在条件。

由函数方程组

$$\begin{cases} x(u,v,w) - x = 0 \\ y(u,v,w) - y = 0 \\ z(u,v,w) - z = 0 \end{cases} \tag{1.75}$$

可知其雅可比矩阵为

$$\boldsymbol{J} = \begin{bmatrix} x_u & x_v & x_w \\ y_u & y_v & y_w \\ z_u & z_v & z_w \end{bmatrix} \tag{1.76}$$

由隐函数存在定理可知，若解存在，则必然要求 $\det \boldsymbol{J} \neq 0$ 。另外，由面族方程可知，此条件相当于

$$\det \boldsymbol{J} = (\boldsymbol{R}_u \times \boldsymbol{R}_v) \cdot \boldsymbol{R}_w \neq 0 \tag{1.77}$$

若上式不成立，即满足

$$(\boldsymbol{R}_u \times \boldsymbol{R}_v) \cdot \boldsymbol{R}_w = 0 \tag{1.78}$$

则式（1.75）解析上出现奇异，无法确定解$\begin{cases} u = u(x,y,z) \\ w = w(x,y,z) \end{cases}$，此时，由式（1.78）解出函数关系式$v = v(u,w)$并代入面族方程，便可得到一曲面方程：

$$\boldsymbol{R} = \hat{\boldsymbol{R}}(u,w) = \boldsymbol{R}(u, v(u,w), w) \tag{1.79}$$

称为边界曲面，将上式分别对u, w求偏导，可得边界曲面的两个切矢：

$$\hat{\boldsymbol{R}}_u = \boldsymbol{R}_u + \boldsymbol{R}_v \cdot v_u \tag{1.80}$$

及

$$\hat{\boldsymbol{R}}_w = \boldsymbol{R}_w + \boldsymbol{R}_v \cdot v_w \tag{1.81}$$

显然，下式成立：

$$\hat{\boldsymbol{R}}_u \cdot (\boldsymbol{R}_u \times \boldsymbol{R}_v) = \hat{\boldsymbol{R}}_w \cdot (\boldsymbol{R}_u \times \boldsymbol{R}_v) = 0 \tag{1.82}$$

式（1.82）表明，边界曲面的两个切矢与曲面族中曲面的法矢正交。这意味着，边界曲面与面族中的曲面相切，即边界曲面为曲面族的包络。

命题 1.3：已知曲面族$\boldsymbol{R} = \boldsymbol{R}(u,v,w) = x(u,v,w)\boldsymbol{i} + y(u,v,w)\boldsymbol{j} + z(u,v,w)\boldsymbol{k}$，$w$为面族参数，且曲面上无奇点，即$\boldsymbol{R}_u \times \boldsymbol{R}_v \neq 0$，$f = (\boldsymbol{R}_u \times \boldsymbol{R}_v) \cdot \boldsymbol{R}_w = 0$为定义在此面族上的函数，且$f_u \neq 0$，$f_v \neq 0$，求解$\begin{cases} u = u(x,y,z) \\ w = w(x,y,z) \end{cases}$的存在条件。

同样由函数方程组

$$\begin{cases} x(u,v,w) - x = 0 \\ y(u,v,w) - y = 0 \\ z(u,v,w) - z = 0 \\ f(u,v,w) = 0 \end{cases} \tag{1.83}$$

可知其雅可比矩阵为

$$\boldsymbol{J} = \begin{bmatrix} x_u & x_v & x_w \\ y_u & y_v & y_w \\ z_u & z_v & z_w \\ f_u & f_v & f_w \end{bmatrix} \tag{1.84}$$

由隐函数存在定理可知，若 $\operatorname{rank}(\boldsymbol{J})=3$，则解存在，于是要求下述四个子行列式

$$\det\boldsymbol{J}_1=\begin{vmatrix}x_u & x_v & x_w\\ y_u & y_v & y_w\\ z_u & z_v & z_w\end{vmatrix},\qquad \det\boldsymbol{J}_2=\begin{vmatrix}x_u & x_v & x_w\\ y_u & y_v & y_w\\ f_u & f_v & f_w\end{vmatrix}$$

$$\det\boldsymbol{J}_3=\begin{vmatrix}x_u & x_v & x_w\\ z_u & z_v & z_w\\ f_u & f_v & f_w\end{vmatrix},\qquad \det\boldsymbol{J}_4=\begin{vmatrix}y_u & y_v & y_w\\ z_u & z_v & z_w\\ f_u & f_v & f_w\end{vmatrix}$$

不同时为零。根据已知条件可知 $\det\boldsymbol{J}_1=(\boldsymbol{R}_u\times\boldsymbol{R}_v)\cdot\boldsymbol{R}_w=0$ 恒成立，要求剩下的三个子行列式 $\det\boldsymbol{J}_2,\det\boldsymbol{J}_3,\det\boldsymbol{J}_4$ 不同时为零；反之，则式（1.83）在解析上出现奇异，无法确定解 $\begin{cases}u=u(x,y,z)\\ w=w(x,y,z)\end{cases}$。

下面分析 $\det\boldsymbol{J}_2=\det\boldsymbol{J}_3=\det\boldsymbol{J}_4=0$ 反映了曲面族的何种特征。

进行一个简单变换，令上述三个子行列式分别乘以 $\boldsymbol{k},-\boldsymbol{j},\boldsymbol{i}$ 并相加，显然满足

$$\det\boldsymbol{J}_4\boldsymbol{i}-\det\boldsymbol{J}_3\boldsymbol{j}+\det\boldsymbol{J}_2\boldsymbol{k}=0 \tag{1.85}$$

将式（1.85）中各行列式展开，并按 f_u,f_v,f_w 项合并整理，得

$$f_u\begin{vmatrix}\boldsymbol{i} & \boldsymbol{j} & \boldsymbol{k}\\ x_v & y_v & z_v\\ x_w & y_w & z_w\end{vmatrix}+f_v\begin{vmatrix}\boldsymbol{i} & \boldsymbol{j} & \boldsymbol{k}\\ x_w & y_w & z_w\\ x_u & y_u & z_u\end{vmatrix}+f_w\begin{vmatrix}\boldsymbol{i} & \boldsymbol{j} & \boldsymbol{k}\\ x_u & y_u & z_u\\ x_v & y_v & z_v\end{vmatrix}=0$$

即

$$\boldsymbol{R}_v\times\boldsymbol{R}_w f_u+\boldsymbol{R}_w\times\boldsymbol{R}_u f_v+\boldsymbol{R}_u\times\boldsymbol{R}_v f_w=0 \tag{1.86}$$

式（1.86）即为式（1.83）出现解析奇异的条件式。

根据命题 1.2 的讨论可知，由 $f=(\boldsymbol{R}_u\times\boldsymbol{R}_v)\cdot\boldsymbol{R}_w=0$ 就可以确定边界曲面方程式（1.79）。因此，命题 1.3 的求解问题可以转化成方程组 $\begin{cases}\boldsymbol{R}=\hat{\boldsymbol{R}}(u,w)\\ f=(\boldsymbol{R}_u\times\boldsymbol{R}_v)\cdot\boldsymbol{R}_w=0\end{cases}$ 解的存在性问题，这显然跟命题 1.1 非常类似。但是，命题 1.1 限定了已知曲面无奇点，而命题 1.3 并未对边界曲面加以限定。

根据命题 1.1 的讨论可知，式（1.86）也是边界曲面 $\boldsymbol{R}=\hat{\boldsymbol{R}}(u,w)$ 上特征线族出现包络的条件，此包络线在微分几何学上称为脊线。

另外，由式（1.79）～式（1.81）可以求得边界曲面的奇点条件：

$$\hat{\boldsymbol{R}}_u \times \hat{\boldsymbol{R}}_w = (\boldsymbol{R}_u + \boldsymbol{R}_v \cdot v_u) \times (\boldsymbol{R}_w + \boldsymbol{R}_v \cdot v_w) = 0 \tag{1.87}$$

将 $v_u = -\dfrac{f_u}{f_v}$， $v_w = -\dfrac{f_w}{f_v}$ 代入上式可得

$$\boldsymbol{R}_v \times \boldsymbol{R}_w f_u + \boldsymbol{R}_w \times \boldsymbol{R}_u f_v + \boldsymbol{R}_u \times \boldsymbol{R}_v f_w = 0$$

上式与式（1.86）相同，这进一步说明，边界曲面上特征线族的包络条件就是边界曲面上的奇点条件。

综上所述，式（1.83）若解析上出现奇异，则几何上表现为边界曲面上特征线族出现包络，即形成脊线，脊线上的点可证明是边界曲面上的奇点。

1.7 共轭的两类界限与奇点共轭

一类界限、二类界限与奇点共轭均属于共轭的奇异问题，与各自数学模型的解析奇异密切相关。本节内容主要针对已知曲面 $\varSigma_1$，在不致混淆的情况下，省略参数 u_1, v_1 的下角标，仅记为 u, v。

1.7.1 一类界限

已知曲面 $\varSigma_1$： $\boldsymbol{R}^{(1)} = \boldsymbol{R}^{(1)}(u,v)$， $\boldsymbol{R}_u^{(1)} \times \boldsymbol{R}_v^{(1)} \neq 0$，由式（1.49）和式（1.51）可知，其共轭曲面 $\varSigma_2$ 的方程应为

$$\begin{cases} \boldsymbol{R}^{(2)} = \boldsymbol{B}_2^{-1}(\phi_2)[\boldsymbol{r}^{(1)}(u,v) - A\boldsymbol{a}] \\ f(u,v,\phi_1) = \boldsymbol{v}^{(21)} \cdot \boldsymbol{n} = 0 \end{cases} \tag{1.88}$$

根据命题 1.3 的讨论，式（1.88）出现解析奇异的条件为

$$\boldsymbol{R}_v^{(2)} \times \boldsymbol{R}_{\phi_1}^{(2)} f_u + \boldsymbol{R}_{\phi_1}^{(2)} \times \boldsymbol{R}_u^{(2)} f_v + \boldsymbol{R}_u^{(2)} \times \boldsymbol{R}_v^{(2)} f_{\phi_1} = 0 \tag{1.89}$$

由式（1.88）第一式可求得如下各偏导数：

$$\boldsymbol{R}_u^{(2)} = \boldsymbol{B}_2^{-1}(\phi_2)\boldsymbol{r}_u^{(1)}$$

$$\boldsymbol{R}_v^{(2)} = \boldsymbol{B}_2^{-1}(\phi_2)\boldsymbol{r}_v^{(1)}$$

$$\begin{aligned} \boldsymbol{R}_{\phi_1}^{(2)} &= -\boldsymbol{B}_2^{-1}(\phi_2)I[\boldsymbol{\varOmega}_0^{(2)} \times (\boldsymbol{r}^{(1)} - A\boldsymbol{a})] + \boldsymbol{B}_2^{-1}(\phi_2)(\boldsymbol{\varOmega}^{(1)} \times \boldsymbol{r}^{(1)}) \\ &= -\boldsymbol{B}_2^{-1}(\phi_2)(\boldsymbol{\varOmega}^{(2)} \times \boldsymbol{r}^{(2)} - \boldsymbol{\varOmega}^{(1)} \times \boldsymbol{r}^{(1)}) \\ &= -\boldsymbol{B}_2^{-1}(\phi_2)\boldsymbol{v}^{(21)} \end{aligned}$$

代入式（1.89），可将解析奇异条件转化为

$$\boldsymbol{r}_v^{(1)} \times \boldsymbol{v}^{(21)} f_u + \boldsymbol{v}^{(21)} \times \boldsymbol{r}_u^{(1)} f_v - \boldsymbol{r}_u^{(1)} \times \boldsymbol{r}_v^{(1)} f_{\phi_1} = 0 \tag{1.90}$$

根据命题 1.3 可知，满足上述条件的点必然为共轭曲面 $\varSigma_2$ 上的奇点，称为一类界点。一类界点的轨迹为一类界限曲线，简称一界曲线。一界曲线同时也是接触线族在曲面 $\varSigma_2$ 上的包络线，由一界曲线形成的共轭界限称为一类界限。

在一类界限处共轭将失效，因而一类界点又称为干涉点。例如，滚刀加工标准渐开线直齿轮时，如果齿轮齿数小于 17 会发生根切，就是因为刀具超越了一类界点。因此，在设计传动副时，避免廓面上一类界点的存在至关重要。

1.7.2　二类界限

已知曲面 $\varSigma_1$：$\boldsymbol{R}^{(1)} = \boldsymbol{R}^{(1)}(u,v)$，$\boldsymbol{R}_u^{(1)} \times \boldsymbol{R}_v^{(1)} \neq 0$，啮合函数 $f(u,v,\phi_1) = \boldsymbol{v}^{(21)} \cdot \boldsymbol{n} = 0$，且 $f_u \neq 0$，$f_v \neq 0$。

由于 $f_u \neq 0$，可以由 $f(u,v,\phi_1) = 0$ 解得 $u = u(v,\phi_1)$，代入曲面方程，可以得到

$$\boldsymbol{R}^{(1)} = \boldsymbol{R}^{(1)}(u(v,\phi_1),v) \tag{1.91}$$

当 ϕ_1 为定值时，式(1.91)表示曲面 $\varSigma_1$ 上的接触线；当 ϕ_1 取一系列常数时，式(1.91)则描述 $\varSigma_1$ 的接触线族。由命题 1.1 的讨论可知，若满足 $f_{\phi_1} = 0$，则接触线族将无法布满整个 $\varSigma_1$ 曲面，曲面 $\varSigma_1$ 被分成两部分：有接触线族分布的区域，即共轭区；无接触线族分布的区域，即非共轭区。共轭区与非共轭区的边界线为二类界限曲线，简称二界曲线，其上的点称为二类界点，由二界曲线形成的共轭界限称为二类界限。

由上面的分析可知，二类界点条件应为

$$\begin{cases} f(u,v,\phi_1) = 0 \\ f_{\phi_1}(u,v,\phi_1) = 0 \end{cases} \tag{1.92}$$

结合式（1.49a），可以得到

$$f_{\phi_1} = -P\sin\phi_1 + Q\cos\phi_1 = 0 \tag{1.93}$$

上式与式（1.49a）联立可得二类界点条件的具体表达式：

$$P^2 + Q^2 - R^2 = 0 \tag{1.94}$$

经过简单的数学处理，还可以得到共轭区与非共轭区应满足的条件。

（1）共轭区：$P^2+Q^2>R^2$。

（2）非共轭区：$P^2+Q^2<R^2$。

概括上述讨论，在二类界点处无法由啮合函数 $f(u,v,\phi_1)=0$ 确定显函数解 $\phi_1=\phi_1(u,v)$，在解析上已属奇异；在几何上，二界曲线形成了共轭区及非共轭区的边界，由命题 1.1 可知，二界曲线必然是接触线族在曲面 Σ_1 上的包络线。

在实际的传动副廓面上，二界曲线的存在限制了廓面的共轭范围，将影响传动副的接触性能与啮合刚度。因此，在传动副的设计过程中应充分考虑二类界限的影响，合理选择参数，尽可能增大传动副廓面的接触区域，以提高传动副的整体性能。

1.7.3 奇点共轭

共轭时，若接触线上出现奇点，则称为奇点共轭。接触线上出现奇点，在解析上表现为啮合函数 $f(u,v,\phi_1)=0$ 出现奇点。如前所述，函数的奇点可分为两种，即平稳奇点与非平稳奇点。若啮合函数在点 (u^*,v^*) 处满足 $f_u=f_v=0$，但 $f_{\phi_1}\neq 0$，则称啮合函数或接触线出现平稳奇点；若同时满足 $f_u=f_v=f_{\phi_1}=0$，则称啮合函数或接触线上出现非平稳奇点。无论 (u^*,v^*) 为哪一类奇点，均称为曲面 Σ_1 上的奇解点（并非曲面上的奇点）。

将啮合函数 $f(u,v,\phi_1)=0$ 在点 (u^*,v^*) 处全微分，有

$$f_u\mathrm{d}u+f_v\mathrm{d}v+f_{\phi_1}\mathrm{d}\phi_1=0 \tag{1.95}$$

由上式可知，在平稳奇点处必有 $\mathrm{d}\phi_1=0$，表明平稳奇点只在共轭的某一瞬时发生作用，因而对工程实际意义不大。真正对工程实际有价值的是非平稳奇点，除同时满足 $f_{\phi_1}=0$ 和 $\mathrm{d}\phi_1=0$ 的极端情况外，非平稳奇点将出现在共轭的每一瞬时，即曲面 Σ_1 的奇解点不唯一，并且构成了一个集合，称为 Σ_1 上的奇解点曲线。

利用式（1.49a）可以得到奇点共轭定义的具体表达式：

$$f=P\cos\phi_1+Q\sin\phi_1-R=0 \tag{1.96a}$$

$$f_{\phi_1}=-P\sin\phi_1+Q\cos\phi_1=0 \tag{1.96b}$$

$$f_u = P_u \cos\phi_1 + Q_u \sin\phi_1 - R_u = 0 \tag{1.96c}$$

$$f_v = P_v \cos\phi_1 + Q_v \sin\phi_1 - R_v = 0 \tag{1.96d}$$

式（1.96）又称为奇点共轭方程。

同样，由前面的讨论可知，奇解点也可划分为以下三类：

（1）$f_{uv}^2 - f_{uu}f_{vv} > 0$，在奇解点处有两个切线方向，它们各对应一条接触线，表明有双接触线，奇解点为节点，如图 1.5（a）所示。

（2）$f_{uv}^2 - f_{uu}f_{vv} = 0$，在奇解点处有唯一的切线方向，表明有一条接触线，如图 1.5（b）所示；或者接触线出现尖点、双切点，分别如图 1.5（c）和图 1.5（d）所示。

（3）$f_{uv}^2 - f_{uu}f_{vv} < 0$，无接触线方向，奇解点为孤立奇点。

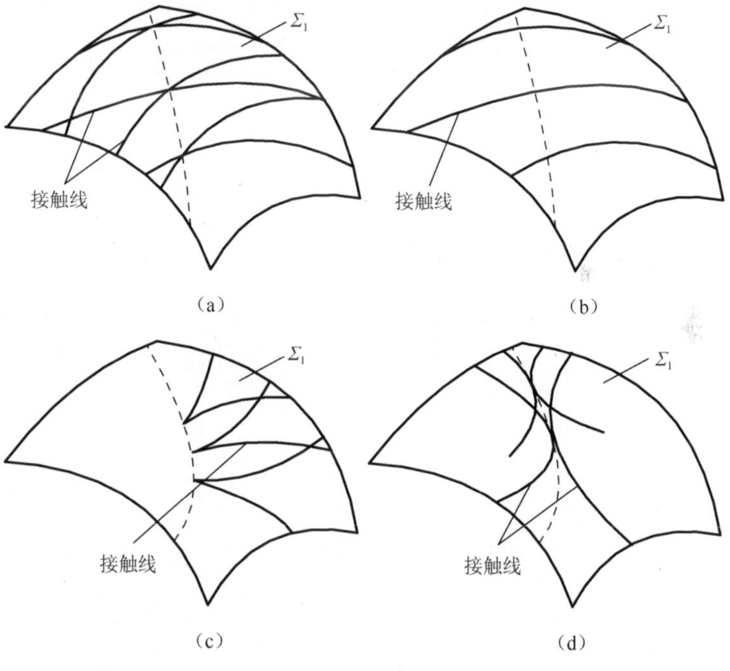

图 1.5　奇解点的类型

对于工程实际来说，具有重要实用价值的是上述的情形（1），即存在瞬时双接触线的情形。由微分几何学可知，共轭曲面在瞬时接触线上诱导曲率为零，而瞬时双接触线啮合则意味着共轭曲面在奇解点处将沿任意方向诱导曲率为零，实现局部面性接触，并且双接触线能够跨越二类界限，扩大实际廓面的接触域。瞬时双线接触是奇点共轭的最一般形式。可知，奇点共轭将会大大提高传动副的啮合刚度、接触性能与使用寿命，从而提高传动副的整体工作性能。

参 考 文 献

[1] 阎长罡. 奇点共轭理论与0°渐开线包络蜗杆传动的原理与技术. 大连: 大连理工大学, 2000.
[2] 方能航. 矢量、并矢分析与符号运算法. 北京：科学出版社，1996.
[3] 刘健. 啮合原理. 大连：大连工学院出版社，1979.

第 2 章　共轭曲面的数字仿真原理

共轭曲面的数字仿真方法是通过离散数学的数字计算手段，直接描述共轭过程的一种方法，故“离散化”与“直接化”为其主要特征。从理论上讲，仿真方法放弃了传统的共轭条件 $\boldsymbol{v}^{(21)}\cdot\boldsymbol{n}=0$（$\boldsymbol{v}^{(21)}$ 为共轭曲面之间的相对运动速度，$\boldsymbol{n}$ 为单位公法矢），而代之以标杆函数的最小条件，从而使共轭过程的理论模型变为数学规划模型。这种方法具有模型简单、便于解算等优点，尤其在解决误差、变形、干涉、奇异以及非连续可微等复杂条件下的共轭曲面问题时，更能表现出特殊功效，具有传统理论与方法不可比拟的优越性，为解决各种共轭曲面问题提供了可行、高效的手段。

本章将对共轭曲面的数字仿真原理进行详细介绍。

2.1　共轭曲面数字仿真原理的产生过程

任何事物的产生都有其过程，共轭曲面的数字仿真原理同样如此。

最早提出数字（值）仿真方法的是刘欣等，他们在 1988 年发表了一篇名为《利用仿真法计算螺杆压缩机转子铣刀的廓形》的论文[1]。该论文首次提出了利用极小条件取代啮合理论中的相切条件，并且有效地解决了离散点工件廓形铣刀的计算问题。随后，张白和刘健[2]针对各种误差条件下蜗杆砂轮磨齿机的加工过程进行了研究，并得出了有价值的结论。董惠敏和尤竹平[3]将数字仿真方法用于谐波传动保精度齿形的研究，他们认为：数字仿真方法是研究谐波齿轮传动齿形的一种最佳方法，能真实地模拟齿的啮合过程。仿真表明，直齿刚轮共轭的柔轮是变齿厚齿，现行平面渐开线谐波传动不是最佳齿廓。

上述文献在利用数字仿真方法来解决各自问题方面均取得了令人满意的结果，但是对数字仿真方法背后深层次的理论问题及其与传统理论方法的内在联系却涉及不多。

与此同时，刘健教授指导其博士生王德伦[4]利用数字仿真方法对包络蜗杆砂轮磨齿技术进行了研究，并且对数字仿真方法与传统理论的联系进行了初步的探讨，证明了传统的共轭条件与最小条件的等价性，从而将共轭方程转变为优化方程，并且研究了仿真方法条件下两类共轭界限、诱导曲率等的表示方法。1993 年，刘欣等在《大连理工大学学报》上发表了《共轭曲面数字仿真原理的探讨》一文[5]，提出应用数字仿真技术解决复杂曲面共轭的特殊问题，探讨共轭曲面原理的离散化理论，把共轭相切条件改变为最小条件，将共轭方程改变为数学规划方程，讨论了最小条件与共轭条件的联系及差异、仿真解的性质、接触区域等一系列基础问题。

阎长罡在研究一种特殊的传动——0° 渐开线包络蜗杆传动时，发现蜗杆齿面上存在干涉、界限的影响，实际构成非常复杂，利用传统的解析方法处理起来非常困难，他绕过传统共轭曲面原理的解析手法，转而研究共轭曲面的数字仿真方法。在对上述的文献进行进一步的学习过程中，他发现仿真方法深层次的理论问题以及与传统方法的内在联系并不十分清晰，推导过程中采用的数学手段及逻辑性方面还有进一步改进的空间。他的想法得到了刘健教授的肯定，于是，在刘健教授的指导下，利用活动标架法和协变导数，对共轭曲面的数字仿真方法进行了新的研究与梳理，包括以下内容：以标杆为媒介的共轭曲面的表示方法；标杆函数的存在性；标杆函数最小值条件相比于共轭条件的一致性和扩展性；基于标杆函数及其各阶偏导数的一类界点、二类界点、奇解点条件的表示方法；标杆函数的性质与共轭曲面基本特征的关系；诱导曲率等。相比于以往的研究成果，此次研究在数学工具的采用上更为恰当，推导过程更为严密、所得到的结论更加明晰，数学形式也更为简洁。该研究成果发表于 1999 年《大连理工大学学报》校庆专刊上[6]，同时也作为部分内容写入阎长罡的学位论文之中[7]。之后，阎长罡等又针对共轭曲面的第二类问题给出了数字仿真解决方法[8]。

可以说，经过众学者前后 10 余年的工作，已经建立起一个与传统共轭曲面原理既相互联系又相互独立的共轭曲面的数字仿真理论体系。该体系既涵盖了传统共轭曲面理论的基本内容，注重于理论的严密性，又依托于现代计算及优化技术，强调方法的实用性，特别适合解决干涉、奇异、误差变形及非连续可微条件下传统理论不易解决的问题。

2.2　共轭过程的数字仿真模型

2.2.1　数字仿真的基本构思

设已知曲面 $\Sigma_1:\boldsymbol{R}^{(1)}=\boldsymbol{R}^{(1)}(u_1,v_1)$，未知曲面 $\Sigma_2:\boldsymbol{R}^{(2)}=\boldsymbol{R}^{(2)}(u_2,v_2)$，它们为共轭曲面，分别绕定轴 Z_1,Z_2 轴回转，如图 2.1 所示。转角满足传动函数，$\phi_2=\phi_2(\phi_1)$。

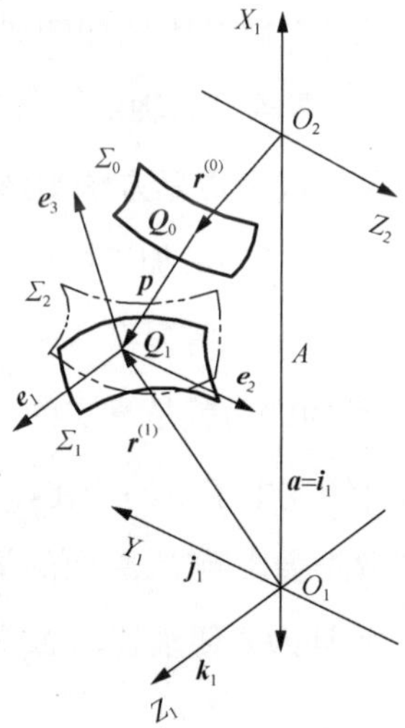

图 2.1　三个曲面的位置关系

不失一般性，令曲面 Σ_1 的回转角速度为 $|\boldsymbol{\Omega}^{(1)}|=1$，则有 $\mathrm{d}\phi_1=\mathrm{d}t$，$|\boldsymbol{\Omega}^{(2)}|=\dfrac{\mathrm{d}\phi_2}{\mathrm{d}t}=I(\phi_1)$，其中 t 为时间，$I(\phi_1)$ 为速比函数。

为了数字仿真的需要，首先设定坐标参考曲面 $\Sigma_0:\boldsymbol{R}^{(0)}=\boldsymbol{R}^{(0)}(u_2,v_2)$，在其上各点处按既定方向发出“标杆射线”，形成标杆线汇：

$$(L):\quad \boldsymbol{R}^{(0)}(u_2,v_2)+h\boldsymbol{P}(u_2,v_2) \tag{2.1}$$

式中，h 为线汇参数；$\boldsymbol{P}(u_2,v_2)$ 为标杆方向单位矢量，$|\boldsymbol{P}(u_2,v_2)|=1$。当曲面 Σ_1 与

标杆线汇 (L) 按已知传动关系 $\phi_2=\phi_2(\phi_1)$ 分别绕 Z_1、Z_2 轴回转时，标杆线汇中的每一个标杆将在运动中被曲面 Σ_1 所形成的面族 $\{\Sigma_1\}$ 截取，被截取的标杆长度为标杆线汇 (L) 在曲面 Σ_1 和 Σ_0 之间的线段长度。如图 2.1 所示，$\boldsymbol{Q}_0\boldsymbol{Q}_1$ 即某瞬时被截取的标杆长度。显然，标杆长度 h 应为 u_2 , v_2 , $\phi_2(\phi_1)$ 的函数，称为标杆函数 $h=h(u_2,v_2,\phi_1)$。对于每一个确定点 (u_2,v_2)，h 就只是转角 ϕ_1 的函数，在连续回转情况下，标杆将被连续截取，最终留下的标杆长度一定是最小值，即

$$h_m=\min_{\phi_1}h(u_2,v_2,\phi_1)=h_m(u_2,v_2) \tag{2.2}$$

而标杆线汇的所有端点描述了未知曲面 $\boldsymbol{\Sigma}_2$：

$$\boldsymbol{R}^{(2)}=\boldsymbol{R}^{(0)}(u_2,v_2)+h_m(u_2,v_2)\boldsymbol{P}(u_2,v_2) \tag{2.3}$$

可以说，上述过程是从传统的求解共轭曲面的思路发展而来，实现了由“间接”到“直接”的转化。传统理论要求“共轭曲面必须连续相切地接触”，虽然数学意义清晰明确，但却显得抽象。数字仿真方法则形象直接地描述了共轭过程：坐标曲面 Σ_0 与标杆线汇(L)一起构成了创成加工中的“毛坯”，而已知曲面 Σ_1 则占据着“工具”的地位，在任何误差、变形等复杂因素作用下，“工具”一点点加工，“毛坯”一层层被去除，最终获得的廓面就是真实的工件廓面形状。在此意义上，数字仿真思路与传统思路相比已经发生了质的变化，更有它独特的优越性。

通常，坐标曲面 Σ_0 如何选取不会影响 Σ_2 廓面的最终形状，但原则上仍需做到 Σ_0 是可解析的，其上无奇点，并且为方便求解，$\boldsymbol{\Sigma}_0$ 方程应力求简单。

2.2.2 数字仿真的数学模型

令曲面 Σ_1、标杆线汇(L)分别绕 Z_1 轴、Z_2 轴回转，得到回转矢量：

$$\begin{cases}\boldsymbol{r}^{(1)}=\boldsymbol{B}_1(\phi_1)\boldsymbol{R}^{(1)}(u_1,v_1)\\ \boldsymbol{r}^{(2)}=\boldsymbol{B}_2(\phi_2)[\boldsymbol{R}^{(0)}(u_2,v_2)+h\boldsymbol{P}(u_2,v_2)]=\boldsymbol{r}^{(0)}+h\boldsymbol{p}\end{cases} \tag{2.4}$$

式中，$\boldsymbol{r}^{(0)}=\boldsymbol{B}_2(\phi_2)\boldsymbol{R}^{(0)}(u_2,v_2)$；$\boldsymbol{p}=\boldsymbol{B}_2(\phi_2)\boldsymbol{P}(u_2,v_2)$；$\boldsymbol{B}_i(\phi_i)$（$i=1,2$）为回转运动群矩阵，展开形式如下：

$$\boldsymbol{B}_i(\phi_i)=\begin{bmatrix}\cos\phi_i & -\sin\phi_i & 0\\ \sin\phi_i & \cos\phi_i & 0\\ 0 & 0 & 1\end{bmatrix}$$

参考图 2.1 可知，共轭时，两曲面 Σ_1,Σ_2 必须先满足接触条件：

$$\boldsymbol{T}=\boldsymbol{r}^{(1)}-\boldsymbol{r}^{(2)}-A\boldsymbol{a}=0 \text{ 或 } \boldsymbol{T}=\boldsymbol{r}^{(1)}-(\boldsymbol{r}^{(0)}+h\boldsymbol{p})-A\boldsymbol{a}=0 \tag{2.5}$$

式中，$A=|\boldsymbol{O}_1\boldsymbol{O}_2|$ 为中心距，即 Z_1,Z_2 轴的最短距离；$\boldsymbol{a}$ 为中心距单位矢量。

式（2.5）描述了标杆线汇被截取的过程，由此可确定曲面 Σ_1 和坐标曲面 Σ_0 之间的映射关系以及相应的标杆函数 h。将式（2.5）投影到三个线性无关的方向上，可得到三个标量方程。例如，可以将 $\boldsymbol{T}$ 投影到标架 $\{\boldsymbol{O}_1,\boldsymbol{i}_1\boldsymbol{j}_1\boldsymbol{k}_1\}$ 之中，$\boldsymbol{i}_1,\boldsymbol{j}_1,\boldsymbol{k}_1$ 分别为坐标系 $\{\boldsymbol{O}_1,X_1Y_1Z_1\}$ 三坐标轴方向的单位矢量，于是有如下方程：

$$\begin{cases}X(u_1,v_1,u_2,v_2,h,\phi_1)=\boldsymbol{T}\cdot\boldsymbol{i}_1=0\\Y(u_1,v_1,u_2,v_2,h,\phi_1)=\boldsymbol{T}\cdot\boldsymbol{j}_1=0\\Z(u_1,v_1,u_2,v_2,h,\phi_1)=\boldsymbol{T}\cdot\boldsymbol{k}_1=0\end{cases} \tag{2.6}$$

上述方程组共有 6 个独立参数，在仿真过程中，坐标曲面 Σ_0 上点 (u_2,v_2) 为已知，所以方程组中有四个未知量 u_1,v_1,h,ϕ_1，一般情况下可解得

$$\begin{cases}h=h(u_2,v_2,\phi_1)\\u_1=u_1(u_2,v_2,\phi_1)\\v_1=v_1(u_2,v_2,\phi_1)\end{cases} \tag{2.7}$$

式（2.7）中第一个公式给出标杆函数，后两个公式给出了两曲面 Σ_1,Σ_0 之间的映射关系。(u_1,v_1) 可在曲面 Σ_1 上确定一条曲线，它是某标杆扫过曲面 Σ_1 时交点的轨迹，称为标杆迹线。式（2.7）中的 h,u_1,v_1 均为 u_2,v_2,ϕ_1 的函数，所以还不是所求的最终解，尚需补充式（2.2）的最小条件，这样，便构成了可求解所有未知量的完整的共轭过程数字仿真模型：

$$h_m=\min_{\phi_1} h(u_2,v_2,\phi_1) \tag{2.8a}$$

$$\text{s.t.}\quad\begin{cases}X(u_1,v_1,u_2,v_2,h,\phi_1)=0\\Y(u_1,v_1,u_2,v_2,h,\phi_1)=0\\Z(u_1,v_1,u_2,v_2,h,\phi_1)=0\end{cases} \tag{2.8b}$$

显然，式（2.8）是一个以后三式为约束条件，求目标函数 h 最小值的数学规划模型，可以利用数学规划的方法来求解，可以得到

$$\begin{cases}u_1=u_1(u_2,v_2)\\v_1=v_1(u_2,v_2)\\h_m=h_m(u_2,v_2)\\\phi_1=\phi_1(u_2,v_2)\end{cases} \tag{2.9}$$

式（2.9）便是仿真方程的基本解。

应当指出，如果在共轭区间内，上述模型［式（2.8）］连续可微，则可以直接用于共轭曲面原理的理论研究。如果将式（2.8）中的u_2, v_2离散化，即得到不可微规划，容易求得h_m的数字解，代入式（2.3）便可得到未知的共轭曲面Σ_2的数字解。

2.3 标杆函数的存在性及最小值条件

标杆函数处于十分关键的地位，可以说几乎所有共轭曲面的性质都寓于标杆函数的性态之中。

2.3.1 标杆函数的存在性

一般情况下，可由式（2.6）解得标杆函数$h = h(u_2, v_2, \phi_1)$。而事实上，标杆函数并非任意条件下都存在，这就需要讨论标杆函数的存在性问题。

在曲面Σ_1上设立一个正交标架$\{\boldsymbol{r}^{(1)}, \boldsymbol{e}_1\boldsymbol{e}_2\boldsymbol{e}_3\}$，其中，$\boldsymbol{e}_1, \boldsymbol{e}_2$为切平面内的单位矢量，$\boldsymbol{e}_3$为单位法矢。对式（2.5）求微分有

$$\mathrm{d}_1\boldsymbol{r}^{(1)} - \mathrm{d}h\boldsymbol{p} - \boldsymbol{v}^{(21)}\mathrm{d}\phi_1 - (\mathrm{d}_2\boldsymbol{r}^{(0)} + h\mathrm{d}_2\boldsymbol{p}) = 0 \tag{2.10}$$

式中，$\mathrm{d}_1\boldsymbol{r}^{(1)}$、$\mathrm{d}_2\boldsymbol{r}^{(0)}$、$\mathrm{d}_2\boldsymbol{p}$为相对微分，$\mathrm{d}_1\boldsymbol{r}^{(1)} = \boldsymbol{r}_{u_1}^{(1)}\mathrm{d}u_1 + \boldsymbol{r}_{v_1}^{(1)}\mathrm{d}v_1$，$\mathrm{d}_2\boldsymbol{r}^{(0)} = \boldsymbol{r}_{u_2}^{(0)}\mathrm{d}u_2 + \boldsymbol{r}_{v_2}^{(0)}\mathrm{d}v_2$，$\mathrm{d}_2\boldsymbol{p} = \boldsymbol{p}_{u_2}\mathrm{d}u_2 + \boldsymbol{p}_{v_2}\mathrm{d}v_2$；$\boldsymbol{p}$可表示为$\boldsymbol{p} = \boldsymbol{e}_1 p_1 + \boldsymbol{e}_2 p_2 + \boldsymbol{e}_3 p_3$，$\sqrt{{p_1}^2 + {p_2}^2 + {p_3}^2} = 1$。由于$\mathrm{d}_1\boldsymbol{r}^{(1)}$为曲面$\Sigma_1$切平面内的矢量，$\mathrm{d}_1\boldsymbol{r}^{(1)}$还可写为如下形式：

$$\mathrm{d}_1\boldsymbol{r}^{(1)} = \boldsymbol{e}_1\sigma_1^{(1)} + \boldsymbol{e}_2\sigma_2^{(1)} \tag{2.11a}$$

式中，

$$\sigma_1^{(1)} = (\boldsymbol{r}_{u_1}^{(1)} \cdot \boldsymbol{e}_1)\mathrm{d}u_1 + (\boldsymbol{r}_{v_1}^{(1)} \cdot \boldsymbol{e}_1)\mathrm{d}v_1 \tag{2.11b}$$

$$\sigma_2^{(1)} = (\boldsymbol{r}_{u_1}^{(1)} \cdot \boldsymbol{e}_2)\mathrm{d}u_1 + (\boldsymbol{r}_{v_1}^{(1)} \cdot \boldsymbol{e}_2)\mathrm{d}v_1 \tag{2.11c}$$

分别表示$\boldsymbol{e}_1, \boldsymbol{e}_2$方向的微分形式。将式（2.10）向标架$\{\boldsymbol{r}^{(1)}, \boldsymbol{e}_1\boldsymbol{e}_2\boldsymbol{e}_3\}$上投影，取出有关$\sigma_1^{(1)}, \sigma_2^{(1)}, \mathrm{d}h$的系数组成系数矩阵$\boldsymbol{J}_h$：

$$\boldsymbol{J}_h = \begin{bmatrix} 1 & 0 & p_1 \\ 0 & 1 & p_2 \\ 0 & 0 & p_3 \end{bmatrix} \tag{2.12}$$

根据隐函数存在定理可知，标杆函数 $h(u_2,v_2,\phi_1)$ 的存在条件必然为 $\boldsymbol{J}_h$ 满秩，即

$$\det \boldsymbol{J}_h = p_3 \neq 0 \tag{2.13}$$

式（2.13）实质上提出了数字仿真的操作过程中标杆射线必须遵循的原则：在满足接触条件式的前提下，$p_3 \neq 0$。

2.3.2　标杆函数的最小值条件

对于曲面 $\varSigma_0$ 上确定点 (u_2,v_2) 发出的标杆，由于 u_2，v_2 为常数，则 $\mathrm{d}_2\boldsymbol{r}^{(0)} = \mathrm{d}_2\boldsymbol{p} = 0$，$\mathrm{d}h = h_{\phi_1}\mathrm{d}\phi_1$，故式（2.10）可转化为

$$\frac{\mathrm{d}_1\boldsymbol{r}^{(1)}}{\mathrm{d}\phi_1} - h_{\phi_1}\boldsymbol{p} - \boldsymbol{v}^{(21)} = 0 \tag{2.14}$$

式（2.14）点乘 $\boldsymbol{e}_3$，并注意 $\dfrac{\mathrm{d}_1\boldsymbol{r}^{(1)}}{\mathrm{d}\phi_1}\cdot\boldsymbol{e}_3 = 0$，则有

$$p_3 h_{\phi_1} + \boldsymbol{v}^{(21)}\cdot\boldsymbol{e}_3 = 0 \tag{2.15}$$

在连续可微的假定下，最小值的点必然满足极小值必要条件 $h_{\phi_1} = 0$，故由式（2.15）可以得到

$$\boldsymbol{v}^{(21)}\cdot\boldsymbol{e}_3 = 0 \tag{2.16}$$

式（2.16）正好就是传统共轭曲面的啮合条件，可见标杆函数的极小值条件与传统理论的共轭条件完全一致，满足极小条件的点即为啮合点。这是一个非常容易理解、非常自然的结果，因为曲面 $\varSigma_2$ 是由曲面 $\varSigma_1$ 连续截取标杆线汇形成的，某确定点发出标杆的最终长度即极小值 h_m，只与它的位置坐标 (u_2,v_2) 有关，而与过程变量 ϕ_1 无关。

应当指出，上述结论是在连续可微条件下成立。对于共轭过程中出现干涉等非正常情况（如齿轮的根切现象），h 的最小值将出现在尖点或区间端点（不可微极值点）处，这时的仿真模型式（2.8）仍然适用，而传统的理论模型却已经失效。

由 $h_{\phi_1} = 0$ 可得 $h = h_m$，于是式（2.10）还可以写成以下形式：

$$\mathrm{d}_1\boldsymbol{r}^{(1)} - \mathrm{d}_2\boldsymbol{r}^{(2)} - \boldsymbol{v}^{(21)}\mathrm{d}\phi_1 = 0 \tag{2.17}$$

式中，

$$\mathrm{d}_2\boldsymbol{r}^{(2)} = \mathrm{d}_2(\boldsymbol{r}^{(0)} + h_m\boldsymbol{p}) = \mathrm{d}_2\boldsymbol{r}^{(0)} + (h_{mu_2}\mathrm{d}u_2 + h_{mv_2}\mathrm{d}v_2)\boldsymbol{p} + h_m\mathrm{d}_2\boldsymbol{p}$$

将式（2.17）点乘$\boldsymbol{e}_3$并注意式（2.16）及$\mathrm{d}_1\boldsymbol{r}^{(1)}\cdot\boldsymbol{e}_3=0$，可得

$$\mathrm{d}_2\boldsymbol{r}^{(2)}\cdot\boldsymbol{e}_3=0 \tag{2.18}$$

因为$\mathrm{d}_2\boldsymbol{r}^{(2)}$为曲面$\varSigma_2$切平面内的任意矢量，所以$\boldsymbol{e}_3$必为曲面$\varSigma_1,\varSigma_2$在啮合点处的单位公法矢，即曲面$\varSigma_1$与$\varSigma_2$相切。这本是传统共轭曲面原理中的前提条件，但在数字仿真原理中，却是由极小值条件演绎的结果。

于是，在啮合点处，标架$\{\boldsymbol{r}^{(1)},\boldsymbol{e}_1\boldsymbol{e}_2\boldsymbol{e}_3\}$就可以理解为曲面$\varSigma_1,\varSigma_2$的公共标架，将$\mathrm{d}_2\boldsymbol{r}^{(2)}$表示在此公共标架中，有式（1.31b）成立，即

$$\mathrm{d}_2\boldsymbol{r}^{(2)}=\boldsymbol{e}_1\sigma_1^{(2)}+\boldsymbol{e}_2\sigma_2^{(2)} \tag{2.19a}$$

式中，

$$\sigma_1^{(2)}=(\boldsymbol{r}_{u_2}^{(2)}\cdot\boldsymbol{e}_1)\mathrm{d}u_2+(\boldsymbol{r}_{v_2}^{(2)}\cdot\boldsymbol{e}_1)\mathrm{d}v_2 \tag{2.19b}$$

$$\sigma_2^{(2)}=(\boldsymbol{r}_{u_2}^{(2)}\cdot\boldsymbol{e}_2)\mathrm{d}u_2+(\boldsymbol{r}_{v_2}^{(2)}\cdot\boldsymbol{e}_2)\mathrm{d}v_2 \tag{2.19c}$$

$\sigma_1^{(2)},\sigma_2^{(2)}$表示曲面$\varSigma_2$上的微分形式。

相应地，将式（2.11a）、式（2.19a）代入式（2.17），并分别投影于$\boldsymbol{e}_1,\boldsymbol{e}_2$上，便可得到

$$\begin{cases}\sigma_1^{(1)}-\sigma_1^{(2)}-v_1^{(21)}\mathrm{d}\phi_1=0\\ \sigma_2^{(1)}-\sigma_2^{(2)}-v_2^{(21)}\mathrm{d}\phi_1=0\end{cases} \tag{2.20}$$

式（2.20）给出了共轭曲面啮合点处两曲面的微分形式与相对速度的关系，这一关系式在后面的共轭界限的讨论中将有重要应用。

2.4　共轭的界限

2.4.1　解存在性的基础方程

共轭的界限属于另一层面上解的存在性问题，注意共轭条件$h_{\phi_1}(u_2,v_2,\phi_1)=0$，这是关于$u_2,v_2,\phi_1$的隐函数，若存在解$\phi_1=\phi_1(u_2,v_2)$，表明曲面$\varSigma_0$上的点$(u_2,v_2)$可以在$\phi_1$时刻满足共轭条件，确定未知曲面$\varSigma_2$上的一点；若解$\phi_1=\phi_1(u_2,v_2)$不存在，表明在点$(u_2,v_2)$处，曲面$\varSigma_0,\varSigma_2$的映射关系不存在，由此引起的界限称为共轭的一类界限。考察式（2.7）中的后两个公式，若雅可比行列式$\dfrac{D(u_1,v_1)}{D(u_2,v_2)}\neq 0$，则可以

解出$u_2 = u_2(u_1, v_1, \phi_1)$及$v_2 = v_2(u_1, v_1, \phi_1)$，代入共轭条件式，便可得到$h_{\phi_1} = (u_2(u_1, v_1, \phi_1), v_2(u_1, v_1, \phi_1), \phi_1) = 0$，从而得到$\phi_1 = \phi_1(u_1, v_1)$，表明已知曲面$\Sigma_1$上的点$(u_1, v_1)$在$\phi_1$处满足共轭条件，若这个解不存在，则共轭为不可能，这种界限就称为共轭的二类界限。

上面的两类界限均为$h_{\phi_1}(u_2, v_2, \phi_1) = 0$前提下的解存在性问题，因此，其不仅与微分关系式［式（2.20）］有关，还与$\mathrm{d}h_{\phi_1} = 0$有关：

$$\mathrm{d}h_{\phi_1} = h_{\phi_1 1}\sigma_1^{(2)} + h_{\phi_1 2}\sigma_2^{(2)} + h_{\phi_1\phi_1}\mathrm{d}\phi_1 = 0 \tag{2.21}$$

式中，$h_{\phi_1 1}, h_{\phi_1 2}$为$\boldsymbol{e}_1, \boldsymbol{e}_2$方向的协变导数；$h_{\phi_1\phi_1}$为$h(u_2, v_2, \phi_1)$的二阶偏导数。利用协变导数把对曲面参数的普通导数转化为两正交方向上的方向导数，可以降低理论研究共轭界限问题的复杂性。

将式（2.21）与式（2.20）联立，得

$$\begin{cases} \sigma_1^{(1)} - \sigma_1^{(2)} - v_1^{(21)}\mathrm{d}\phi_1 = 0 \\ \sigma_2^{(1)} - \sigma_2^{(2)} - v_2^{(21)}\mathrm{d}\phi_1 = 0 \\ h_{\phi_1 1}\sigma_1^{(2)} + h_{\phi_1 2}\sigma_2^{(2)} + h_{\phi_1\phi_1}\mathrm{d}\phi_1 = 0 \end{cases} \tag{2.22}$$

式（2.22）为讨论解存在性的基础方程。将式（2.22）中$\sigma_1^{(1)}, \sigma_2^{(1)}, \sigma_1^{(2)}, \sigma_2^{(2)}, \mathrm{d}\phi_1$的系数取出，可得增广矩阵

$$\boldsymbol{J} = \begin{bmatrix} 1 & 0 & -1 & 0 & -v_1^{(21)} \\ 0 & 1 & 0 & -1 & -v_2^{(21)} \\ 0 & 0 & h_{\phi_1 1} & h_{\phi_1 2} & h_{\phi_1\phi_1} \end{bmatrix} \tag{2.23}$$

此矩阵中包含了(u_1, v_1)与ϕ_1、(u_2, v_2)与ϕ_1、(u_1, v_1)与(u_2, v_2)之间的对应关系，可由此研究共轭曲面仿真模型的界限问题。

2.4.2　一类界点条件

研究一类界点条件实际上就是考察函数$\phi_1 = \phi_1(u_2, v_2)$的存在条件，因而与式（2.23）中对应$\sigma_1^{(1)}, \sigma_2^{(1)}, \mathrm{d}\phi_1$的列有关，取出$\boldsymbol{J}$中的 1,2,5 列组成系数矩阵：

$$\boldsymbol{J}_1 = \begin{bmatrix} 1 & 0 & -v_1^{(21)} \\ 0 & 1 & -v_2^{(21)} \\ 0 & 0 & h_{\phi_1\phi_1} \end{bmatrix} \tag{2.24}$$

若有解 $\phi_1=\phi_1(u_2,v_2)$ 存在，必然有系数矩阵 $\boldsymbol{J}_1$ 的秩与增广矩阵 $\boldsymbol{J}$ 的秩相等，即 $\text{rank}(\boldsymbol{J}_1)=\text{rank}(\boldsymbol{J})$；反之，解不存在，一类界点条件为 $\det\boldsymbol{J}_1=0$，即

$$h_{\phi_1\phi_1}(u_2,v_2,\phi_1)=0 \tag{2.25}$$

称 $h_{\phi_1\phi_1}(u_2,v_2,\phi_1)$ 为仿真模型的一界函数，而满足 $h_{\phi_1}=h_{\phi_1\phi_1}=0$ 条件的点，即为一类界点。

2.4.3 二类界点条件

取出式（2.23）中与 $\sigma_1^{(2)},\sigma_2^{(2)},\mathrm{d}\phi_1$ 对应的 3,4,5 列组成系数矩阵 $\boldsymbol{J}_2$：

$$\boldsymbol{J}_2=\begin{bmatrix}-1 & 0 & -v_1^{(21)}\\ 0 & -1 & -v_2^{(21)}\\ h_{\phi_1 1} & h_{\phi_1 2} & h_{\phi_1\phi_1}\end{bmatrix} \tag{2.26}$$

函数 $\phi_1=\phi_1(u_1,v_1)$ 存在的条件为 $\text{rank}(\boldsymbol{J}_2)=\text{rank}(\boldsymbol{J})$，即 $\det\boldsymbol{J}_2\neq 0$；反之，函数 $\phi_1=\phi_1(u_1,v_1)$ 不存在，于是二类界点条件为

$$\det\boldsymbol{J}_2=h_{\phi_1\phi_1}-v_1^{(21)}h_{\phi_1 1}-v_2^{(21)}h_{\phi_1 2}=0 \tag{2.27}$$

称 $h_{\phi_1\phi_1}-v_1^{(21)}h_{\phi_1 1}-v_2^{(21)}h_{\phi_1 2}$ 为仿真模型的二界函数，凡满足 $h_{\phi_1}=0$ 及式（2.27）条件的点即为二类界点。

通常情况下共轭条件式都是以曲面 Σ_0（或曲面 Σ_2）的参数 u_2,v_2 来表示的，自然也可以用曲面 Σ_1 的参数 u_1,v_1 来描述，此时有

$$h_{\phi_1}(u_2(u_1,v_1,\phi_1),v_2(u_1,v_1,\phi_1),\phi_1)=0 \tag{2.28}$$

由普通导数与协变导数的关系可知，二类界点条件式（2.27）实际上相当于

$$h_{\phi_1 u_2}u_{2\phi_1}+h_{\phi_1 v_2}v_{2\phi_1}+h_{\phi_1\phi_1}=0 \tag{2.29}$$

即式（2.28）对 ϕ_1 的偏导数为零。

为了方便说明，将不同曲面参数表示的两种共轭条件式分别记为

$$f^*(u_2,v_2,\phi_1)=h_{\phi_1}(u_2,v_2,\phi_1)=0$$

$$f(u_1,v_1,\phi_1)=h_{\phi_1}(u_2(u_1,v_1,\phi_1),v_2(u_1,v_1,\phi_1),\phi_1)=0$$

则一类界点条件为 $f^*_{\phi_1}=0$；二类界点条件为 $f_{\phi_1}=0$。

不难发现，在共轭条件式成立的前提下，若分别用坐标参考曲面参数及已知曲面参数表示它，然后对 ϕ_1 求偏导，则分别构成了一界函数与二界函数，从而在

数学形式上表征了两类界限之间存在的对称的本质属性。这从一个侧面体现了仿真方法所具有的独特优越性。

2.4.4　奇解点条件

由前面奇解点的定义不难确定奇解点的条件为

$$h_{\phi_1} = h_{\phi_1 1} = h_{\phi_1 2} = h_{\phi_1 \phi_1} = 0 \tag{2.30}$$

根据一类界点、二类界点的条件式（2.25）、式（2.27）可知，此时，一类界点、二类界点条件自然被满足，这说明奇解点处具有某些一类界点、二类界点的特征。但是奇解点并非一般意义上的一类界点或二类界点，这正是奇解点本身的特殊性所在。据此可知，一类界点条件应该严格限定为

$$h_{\phi_1} = h_{\phi_1\phi_1} = 0，\ h_{\phi_1 1} \neq 0，\ h_{\phi_1 2} \neq 0 \tag{2.31}$$

需要说明的是，由于仿真方法是以曲面 Σ_2 为主要着眼点的，仿真方法提到的奇解点或奇解点曲线实际上是传统理论中的奇解点共轭点或奇解点曲线的共轭线，为了简洁，此处不对此做明确区分。

2.5　标杆函数的性质与共轭曲面基本特征的关系

如前所述，共轭曲面的数字仿真方法是以数字计算为手段，直接描述共轭过程的一种新方法。而标杆函数在仿真过程中占有重要的地位，这是因为标杆函数的最小值能够直接描述共轭曲面 Σ_2 上各点的坐标，而且标杆函数的解析性质及图像的几何性质又可反映出共轭曲面的基本特征。因此，为进一步深化对仿真理论与方法的认识，应该着重对标杆函数图像即 h-ϕ_1 曲线的几何性质与共轭曲面的特征之间的关系进行深入研究。

2.5.1　一般共轭情形

（1）针对共轭最常见的连续可微情形，如图 2.2（a）所示，可知共轭条件为 $h_{\phi_1}=0$，与传统理论中的共轭条件 $\boldsymbol{v}^{(21)}\cdot\boldsymbol{n}=0$ 等价。此时，$h_{\phi_1}=0$ 表明啮合点为 h-ϕ_1

函数的极小值点，即在h-ϕ_1曲线上表现为平稳点，同时又是h-ϕ_1函数的最小值点，见图 2.2（b）中的点a，其对应的标杆函数值h_m描述了曲面Σ_2上点的坐标。若其对应的转角为ϕ_1^*，则将Σ_2上所有在ϕ_1^*处取得h-ϕ_1曲线极小值的点连线，便构成ϕ_1^*转角下的瞬时接触线。同样，在ϕ_1取不同值的条件下，又可获得曲面Σ_2上的瞬时接触线族。实际上，当$h_{\phi_1\phi_1} \neq 0$，可由$h_{\phi_1}=0$确定显函数解$\phi_1=\phi_1(u_2,v_2)$，即确定曲面Σ_2上的点与转角ϕ_1的对应关系，Σ_2上所有对应同一转角ϕ_1^*的点构成瞬时接触线，不同转角下的瞬时接触线构成曲面Σ_2上的瞬时接触线族。由此可见，解析上关于接触线（族）的求取，可以直接通过h-ϕ_1曲线线汇的集合操作来完成。另外，传统共轭解析方法要经过较为复杂的坐标变换，方可确定出共轭曲面Σ_2上的接触线，而仿真方法则可以方便直接地予以确定，从这一点也可以看出仿真方法具有的独特优越性。

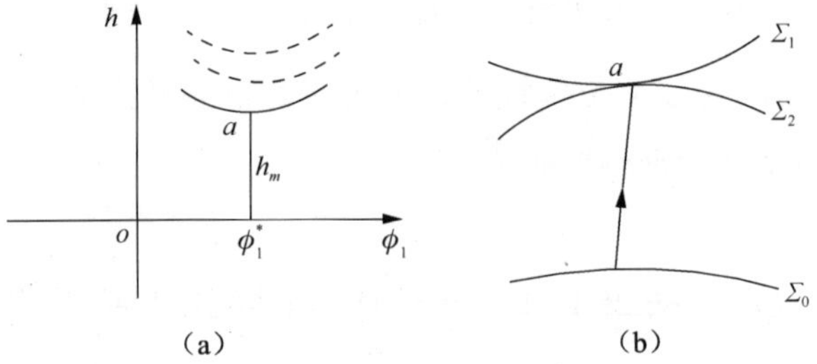

图 2.2　一般共轭情形的h-ϕ_1曲线

（2）如图 2.3（a）所示，若曲面Σ_0上的点C_N发出的标杆射线通过曲面Σ_2上的一类界点N，则由此生成的h-ϕ_1曲线如图 2.3（b）所示，点N即表示一类界点。此时有$h_{\phi_1}=h_{\phi_1\phi_1}=0$，由于$h_{\phi_1}=0$为曲线的平稳点条件且$h_{\phi_1\phi_1}=0$为曲线的拐点条件，$N$为$h$-$\phi_1$曲线的平稳拐点。通常平稳拐点处已不再取得$h$的最小值。这意味着一类界点要被干涉掉，因而不存在，取而代之的是干涉后的结果。在不考虑干涉的前提下，$h_{\phi_1\phi_1}=0$表示的是曲面Σ_2上接触线族的包络条件，包络线即一类界限曲线，形成了Σ_2上共轭的边界。在一类界限曲线处，曲面将“打折”而形成两叶，如图 2.4 所示，称之为上、下两叶，分别以$\Sigma_2^{(2)},\Sigma_2^{(1)}$表示，可知于此曲线处，曲面$\Sigma_2$呈现奇异状态。设一界曲线通过标杆在$\Sigma_0$上的对应线为$L$，则$L$右侧诸点对应的标杆函数$h$将呈现出单调形式，已不存在解析意义下的极值，体现了一界曲线所具有的边界性质。

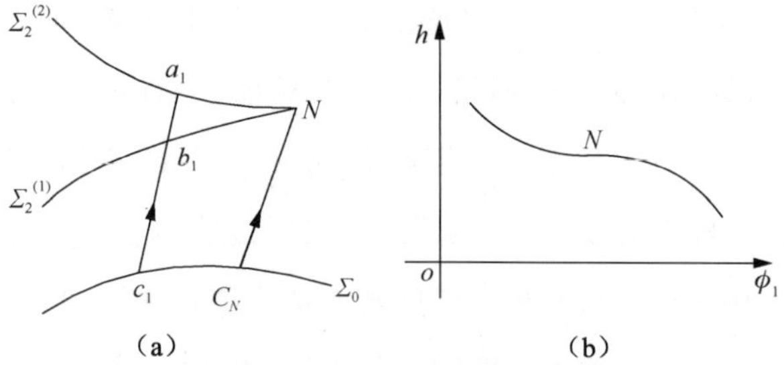

图 2.3　一类界点的 h - ϕ_1 曲线

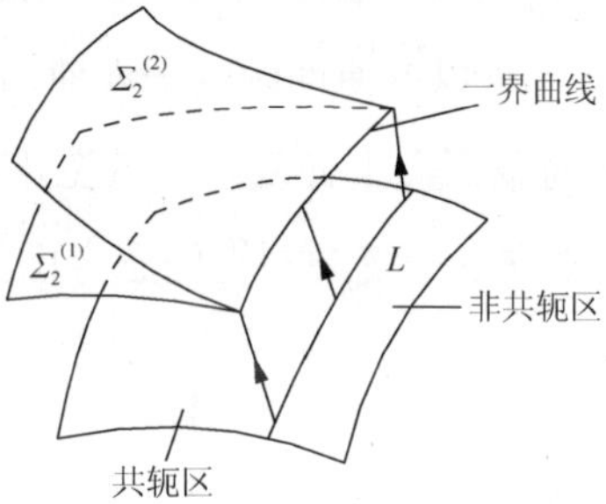

图 2.4　一界曲线形成曲面两叶

（3）见图 2.3（a），对于曲面 Σ_2 上存在一类界点的情形，若标杆射线由曲面上的点 c_1 出发，则此时的 h - ϕ_1 曲线呈现如图 2.5 所示的一峰一谷形状，即标杆函数出现两个极值点。这两个点分别描述了曲面 Σ_2 的上叶 $\Sigma_2^{(2)}$ 的点 a_1 和下叶 $\Sigma_2^{(1)}$ 的点 b_1。从工程角度来看，取极大值的点 a_1 连同上叶曲面 $\Sigma_2^{(2)}$ 在创成过程中会被干涉掉，实际存在的只有点 b_1 所在的下叶曲面 $\Sigma_2^{(1)}$。

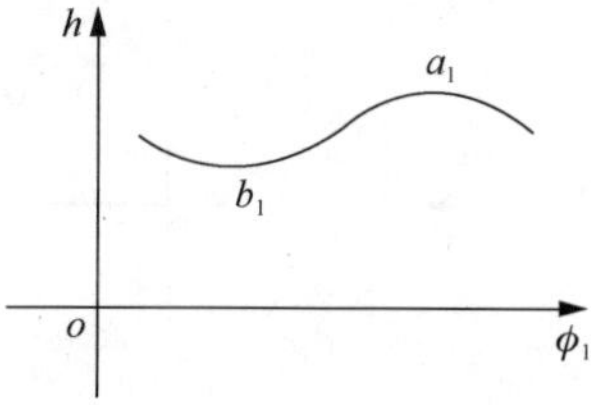

图 2.5　两叶曲面对应的 h - ϕ_1 曲线

（4）前面第（1）和第（3）部分的讨论均针对标杆函数的最小值为其解析意义下的极小值，即连续可微的情形而言。实际上还存在另外一种常见情形，其标杆函数的最小值往往位于区间端点处，这时最小条件并不满足$h_{\phi_1}=0$，显然属于一种非可微情况。如图2.6所示，Σ_2的下叶曲面$\Sigma_2^{(1)}$上出现了干涉曲面Σ_N，即图2.6（a）中的g_jg_N部分，它是创成加工中刀尖形成的轨迹面。当标杆射线由Σ_0上点C_N出发，通过一类界点，则标杆射线与干涉曲面Σ_N的交点g_N在区间端点处取得最小值，见图2.6（b）；当标杆射线由点c_1所发，与$\Sigma_2^{(2)},\Sigma_2^{(1)},\Sigma_N$的交点$a_1,b_1,g_1$在$h$-$\phi_1$曲线上分别表示为极大值、极小值及区间端点最小值，如图2.6（c）所示；特殊地，当标杆射线恰好由点c_j出发，通过下叶曲面$\Sigma_2^{(1)}$与干涉曲面Σ_N的交点b_j（或g_j）时，在h-ϕ_1曲线上，点b_j取得的极小值与区间端点g_j对应的h值正好相等，见图2.6（d）。根据这一性质，可以方便地确定干涉曲面与理论廓面的相交线。利用一般的共轭方法处理此类问题则会十分复杂，甚至难以进行。由这一点亦可以看出，仿真方法在处理曲面求交这一复杂共轭问题方面能够发挥独特的作用。

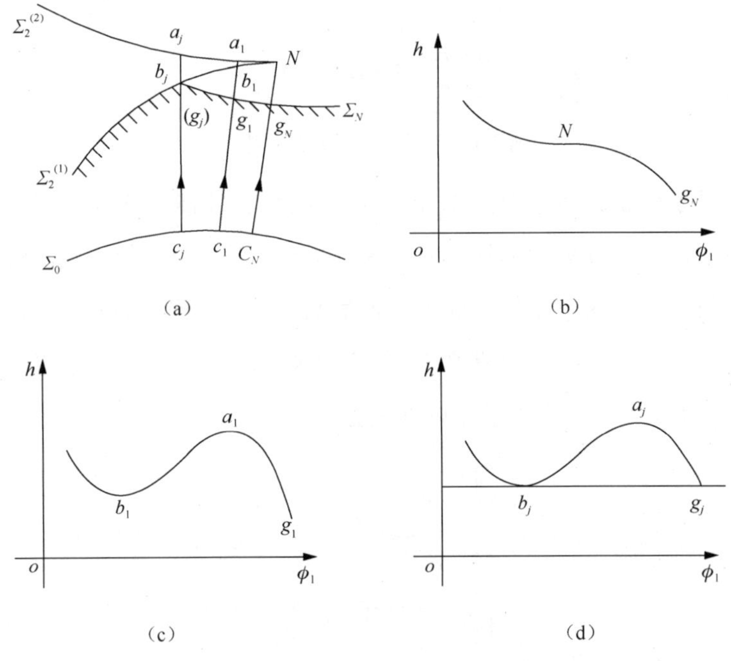

图2.6　存在干涉曲面的h-ϕ_1曲线

实际上，这部分内容是对第（2）部分讨论的进一步深化。需要强调的是，仿真方法获得的最终廓面，一定是由标杆函数取得最小值的点构成的，即标杆函数的最小值原则。显然，在这种情况下，实际保留的廓面为图 2.6（a）中的阴影部分。

2.5.2　奇点共轭情形

1. 曲面 Σ_2 上只存在奇解点

假定曲面 Σ_2 上存在奇解点 q，并且不存在一类界点，如图 2.7（a）所示。标杆射线通过奇解点时的 h-ϕ_1 曲线见图 2.7（b），奇解点虽涵盖了一类界点条件，但在 h-ϕ_1 曲线上并非平稳拐点，此时点 q 仅满足 $h_{\phi_1}=h_{\phi_1\phi_1}=0$，而不满足拐点的充分条件。将各 h-ϕ_1 曲线上具有此特征的点连线便形成了曲面 Σ_2 上的奇解点曲线。奇解点曲线不再是 Σ_2 的边界曲线，此时将有两个廓面 Σ_{21}，Σ_{22} 于奇解点曲线处相切并且交叉而过。因此，当标杆射线分别由 Σ_0 上点 c_q 两侧的点，即 c_1，c_2 发出时，形成的两个 h-ϕ_1 曲线具有大致对称的特征，如图 2.7（c）、图 2.7（d）所示。根据标杆函数的最小值原则可知，实际存在的真实廓面包括 Σ_{21} 在点 q 的右侧部分及 Σ_{22} 在点 q 的左侧部分，即图 2.7（a）中阴影部分。

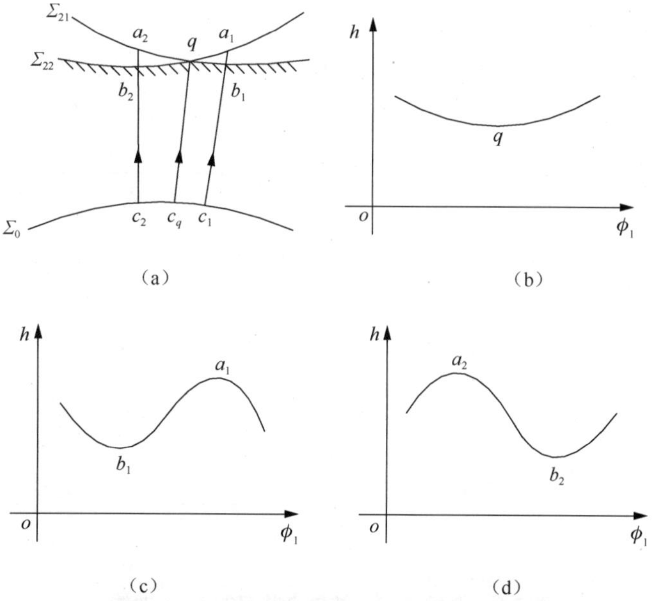

图 2.7　只有奇解点的 h-ϕ_1 曲线

2. 曲面 Σ_2 上同时存在奇解点及一类界点

当曲面 Σ_2 上同时存在奇解点及一类界点时，h-ϕ_1 曲线将呈现出复杂的情形。设曲面 Σ_2 由两个廓面，即第一廓面 Σ_{21} 及第二廓面 Σ_{22} 构成，第一廓面 Σ_{21} 由上下两叶 $\Sigma_{21}^{(2)}$ 和 $\Sigma_{21}^{(1)}$ 组成，如图 2.8（a）所示，N 为一类界点。上叶曲面 $\Sigma_{21}^{(2)}$ 与第二廓面 Σ_{22} 相切于点 q，q 即为奇解点；下叶曲面 $\Sigma_{21}^{(1)}$ 与 Σ_{22} 相交于点 $b_j(e_j)$。

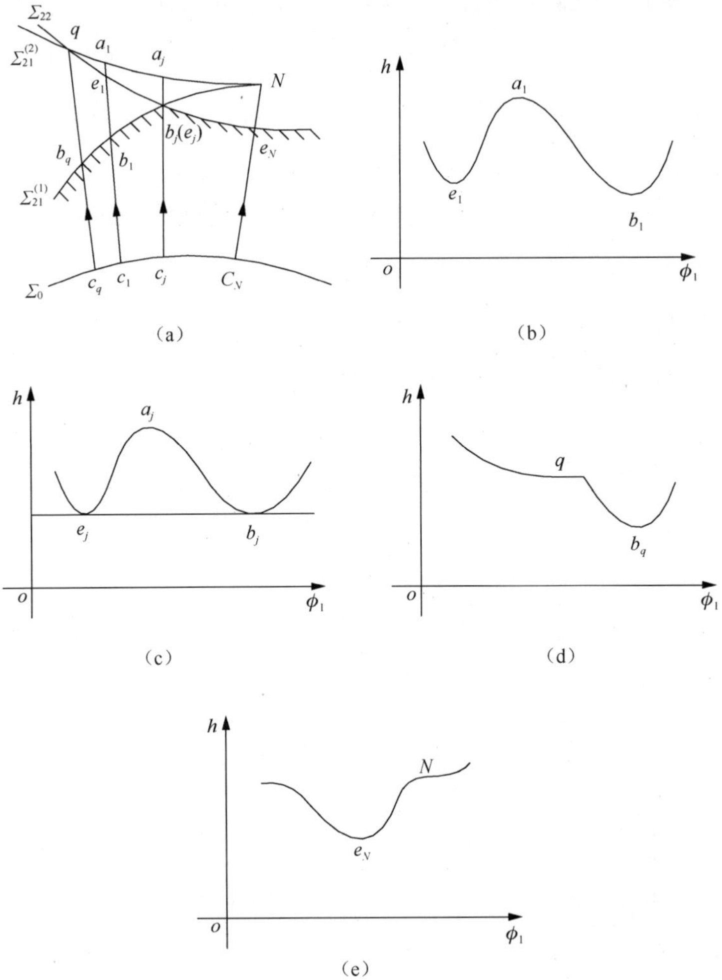

图 2.8　奇解点与一类界点共存的 h-ϕ_1 曲线

设点 N 对应曲面 Σ_0 上的点 C_N，则由图 2.8（a）可以看出，点 C_N 左面 Σ_0 上诸

点形成的标杆函数，通常由于 $\Sigma_{21}^{(2)},\Sigma_{21}^{(1)}$ 和 Σ_{22} 的存在而有三个极值。如点 c_1 发出的标杆，其 h-ϕ_1 曲线呈现单峰双谷形，如图 2.8（b）所示，即存在三个极值点，其中点 a_1 处取得极大值，对应第一廓面上叶曲面 $\Sigma_{21}^{(2)}$ 上的点，e_1、b_1 点处均取得极小值，分别描述第二廓面 Σ_{22} 及第一廓面下叶曲面 $\Sigma_{21}^{(1)}$ 上的点。由标杆函数的最小值原则可知，此时实际廓面保留的是点 b_1。

当标杆射线由点 c_j 发出，通过两廓面交点 $b_j(e_j)$ 时，其 h-ϕ_1 曲线与图 2.8（b）相似，亦呈现单峰双谷形，见图 2.8（c），所不同的是两谷底值（极小值），即曲线上 e_j,b_j 对应的 h 值相等，且均为最小值。两最小值相等反映了齿面 Σ_2 上两廓面的交点特征，而各自对应的转角不同，则意味着 $b_j(e_j)$ 虽为公共点，却伴随着两个廓面在不同的时刻进入啮合。利用上述规律，共轭的仿真方法可以方便地解决两曲面的求交问题。

特殊地，当标杆射线由曲面 Σ_0 上 c_q 发出，经过奇解点 q 时，其 h-ϕ_1 曲线如图 2.8（d）所示，可见此时的 h-ϕ_1 曲线已经不再是单峰双谷形，奇解点 q 于 h-ϕ_1 曲线上表现为平稳拐点，这与一类界点相似。但如前所述，奇解点并不是一般意义下的一类界点，表现在 h-ϕ_1 曲线上，奇解点近旁存在极小值，即图 2.8（d）中 b_q 对应的 h 值，而一类界点所在的 h-ϕ_1 曲线，并不存在极小值。这一点作为奇解点对一般一类界点的直观判据通常是有效的，但对于更为复杂的情形，如一类界点与奇解点共存的情形，其一类界点 N 所在的 h-ϕ_1 曲线［见图 2.8（e）］除具有平稳拐点 N 外，还存在极小值 e_N（e_N 表征第二廓面 Σ_{22} 上的点），这一点与奇解点基本一致，因此，单凭上述判据区分一类界点与奇解点并非完全可靠。

下面绕过具体的共轭实例，仅就一般情况给出奇解点与一类界点的最有效的直观判别方法。设奇解点、一类界点通过标杆在参考曲面 Σ_0 上的对应点为 c_q 与 c_N，则 Σ_0 上点 c_q 两侧邻近点发出的标杆形成的 h-ϕ_1 曲线均具有多极值点，而点 c_N 左右两侧邻近点发出的标杆，只有一侧的 h-ϕ_1 曲线具有多极值，另一侧只有单极值或无极值。

同样根据标杆函数的最小值原则可知，曲面 Σ_2 上实际保留的廓面为图 2.8（a）中的阴影部分。

综上所述，共轭的仿真过程可以利用数字计算直接了解标杆函数并获得 h-ϕ_1 曲线的几何图形，进而能够通过 h-ϕ_1 曲线的几何性质，直观、可靠地把握共轭曲面的一些深层次规律，尤其对于干涉、奇异条件下传统共轭曲面理论不易解决的某些问题，仿真方法显示了其独特的优越性。

2.6 接触域的仿真分析

2.6.1 概述

共轭齿面间的接触情况，如接触域的大小、形状、部位等，直接影响着传动质量和使用寿命，一直受到工程界的关注。接触域的分析与控制已经成为弧齿锥齿轮、蜗杆蜗轮等复杂传动副设计与加工的关键性技术。应该说，共轭齿面的接触情况，首先取决于传动副的啮合原理及其参数的正确选择，如二类界限。如果参数选择不当，由于二类界限的影响可能导致接触域的显著缩小。另外，齿面间的接触情况还与传动副的加工误差、装配精度密切相关。可以说，接触域是综合的质量检验指标，各国的齿轮精度检验项目中均设定了“涂色检查”项目，原因正在于此。

严格地讲，共轭齿面间的接触域可分为局部接触域及整体接触域两类。前者是在载荷作用下，共轭某瞬时两齿面于共轭点或瞬时接触线附近的接触域，它影响接触应力、润滑性能。后者是指整个共轭区间内，两齿面的总接触域，它是局部接触域的叠加和，表明设计、制造的总体性能。

在传统理论研究共轭齿面间接触情况的方法中，诱导曲率是一个非常重要的概念，它是两共轭齿面在接触点处的相对弯曲情况的反映。由于诱导曲率问题直接涉及两共轭齿面之间的接触强度、润滑性能及制造工艺，诱导曲率一度成为传统共轭曲面原理研究的一个热点。不论是诱导曲率公式的表达形式，还是其数值解的计算方法和计算技巧，都已发展得相当成熟，并在工程上起到了重要作用。但这种利用诱导曲率来确定接触域的方法，只考虑到二阶微分邻域，尚不精确，有时为了提高估算精度，还要深入讨论到三阶微分邻域[9-11]，这显然增加了计算工作量。另外，利用诱导曲率估算接触域的方法属于解析研究的范畴，不可避免地受到各种条件的制约，如在误差、变形及非连续可微条件下，诱导曲率的计算十分困难，甚至无法进行。而数字仿真方法则完全不受上述条件的限制，该方法引入了标杆函数 $h(u_2,v_2,\phi_1)$，可以用它直接地描述离差，进而研究接触域。该方法直接精确，并且计算简便，是估算接触域的有效方法。

2.6.2　诱导曲率

为了与传统的理论衔接，在用离差方法研究齿面间的接触情况以前，先针对连续可微情况，用仿真方法讨论诱导曲率问题。

由式（2.15）可知：

$$\boldsymbol{v}^{(21)}\cdot\boldsymbol{e}_3=-p_3h_{\phi_1} \tag{2.32}$$

对上式两端求全微分并注意啮合点处 $h_{\varphi_1}=0$，有

$$\mathrm{d}(\boldsymbol{v}^{(21)}\cdot\boldsymbol{e}_3)=-p_3\mathrm{d}(h_{\phi_1}) \tag{2.33}$$

类似于式（1.43）～式（1.47）的推导过程，可将式（2.33）左侧转化为

$$\mathrm{d}(\boldsymbol{v}^{(21)}\cdot\boldsymbol{e}_3)=-t_1^{(1)}\sigma_1^{(1)}-t_2^{(1)}\sigma_2^{(1)}+\boldsymbol{q}\cdot\boldsymbol{e}_3\mathrm{d}t \tag{2.34}$$

由式（2.20）解出 $\sigma_1^{(2)},\sigma_2^{(2)}$ 代入式（2.21）右侧，可将式（2.33）右侧写为

$$-p_3\mathrm{d}(h_{\phi_1})=-p_3[h_{\phi_1 1}\sigma_1^{(1)}+h_{\phi_1 2}\sigma_2^{(1)}+(h_{\phi_1\phi_1}-h_{\phi_1 1}v_1^{(21)}-h_{\phi_1 2}v_2^{(21)})\mathrm{d}\phi_1] \tag{2.35}$$

将式（2.34）与式（2.35）进行比较，并注意 $\mathrm{d}\phi_1=\mathrm{d}t$，可得

$$\begin{cases}t_1^{(1)}=p_3h_{\phi_1 1}\\ t_2^{(1)}=p_3h_{\phi_1 2}\\ \boldsymbol{q}\cdot\boldsymbol{e}_3=-p_3(h_{\phi_1\phi_1}-v_1^{(21)}h_{\phi_1 1}-v_2^{(21)}h_{\phi_1 2})\end{cases} \tag{2.36}$$

将式（2.36）代入式（1.47d）～式（1.47e）及式（1.60b），并利用诱导曲率公式［式（1.61）］得

$$k_n^{(21)}=\frac{p_3}{h_{\phi_1\phi_1}}(h_{\phi_1 1}\cos\theta+h_{\phi_1 2}\sin\theta)^2 \tag{2.37}$$

若令 $\cos\theta=\dfrac{\sigma_1^{(2)}}{\sqrt{\sigma_1^{(2)2}+\sigma_2^{(2)2}}}$，$\sin\theta=\dfrac{\sigma_2^{(2)}}{\sqrt{\sigma_1^{(2)2}+\sigma_2^{(2)2}}}$ 并将它们代入上式，结合式(2.21)，可将诱导曲率公式转化为另外一种形式：

$$k_n^{(21)} = p_3 h_{\phi_1\phi_1} (\frac{\mathrm{d}\phi_1}{\mathrm{d}s_2})^2 \tag{2.38}$$

式中，$\mathrm{d}s_2 = \sqrt{\sigma_1^{(2)2} + \sigma_2^{(2)2}}$ 。

至此，本节利用标杆函数的二阶偏导数及协变导数项给出了共轭齿面诱导曲率的表达公式，标杆函数的重要作用又一次得到了印证。

联系到前面的讨论，可以归纳出如下两点结论：

（1）对于瞬时接触线方向，ϕ_1 为定值，故 $\frac{\mathrm{d}\phi_1}{\mathrm{d}s_2} = 0$，由式（2.38）可知，$k_n^{(21)} = 0$，即两共轭齿面的瞬时接触线方向诱导曲率为零，这是线接触共轭的特征。

（2）奇点共轭时，奇解点处 $h_{\phi_1\phi_1} = 0$，由此可知该点处沿任意方向均有 $k_n^{(21)} = 0$，表明奇解点处为局部面性接触。

2.6.3 曲面离差与接触域的确定

1. 曲面离差

两曲面在切点邻域内的法向距离称为曲面的离差，它是研究接触域的重要几何量。在共轭过程的数字仿真中，标杆扫过已知曲面 Σ_1，不仅给出了啮合点处标杆函数的最小值 h_m，也给出了其近旁的标杆函数值，为离差的求取提供了方便。

图 2.9（a）给出了 $\Sigma_1, \Sigma_2, \Sigma_0$ 三个曲面的示意图，曲面 Σ_0 上点 $q_0(u_2, v_2)$ 发出的标杆 q_0q 对应了啮合点 q，此时转角为 ϕ_1，自然标杆 q_0q 为标杆函数的最小值。图 2.9（b）中的曲线“（1）”表示点 q_0 的标杆函数曲线，显然

$$q_0q = h(u_2, v_2, \phi_1) \tag{2.39}$$

在点 q_0 邻域内选一点 $q_0^*(u_2^*, v_2^*)$，其中，$u_2^* = u_2 + \Delta u$，$v_2^* = v_2 + \Delta v$。$q_0^*q_1^*$ 表示点 q_0^* 标杆函数在转角 ϕ_1 下的函数值；$q_0^*q_2^*$ 为该标杆函数的最小值，对应转角为 $\phi_1^* = \phi_1 + \Delta\phi_1$；$q_2^*q_1^*$ 为该标杆函数在 ϕ_1 时刻相对于其最小值的增量。具体情况可见图 2.9（b）曲线“（2）”，这时有

$$q_0^*q_1^* = h(u_2^*, v_2^*, \phi_1) \tag{2.40}$$

$$q_0^*q_2^* = h(u_2^*, v_2^*, \phi_1^*) \tag{2.41}$$

则标杆函数增量定义为$\Delta h = q_2^* q_1^*$，容易理解，Δh将成为曲面离差的重要表征量，于是由式（2.40）、式（2.41）可知

$$\Delta h = h(u_2^*, v_2^*, \phi_1) - h(u_2^*, v_2^*, \phi_1^*) \tag{2.42}$$

将Δh投影于法线，便得到曲面离差：

$$\delta h_n = \Delta h \boldsymbol{p} \cdot \boldsymbol{e}_3 = p_3[h(u_2^*, v_2^*, \phi_1) - h(u_2^*, v_2^*, \phi_1^*)] \tag{2.43}$$

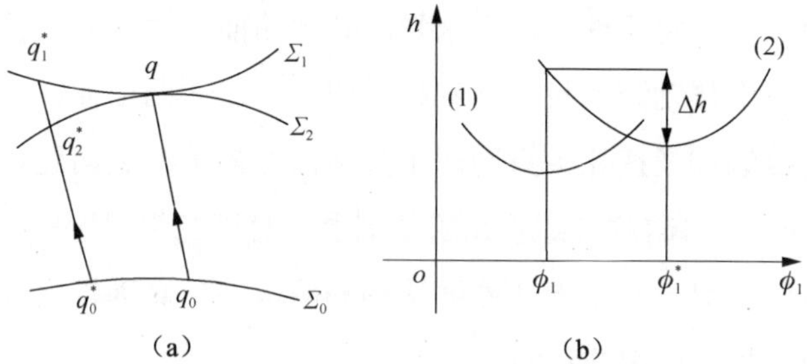

图 2.9　曲面离差

2. 接触域的确定

在工程实际中，当离差小于某一给定数值δh_0时，均可视为接触，故接触条件为

$$\delta h_n \leqslant \delta h_0 \tag{2.44}$$

式中，δh_0为一个与载荷有关的小量。

根据式（2.44）结合前面的讨论，可以方便地确定共轭曲面的接触域。下面给出处理此问题的步骤。

步骤 1：将ϕ_1, u_2, v_2离散化。

步骤 2：选取一点(u_2, v_2)，记录取得标杆函数最小值时对应的转角ϕ_1，并计算此时的p_3值。

步骤 3：在(u_2, v_2)邻域内取一点(u_2^*, v_2^*)，记录标杆函数的最小值$h(u_2^*, v_2^*, \phi_1^*)$以及转角$\phi_1$时的标杆函数值$h(u_2^*, v_2^*, \phi_1)$，由式（2.43）可计算得到点$(u_2^*, v_2^*)$的离差，再根据式（2.44）判断该点（实为该点对应的共轭齿面上的点，下同）是否属于点(u_2, v_2)啮合时接触域内的点。

步骤 4：在(u_2, v_2)邻域内，选取一系列点，就可确定点(u_2, v_2)啮合时的局部接触域。

步骤 5：选取不同的(u_2,v_2)，重复步骤 2～步骤 4 便可确定整体接触域。

2.7 共轭曲面第二类问题的数字仿真研究

2.7.1 共轭曲面的第二类问题

已知一曲面，在一定条件下，求未知的共轭曲面，属于共轭曲面的第一类问题，它直接与工程上传动副的设计加工相对应。而已知两曲面，在既定的位置条件下，求传动的接触域及速比关系则属于共轭曲面的第二类问题，它反映了传动副的总体工作性能。文献[8]在文献[6]的基础上，对第二类问题进行了数字仿真研究，给出了相应的计算方法，希望能够达到利用数字仿真理论研究传动副从设计加工到安装传动的整个过程的目的。

如前所述，工程界普遍采用求诱导曲率的方法来估算接触域，该方法属于解析研究的范畴，仅适用于理想状态。实际上，误差总是存在的，但是在误差不是很大的情况下，传动副依然可以工作，但是两齿面理论上的共轭关系已经完全破坏[12]（极特殊情况除外，如圆柱渐开线齿轮副出现中心距偏差），往往只满足零阶接触，诱导曲率的计算无法进行。而利用本节提出的共轭曲面第二类问题的数字仿真方法，则能够有效地研究此类问题。另外，该方法还可方便地获得传动副的实际速比关系。

2.7.2 数字仿真模型的建立

1. 工具齿面$\varSigma_1$包络工件齿面$\varSigma_2$

设已知工具齿面$\varSigma_1$：$\boldsymbol{R}^{(1)}=\boldsymbol{R}^{(1)}(u_1,v_1)$，以连续形式给出，其在某一条件下的包络面即工件齿面$\varSigma_2$方程可设为$\varSigma_2$：$\boldsymbol{R}^{(2)}=\boldsymbol{R}^{(2)}(u_2,v_2)$，不妨将包络条件记为条件Ⅰ。

根据 2.1 节的内容，齿面$\varSigma_2$可表示为

$$\boldsymbol{R}^{(2)}=\boldsymbol{R}^{(0)}(u_2,v_2)+h(u_2,v_2)\boldsymbol{P}(u_2,v_2) \tag{2.45}$$

式中，Σ_0：$\boldsymbol{R}^{(0)}=\boldsymbol{R}^{(0)}(u_2,v_2)$为已知参考曲面方程；$\boldsymbol{P}(u_2,v_2)$，$h(u_2,v_2)$分别为参考曲面上各点发出标杆射线的单位方向矢量和被截取的长度值。如设齿面Σ_1、Σ_2各自的转角为ψ_1、ψ_2且有$\psi_2=\psi_2(\psi_1)$，于是有

$$\boldsymbol{r}^{(1)}-\boldsymbol{r}^{(2)}-A\boldsymbol{a}=\boldsymbol{r}^{(1)}-(\boldsymbol{r}^{(0)}+h\boldsymbol{p})-A\boldsymbol{a}=0 \tag{2.46}$$

式中，$\boldsymbol{r}^{(1)}$为$\boldsymbol{R}^{(1)}$绕工具轴线的回转矢量；$\boldsymbol{r}^{(2)}$，$\boldsymbol{r}^{(0)}$，$\boldsymbol{p}$分别为$\boldsymbol{R}^{(2)}$，$\boldsymbol{R}^{(0)}$，$\boldsymbol{P}$绕工件轴线的回转矢量；A，$\boldsymbol{a}$分别为中心距的大小和方向。将坐标曲面Σ_0离散化，对于其上每一点(u_{2i},v_{2i})，$i=1,2,\cdots$，令ψ_1连续变化，由式（2.46）可求得对应该点的一系列标杆长度值，从中选出最小者：

$$h_{mi}=\min_{\psi_1}h(u_{2i},v_{2i},\psi_1)=h_m(u_{2i},v_{2i}) \tag{2.47}$$

即为该点所发标杆射线最终被截取的端点值，而所有标杆射线被截得的端点便描述了数字化的未知曲面Σ_2：

$$\boldsymbol{R}^{(2)}=\boldsymbol{R}^{(0)}(u_{2i},v_{2i})+h_{mi}\boldsymbol{P}(u_{2i},v_{2i})\quad i=1,2,\cdots \tag{2.48}$$

2. 齿面Σ_1、Σ_2传动

将齿面Σ_1与齿面Σ_2传动时的位置条件称为条件Ⅱ，显然条件Ⅱ与条件Ⅰ不可能完全一致。设齿面Σ_1绕回转轴线的回转角度为ϕ_1，$\boldsymbol{R}^{(1)}$回转后的矢量用$\boldsymbol{r}^{(1)*}$表示。令齿面Σ_2（包括参考曲面Σ_0以及其上各点发出的标杆方向$\boldsymbol{P}$）绕其轴线的回转角度为ϕ_2，$\boldsymbol{R}^{(2)}$，$\boldsymbol{R}^{(0)}$，$\boldsymbol{P}$回转后的矢量分别用$\boldsymbol{r}^{(2)*}$，$\boldsymbol{r}^{(0)*}$，$\boldsymbol{p}^*$表示。如设中心距的大小和方向分别为A^*和$\boldsymbol{a}^*$，则回转过程中齿面Σ_1截得标杆的长度$h_j(u_2,v_2)$可由下式确定：

$$\boldsymbol{r}^{(1)*}(u_1,v_1,\phi_1)-[\boldsymbol{r}^{(0)*}(u_2,v_2,\phi_2)+h_j(u_2,v_2)\boldsymbol{p}^*(u_2,v_2,\phi_2)]-A^*\boldsymbol{a}^*=0 \tag{2.49}$$

针对某一瞬时$\phi_2=\phi_{20}$，任取ϕ_1角，如$\phi_1=\phi_{10}$，遍历所有的点(u_{2i},v_{2i})，$i=1,2,\cdots$，由式（2.49）可求得各个对应的$h_{ji}=h_j(u_{2i},v_{2i})$，利用式（2.47），可计算出各点标杆的差值$\Delta h_i=\left|h_{ji}\right|-\left|h_{mi}\right|$，如图 2.10 所示，进一步求得其中的最小值

$$\Delta h_m=\min_i\ \Delta h_i \tag{2.50}$$

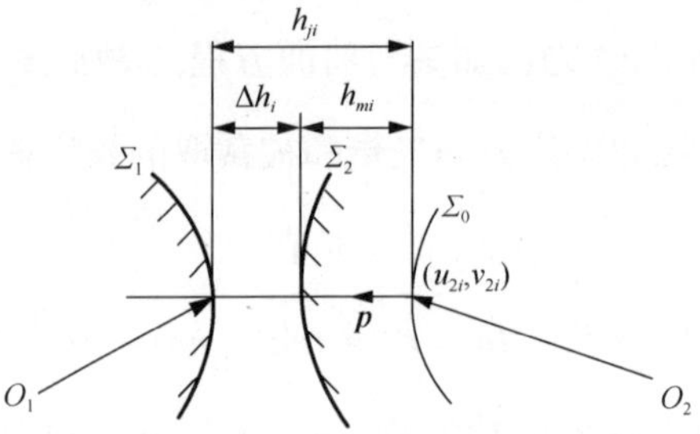

图 2.10　标杆差值

$\Delta h_m > 0$，表明齿面 Σ_1, Σ_2 尚存在间隙；$\Delta h_m < 0$ 则表明齿面 Σ_1, Σ_2 已经互相嵌入。无论哪种情况，保持 $\phi_2 = \phi_{20}$ 不变，调整 ϕ_1 角，如令 $\phi_1 = \phi_{10} + \Delta\phi_{10}$，重新遍历所有的 (u_{2i}, v_{2i})，由式（2.49）求得此条件下的各个被截的标杆长度 $h_{ji} = h_j(u_{2i}, v_{2i})$，计算 $\Delta h_i = \left|h_{ji}\right| - \left|h_{mi}\right|$，并求得新的最小值 $\Delta h_m = \min\limits_i \Delta h_i$，继续改变 ϕ_1 角，重复上述步骤，直至满足

$$\left|\Delta h_m\right| < \varepsilon \tag{2.51}$$

式中，ε 为一小的正数，如 1×10^{-6}。并记此时的 ϕ_1 为 ϕ_{10}^*，即为对应 $\phi_2 = \phi_{20}$ 时刻齿面 Σ_1 与 Σ_2 相接触时的转角。此刻，理论上两齿面 Σ_1、Σ_2 已经有一点接触，而其余点皆存在间隙，但在实际载荷的作用下，齿面要发生弹性变形，凡满足

$$\Delta h_i < \delta h_0 \tag{2.52}$$

的点均可视为接触，δh_0 为一与载荷有关的小量。故这些点形成了 $\phi_2 = \phi_{20}$ 时的瞬时接触域。令 ϕ_2 取不同的值，如 $\phi_{20}, \phi_{21}, \cdots, \phi_{2n}, \cdots$，重复前述过程，可求得相应的齿面 Σ_1 的转角为 $\phi_{10}^*, \phi_{11}^*, \cdots, \phi_{1n}^*, \cdots$，以及各瞬时接触域，各瞬时接触域的叠加便构成齿面的整体接触域。而由转角系列 $\{\phi_{1n}^*\}$ 与 $\{\phi_{2n}\}$ 便可确定实际的速比关系。

2.7.3　算例

以阿基米德蜗杆传动为例，计算其在几种典型位置误差条件下的实际接触域与速比关系。假设条件 I 即包络条件为没有误差的理想条件，条件 II 即传动条件为误差条件。为计算简洁，在不致混淆的情况下，以下包络过程与传动过程的符号不再区分。

蜗杆面（工具齿面）为已知阿基米德螺旋面，设为 Σ_1，蜗轮面为未知曲面，

设为Σ_2。建立坐标系如图 2.11 所示，其中$\{O_1, X_1Y_1Z_1\}$为蜗杆坐标系，$\{O_2, X_2Y_2Z_2\}$为蜗轮坐标系，$X_1, Y_1, Z_1, X_2, Y_2, Z_2$各坐标轴的单位矢量分别为$\boldsymbol{i}_1, \boldsymbol{j}_1, \boldsymbol{k}_1, \boldsymbol{i}_2, \boldsymbol{j}_2, \boldsymbol{k}_2$，并有如下关系：$\boldsymbol{i}_2 = -\boldsymbol{i}_1$，$\boldsymbol{j}_2 = -\cos\psi \boldsymbol{k}_1 - \sin\psi \boldsymbol{j}_1$，$\boldsymbol{k}_2 = \sin\psi \boldsymbol{k}_1 - \cos\psi \boldsymbol{j}_1$，其中$\psi$为$\boldsymbol{j}_1$与$-\boldsymbol{k}_2$方向夹角。中心距$A^*\boldsymbol{a}^* = (A_0 + \Delta A)\boldsymbol{i}_1 + \Delta z \boldsymbol{k}_2$，$A_0$为标准中心距的值，$\Delta A$为中心距的误差量，$\Delta z$为蜗轮坐标系相对蜗杆中心平面沿$\boldsymbol{k}_2$方向的位移量。

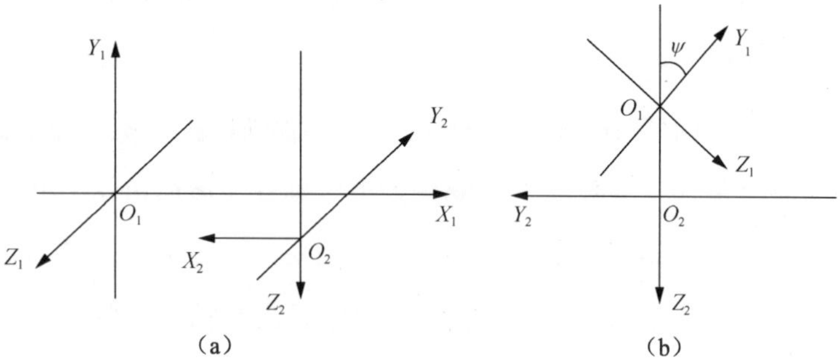

图 2.11　坐标系设置

阿基米德蜗杆的轴向截形为

$$\begin{cases} \xi = t\cos\alpha \\ \zeta = z_0 - t\sin\alpha \end{cases} \tag{2.53}$$

式中，t为参数，$t_0 \leqslant t \leqslant t_1$，$t_0, t_1$为常数，由蜗杆齿根圆和齿顶圆半径确定；$\alpha$为齿形角；$z_0 = \dfrac{\pi}{4}m + r_1 \tan\alpha$，其中$m$为模数，$r_1$为蜗杆分圆半径。则蜗杆齿面方程可以写为

$$\boldsymbol{R}^{(1)} = \xi \boldsymbol{e}(\theta) + (p\theta + \zeta)\boldsymbol{k}_1 \tag{2.54}$$

式中，$\boldsymbol{e}(\theta) = \cos\theta \boldsymbol{i}_1 + \sin\theta \boldsymbol{j}_1$为圆矢量函数；$p$为螺旋常数。设参考曲面方程为$\Sigma_0$：$\boldsymbol{R}^{(0)} = u\boldsymbol{i}_2 + v\boldsymbol{k}_2$，标杆方向$\boldsymbol{P}$选为$\boldsymbol{j}_2$，则蜗轮齿面可设为

$$\boldsymbol{R}^{(2)} = u\boldsymbol{i}_2 + v\boldsymbol{k}_2 + h\boldsymbol{j}_2 \tag{2.55}$$

接触方程［式（2.49）］，并分别点乘$\cos\phi_2 \boldsymbol{i}_2 + \sin\phi_2 \boldsymbol{j}_2$，$-\sin\phi_2 \boldsymbol{i}_2 + \cos\phi_2 \boldsymbol{j}_2$以及$\boldsymbol{k}_2$，可得如下标量方程：

$$\begin{cases} t\cos\alpha[\cos(\theta+\phi_1)\cos\phi_2+\sin(\theta+\phi_1)\sin\phi_2\sin\psi] \\ \quad +(p\theta+z_0-t\sin\alpha)\sin\phi_2\cos\psi+u-(A_0+\Delta A)\cos\phi_2=0 \\ t\cos\alpha[\cos(\theta+\phi_1)\sin\phi_2-\sin(\theta+\phi_1)\cos\phi_2\sin\psi] \\ \quad -(p\theta+z_0-t\sin\alpha)\cos\phi_2\cos\psi-h-(A_0+\Delta A)\sin\phi_2=0 \\ t\cos\alpha\cos\psi\sin(\theta+\phi_1)-(p\theta+z_0-t\sin\alpha)\sin\psi+(v+\Delta z)=0 \end{cases} \tag{2.56}$$

令上式中ψ=0，ΔA=0，Δz=0，则上式与式（2.46）等价，由式（2.47）、式（2.48）可求得理想状态下的共轭曲面Σ_2。注意此时蜗杆、蜗轮的回转角ϕ_1、ϕ_2满足$\phi_1=I\phi_2$，I为齿数比。反之，则可利用式（2.50）～式（2.52）求得误差条件下的实际接触域。注意，此时回转角ϕ_1,ϕ_2之间的关系不再满足$\phi_1=I\phi_2$，需重新确定。

本算例的原始条件及参数如下：蜗杆为单头蜗杆，齿形角$\alpha=20^\circ$，蜗轮、蜗杆齿数比$z_2/z_1=40$，标准中心距A_0=125，模数m=5，蜗杆分圆直径d_1=50。分别令ψ、ΔA、Δz取一定的误差值，便可得到蜗杆副在轴交角偏差、中心距偏差及传动中间平面偏移条件下的实际接触域与速比关系。根据标杆的方向和文献[13]的经验，本节δh_0取 0.01[13]。下面给出的分别是$\psi=-0.05^\circ$，ΔA=0.1，Δz=0.05时各自的实际接触域（见图 2.12，指蜗轮齿面）及速比关系（见图 2.13）的具体

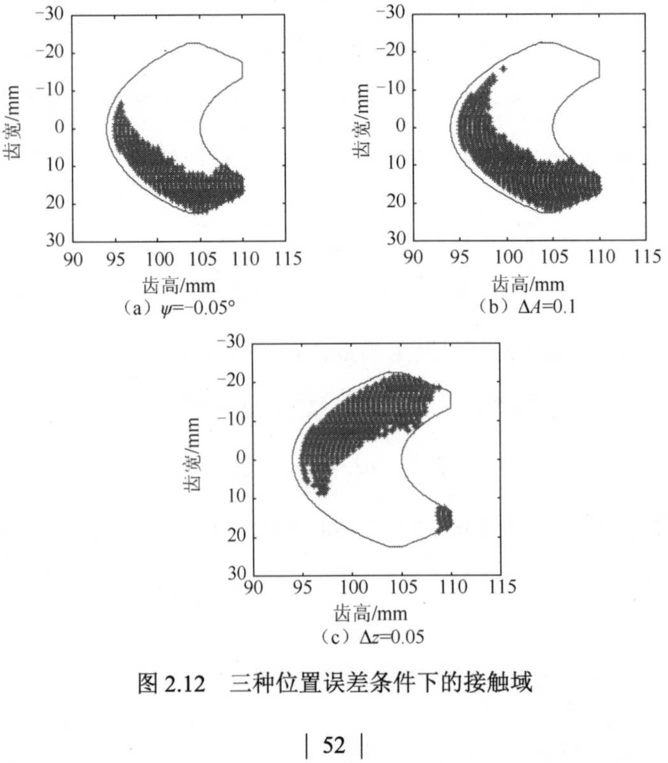

（a）ψ=−0.05°

（b）ΔA=0.1

（c）Δz=0.05

图 2.12　三种位置误差条件下的接触域

计算结果。为了更直观，图 2.13 直接给出了速比误差曲线，横坐标为蜗轮转角 ϕ_2，纵坐标 $d\phi_1$ 为蜗杆实际转角与理论转角之差。

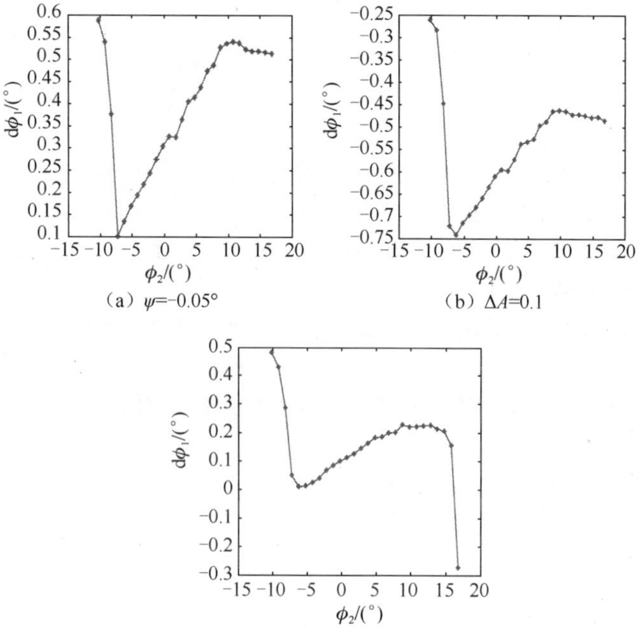

（a）ψ=−0.05°　（b）ΔA=0.1

（c）Δz=0.05

图 2.13　速比误差曲线

通过前面的理论分析与实际计算可以发现，数字仿真方法同样可以用来求解共轭曲面的第二类问题。该方法不受误差、变形等因素的制约，并且具有简便高效、直接精确的优点，是研究两已知曲面在既定位置条件下的实际接触域和速比关系问题的新方法。

参 考 文 献

[1] 刘欣，刘健，洪星，等. 利用仿真法计算螺杆压缩机转子铣刀的廓形. 流体工程，1988，7：55-59.

[2] 张白，刘健. 蜗杆砂轮磨齿机加工过程的数值仿真. 大连理工大学学报，1990，30（4）：425-432.

[3] 董惠敏，尤竹平. 谐波传动保精度齿形的研究.机械传动，1995，19（3）：1-4.

[4] 王德伦. 奇点共轭理论与包络蜗杆砂轮磨齿的技术基础. 大连：大连理工大学，1990.

[5] 刘欣，刘健，王德伦．共轭曲面数字仿真原理的探讨．大连理工大学学报，1993，33（3）：311-316．
[6] 刘健，阎长罡，曹利新．共轭曲面的数字仿真原理．大连理工大学学报，1999，39（2）：259-267．
[7] 阎长罡．奇点共轭理论与 0° 渐开线包络蜗杆传动的原理与技术．大连：大连理工大学，2000．
[8] 阎长罡，王辉，赵永成，等．共轭曲面第二类问题的数字仿真．大连铁道学院学报，2004，25（3）：31-34．
[9] 王小椿．点啮合曲面的三阶接触分析．西安交通大学学报，1983，17（3）：1-13．
[10] 王小椿．线接触曲面的三阶接触分析．西安交通大学学报，1983，17（5）：1-12．
[11] 王小椿，吴序堂．点啮合齿面的三阶接触分析的进一步探讨——V/H 检验法的理论．西安交通大学学报，1987，21（2）：1-13．
[12] 曹利新．变速比定啮合角齿轮的啮合原理、误差原理及其测量技术的研究——变速比齿扇的测量原理与测量方法．大连：大连理工大学，1997．
[13] 吴序堂，王小椿．点啮合共轭齿面失配传动性能的预控．齿轮，1988，12（3）：1-7．

第 3 章　0° 渐开线包络蜗杆传动

0° 渐开线包络蜗杆传动是一种原理和性质非常特殊的蜗杆传动形式[1]，本章将对其进行详细的介绍。本章在对该传动形式进行研究的过程中发现，其蜗杆齿面由于存在干涉和界限的影响，呈现出异常复杂的情形，利用传统的啮合理论与方法分析起来十分困难，而共轭曲面的数字仿真原理与方法则为此提供了有效的解决手段。可以说，0° 渐开线包络蜗杆传动为共轭曲面的数字仿真原理提供了充分展示的舞台，在对该传动进行研究的过程中，不仅用到了仿真计算方法，而且仿真理论的解析起到了重要的作用。

3.1　二次包络与奇点共轭

在工程实际中，二次包络是实现奇点共轭的有效手段。本节将证明在母面为任意曲面、交叉角为任意角的一般条件下，二次包络必然可以实现奇点共轭。

3.1.1　奇点共轭的二次包络实现

1. 二次包络的共轭条件式

由式（1.23）可知，第一次包络时，曲面 Σ_1 创成出的曲面 Σ_2 可由下式给出：

$$\begin{cases} \boldsymbol{R}^{(2)} = \boldsymbol{B}_2^{-1}(\phi_2)(\boldsymbol{r}^{(1)} - A\boldsymbol{a}) \\ f = \boldsymbol{v}^{(21)} \cdot \boldsymbol{n} = (\boldsymbol{\Omega}^{(21)} \times \boldsymbol{r}^{(1)} - A\boldsymbol{\Omega}^{(2)} \times \boldsymbol{a}) \cdot \boldsymbol{n} \\ \boldsymbol{n} = \boldsymbol{B}_1(\phi_1)\boldsymbol{N} \\ \boldsymbol{r}^{(1)} = \boldsymbol{B}_1(\phi_1)\boldsymbol{R}^{(1)}(u,v) \\ \phi_2 = I\phi_1 \end{cases} \tag{3.1}$$

由式（3.1）中第二式解出 $u = u(v,\phi_1)$ 代入第一式，便可求得曲面 Σ_2 的方程 $\boldsymbol{R}^{(2)}$，这就是第一次包络过程。假设曲面 Σ_2 为已知曲面，在其他运动几何条件，如中心距 A、交叉角 ψ、速比 I 都不变的条件下，反过来（第二次）包络曲面 $\hat{\Sigma}_1$，设第

二次包络时，曲面 Σ_2 的转角为 σ_2，于是得

$$\hat{\boldsymbol{r}}^{(2)} = \boldsymbol{B}_2(\sigma_2)\boldsymbol{R}^{(2)} = \boldsymbol{B}_2(\sigma_2)\boldsymbol{B}_2^{-1}(\phi_2)(\boldsymbol{r}^{(1)} - A\boldsymbol{a}) = \boldsymbol{B}_2(\sigma_2 - \phi_2)(\boldsymbol{r}^{(1)} - A\boldsymbol{a}) \quad (3.2)$$

同理，曲面 Σ_2 单位法矢的回转矢可写为

$$\hat{\boldsymbol{n}} = \boldsymbol{B}_2(\sigma_2 - \phi_2)\boldsymbol{n} \quad (3.3)$$

第二次包络的相对速度为

$$\hat{\boldsymbol{v}}^{(21)} = \boldsymbol{\Omega}^{(21)} \times \hat{\boldsymbol{r}}^{(2)} - A\boldsymbol{\Omega}^{(1)} \times \boldsymbol{a}$$

将式（3.2）代入上式得

$$\hat{\boldsymbol{v}}^{(21)} = \boldsymbol{\Omega}^{(21)} \times \boldsymbol{B}_2(\sigma_2 - \phi_2)(\boldsymbol{r}^{(1)} - A\boldsymbol{a}) - A\boldsymbol{\Omega}^{(1)} \times \boldsymbol{a} \quad (3.4)$$

由式（3.3）、式（3.4）即可求得第二次包络的共轭条件式：

$$\hat{f} = \hat{\boldsymbol{v}}^{(21)} \cdot \hat{\boldsymbol{n}} = [\boldsymbol{\Omega}^{(21)} \times \boldsymbol{B}_2(\sigma_2 - \phi_2)(\boldsymbol{r}^{(1)} - A\boldsymbol{a}) - A\boldsymbol{\Omega}^{(1)} \times \boldsymbol{a}] \cdot [\boldsymbol{B}_2(\sigma_2 - \phi_2)\boldsymbol{n}] = 0 \quad (3.5)$$

由式（1.9b）可知 $\boldsymbol{B}_2(\sigma_2 - \phi_2)$ 的并矢表达式为

$$\boldsymbol{B}_2(\sigma_2 - \phi_2) = \boldsymbol{\Omega}_0^{(2)}\boldsymbol{\Omega}_0^{(2)} + \sin(\sigma_2 - \phi_2)(\boldsymbol{\Omega}_0^{(2)} \times \boldsymbol{E}) + \cos(\sigma_2 - \phi_2)(\boldsymbol{E} - \boldsymbol{\Omega}_0^{(2)}\boldsymbol{\Omega}_0^{(2)})$$

将上式代入式（3.5），可将共轭条件式写成如下形式：

$$\hat{f} = P^* \cos(\sigma_2 - \phi_2) + Q^* \sin(\sigma_2 - \phi_2) - R^* = 0 \quad (3.6a)$$

式中，

$$P^* = -\{[\boldsymbol{\Omega}_0^{(2)} \times (\boldsymbol{r}^{(1)} - A\boldsymbol{a})] \cdot \boldsymbol{n}\}(\boldsymbol{\Omega}^{(21)} \cdot \boldsymbol{\Omega}_0^{(2)}) + A(\boldsymbol{\Omega}_0^{(2)} \cdot \boldsymbol{n})[(\boldsymbol{\Omega}^{(1)} \times \boldsymbol{a}) \cdot \boldsymbol{\Omega}_0^{(2)}]$$
$$+(\boldsymbol{\Omega}^{(21)} \times \boldsymbol{r}^{(1)} - A\boldsymbol{\Omega}^{(2)} \times \boldsymbol{a}) \cdot \boldsymbol{n} \quad (3.6b)$$

$$Q^* = \boldsymbol{\Omega}^{(21)} \cdot \{\boldsymbol{\Omega}_0^{(2)} \times [(\boldsymbol{r}^{(1)} - A\boldsymbol{a}) \times \boldsymbol{n}]\} - A(\boldsymbol{\Omega}^{(1)} \times \boldsymbol{a}) \cdot (\boldsymbol{\Omega}_0^{(2)} \times \boldsymbol{n}) \quad (3.6c)$$

$$R^* = -\{[\boldsymbol{\Omega}_0^{(2)} \times (\boldsymbol{r}^{(1)} - A\boldsymbol{a})] \cdot \boldsymbol{n}\}(\boldsymbol{\Omega}^{(21)} \cdot \boldsymbol{\Omega}_0^{(2)}) + A(\boldsymbol{\Omega}_0^{(2)} \cdot \boldsymbol{n})[(\boldsymbol{\Omega}^{(1)} \times \boldsymbol{a}) \cdot \boldsymbol{\Omega}_0^{(2)}] \quad (3.6d)$$

不难发现，P^* 表达式中的最后一项正是第一次包络时的共轭条件式，因此等于零，于是恒有 $P^* = R^*$ 成立，这是二次包络的一个重要特征。由此可知，二次包络中第二次包络的共轭条件式总可以写成

$$\hat{f} = R^* \cos(\sigma_2 - \phi_2) + Q^* \sin(\sigma_2 - \phi_2) - R^* = 0 \quad (3.7)$$

或其等价形式

$$\hat{f} = P\cos\sigma_2 + Q\sin\sigma_2 - R = 0 \quad (3.8a)$$

$$P = R^* \cos\phi_2 - Q^* \sin\phi_2 \quad (3.8b)$$

$$Q = R^* \sin\phi_2 + Q^* \cos\phi_2 \quad (3.8c)$$

$$R = R^* \tag{3.8d}$$

2. 二次包络解的性质

利用三角函数的半角公式可将式（3.7）转化为

$$\sin\frac{\sigma_2-\phi_2}{2}\left(R^*\sin\frac{\sigma_2-\phi_2}{2}-Q^*\cos\frac{\sigma_2-\phi_2}{2}\right)=0 \tag{3.9}$$

此时存在双解

$$\begin{cases}\sin\dfrac{\sigma_2-\phi_2}{2}=0\\ \tan\dfrac{\sigma_2-\phi_2}{2}=\dfrac{Q^*}{R^*}\end{cases} \tag{3.10}$$

式（3.10）确定了曲面 Σ_2 上的双接触线。其中，第一式即为第一次包络时曲面 Σ_1 上的原接触线条件；第二式则为新获得的接触线条件。两接触线的交点条件为

$$Q^* = 0 \tag{3.11}$$

注意，R^*、Q^* 均为 v、$\phi_1(\phi_2)$ 的函数，求式（3.7）对 v、ϕ_1、σ_2 的偏导数，有

$$\begin{cases}\hat{f}_v = R_v^*\cos(\sigma_2-\phi_2)+Q_v^*\sin(\sigma_2-\phi_2)-R_v^*\\ \hat{f}_{\phi_1} = R_{\phi_1}^*\cos(\sigma_2-\phi_2)+Q_{\phi_1}^*\sin(\sigma_2-\phi_2)-R_{\phi_1}^*\\ \qquad +I[R^*\sin(\sigma_2-\phi_2)-Q^*\cos(\sigma_2-\phi_2)]\\ \hat{f}_{\sigma_2} = -R^*\sin(\sigma_2-\phi_2)+Q^*\cos(\sigma_2-\phi_2)\end{cases} \tag{3.12}$$

将式（3.10）、式（3.11）代入式（3.12），可以得到

$$\hat{f}_v = \hat{f}_{\phi_1} = \hat{f}_{\sigma_2} = 0 \tag{3.13}$$

可见，二次包络双接触线交点满足奇点共轭条件。

3.1.2　对二次包络的再认识

前面已经证明，二次包络的确能够获得奇点共轭。可以认为，二次包络之所以能够形成奇点共轭，是因为提供了一个特殊的运动几何条件，使得二次包络的共轭条件式形成双解，其交点满足奇点共轭条件。假定在第一次包络过程中，曲面 Σ_1 是在中心距 A^*、交叉角 ψ^*、速比 I^* 条件下创成出曲面 Σ_2 的，而第二次包络时只要严格按照上述条件就会得到具有奇点共轭效果的曲面副 $(\Sigma_2,\hat{\Sigma}_1)$。试想，如果已经具备一把齿面就是 Σ_2 的刀具（先不考虑其是如何获得的），调整中心距为

A^*、交叉角为ψ^*、速比为I^*，则只需一次包络就可得到曲面$\hat{\Sigma}_1$，从而实现奇点共轭。由此看来，在特殊的条件限定下，一次包络也可以达到二次包络的效果，但是这样的母面通常不好给出。从这一点上来说，二次包络是获得奇点共轭的可靠的工艺手段，但不应是唯一手段[2]。后面将证明，在特定的运动几何条件下，渐开线螺旋面只经一次包络便可以获得奇点共轭，从而可以开发出具有优良啮合性能的传动——0° 渐开线包络蜗杆传动。

3.2　一次包络下渐开线螺旋面的奇点共轭实现

渐开线螺旋面的方程习惯上写为

$$\Sigma_1:\ \boldsymbol{R}^{(1)}=r_{b1}\boldsymbol{e}(\lambda)-r_{b1}\lambda\boldsymbol{e}_1(\lambda)+v[\sin\beta_{b1}\boldsymbol{e}_1(\lambda)+\cos\beta_{b1}\boldsymbol{k}_1] \tag{3.14}$$

式中，r_{b1}为渐开线螺旋面的基圆柱半径；β_{b1}为基圆螺旋角；λ为回转参数；v为直母线方向参数，如图 3.1 所示。

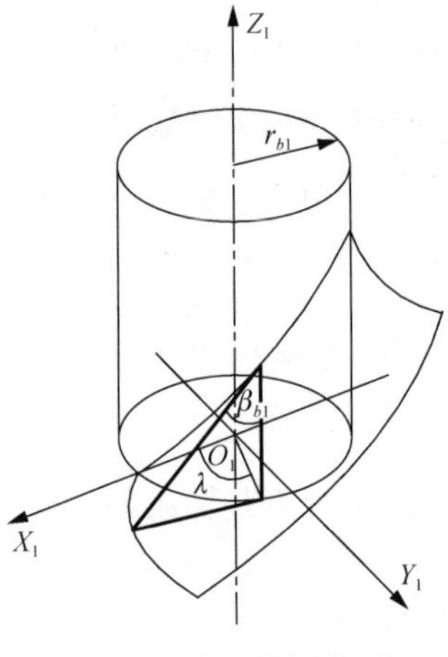

图 3.1　渐开线螺旋面

对式（3.14）求偏导，有

$$\boldsymbol{R}_\lambda^{(1)}=(r_{b1}\lambda-v\sin\beta_{b1})\boldsymbol{e}(\lambda) \tag{3.15a}$$

$$\boldsymbol{R}_v^{(1)}=\sin\beta_{b1}\boldsymbol{e}_1(\lambda)+\cos\beta_{b1}\boldsymbol{k}_1 \tag{3.15b}$$

则曲面的单位法矢为

$$\boldsymbol{N}=\frac{\boldsymbol{R}_\lambda^{(1)}\times\boldsymbol{R}_v^{(1)}}{|\boldsymbol{R}_\lambda^{(1)}\times\boldsymbol{R}_v^{(1)}|}=-\cos\beta_{b1}\boldsymbol{e}_1(\lambda)+\sin\beta_{b1}\boldsymbol{k}_1 \tag{3.16}$$

将式（3.14）、式（3.16）代入式（1.50）可得渐开线螺旋面的共轭条件式：

$$f = P\cos\phi_1 + Q\sin\phi_1 - R = 0 \tag{3.17a}$$

$$P = Ir_{b1}\sin\beta_{b1}\cos\lambda + I(r_{b1}\lambda\sin\beta_{b1} - v)\sin\lambda \tag{3.17b}$$

$$Q = -Ir_{b1}\sin\beta_{b1}\sin\lambda + I(r_{b1}\lambda\sin\beta_{b1} - v)\cos\lambda \tag{3.17c}$$

$$R = AI\sin\beta_{b1} - r_{b1}\cos\beta_{b1} \tag{3.17d}$$

若令

$$P^* = Ir_{b1}\sin\beta_{b1} \tag{3.18a}$$

$$Q^* = I(r_{b1}\lambda\sin\beta_{b1} - v) \tag{3.18b}$$

$$R^* = AI\sin\beta_{b1} - r_{b1}\cos\beta_{b1} \tag{3.18c}$$

则式（3.17a）又可写为如下形式：

$$f = P^*\cos(\lambda+\phi_1) + Q^*\sin(\lambda+\phi_1) - R^* = 0 \tag{3.19}$$

令 $P^* = R^*$，可以得到

$$r_{b1} = \frac{AI\tan\beta_{b1}}{1 + I\tan\beta_{b1}} \tag{3.20}$$

由式（3.19）可以求得双接触线条件：

$$\sin\frac{\lambda+\phi_1}{2} = 0 \tag{3.21a}$$

$$\tan\frac{\lambda+\phi_1}{2} = \frac{Q^*}{P^*} \tag{3.21b}$$

两者的交点即奇解点条件为 $Q^* = 0$，即

$$r_{b1}\lambda\sin\beta_{b1} - v = 0 \tag{3.22}$$

以上证明了渐开线螺旋面在特定的运动几何条件下一次包络也可以实现奇点共轭。

3.3　0° 渐开线包络蜗杆传动概述

前面证明了渐开线螺旋面在特定的运动几何条件下也可以实现奇点共轭，由此得到的新型传动称为“0° 渐开线包络蜗杆传动”，其名称的由来将在后面予以说明。

在工程实际中，由于要考虑加工因素，一般把母面——渐开线螺旋面作为蜗轮齿面，即蜗轮本身为渐开线斜齿轮，而蜗杆齿面为其包络面。考虑到实际蜗轮有左右两侧齿面，故蜗轮齿面方程可写为

$$\boldsymbol{R}^{(1)} = r_{b1}\boldsymbol{e}(\lambda \mp \delta) - r_{b1}\lambda\boldsymbol{e}_1(\lambda \mp \delta) + v[\sin\beta_{b1}\boldsymbol{e}_1(\lambda \mp \delta) + \cos\beta_{b1}\boldsymbol{k}_1] \tag{3.23}$$

式中，基圆螺旋角 $\beta_{b1} > 0$ 表示右旋螺旋面，$\beta_{b1} < 0$ 表示左旋螺旋面，本书的讨论都是针对右旋螺旋面进行。为了方便说明，规定从蜗轮的回转中心向外看，位于左右两侧的齿面分别称为蜗轮的左侧齿面及右侧齿面。式（3.23）圆矢量函数中上面的符号即对应右侧齿面，下面的符号则对应左侧齿面。而且，在蜗轮的中心截面（$v = 0$）内，右侧齿面满足 $\lambda \geqslant 0$，左侧齿面则满足 $\lambda \leqslant 0$。初始角 δ 的确定可参照图 3.2，其中基圆端面齿厚设为 s_{bt1}（即图 3.2 中 ab 之间的弧长），则 $\delta = \dfrac{s_{\mathrm{bt1}}}{2r_{b1}}$，相应地，共轭条件式（3.19）变为

$$f = P^* \cos(\lambda + \phi_1 \mp \delta) + Q^* \sin(\lambda + \phi_1 \mp \delta) - R^* = 0 \tag{3.24}$$

而式（3.21）的双接触线条件也改为

$$\sin\frac{\lambda + \phi_1 \mp \delta}{2} = 0 \tag{3.25a}$$

$$\tan\frac{\lambda + \phi_1 \mp \delta}{2} = \frac{Q^*}{P^*} \tag{3.25b}$$

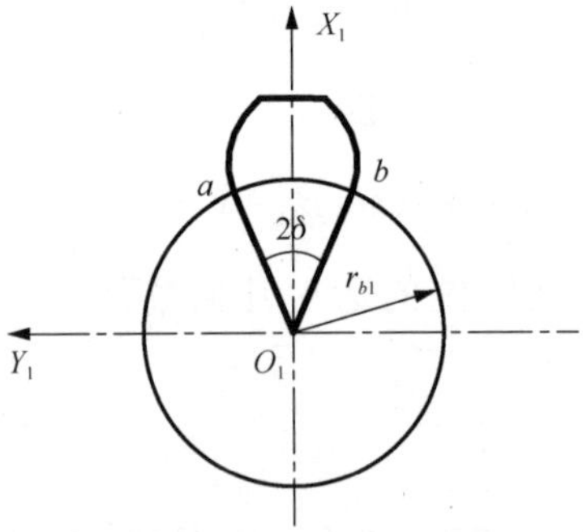

图 3.2　渐开线螺旋面端截面

此处规定，以正对着 Z_1 轴方向看，蜗轮逆时针回转，ϕ_1 为正；蜗轮顺时针回转，ϕ_1 为负。针对右侧齿面，由第一族接触线条件式（3.25a）可以解得 $\lambda + \phi_1 - \delta = 0$，因为 $\lambda \geqslant 0$，所以 $\phi_1 \leqslant \delta$，说明右侧齿面仅在转角 $\phi_1 \leqslant \delta$ 时，才存在第一族接触线，

参见图 3.3。这个条件相当于右侧齿面恰好通过点 o'，表明第一族接触线只分布于 $o'a$ 段；同理可知，蜗轮左侧齿面只在 $o'b$ 段分布有第一族接触线。于是蜗轮的啮合区间被分为两块：称 $o'a$ 段为蜗轮相对于第一族接触线的右啮合区，$o'b$ 段为左啮合区。对于第二族接触线而言，蜗轮的左、右啮合侧齿面不受啮合区的限制，即在全部啮合区间内均存在第二族接触线。

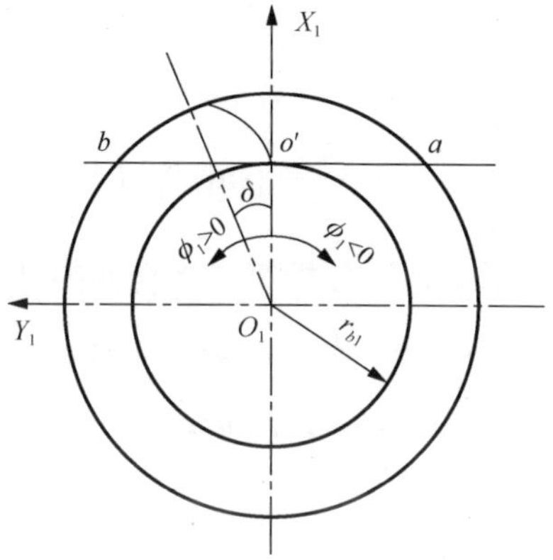

图 3.3　蜗轮第一族接触线的左、右啮合区

共轭过程中瞬时双接触线将在蜗杆上包络出两个廓面，而这两个廓面将不可避免地产生干涉，因此，蜗杆齿面的构成会很复杂，利用传统的方法进行研究分析将会变得很困难。

3.4　啮　合　面

瞬时接触线在静止空间的轨迹称为啮合面。啮合面对于蜗杆副的研究具有非常重要的作用。

由式（3.25）可知，蜗杆、蜗轮啮合时，两族接触线将在静止空间内形成两个啮合面，将式（3.25a）和式（3.25b）分别代入如下蜗轮面回转 φ_1 角后的面族方程：

$$\boldsymbol{r}^{(1)}=r_{b1}\boldsymbol{e}(\lambda+\phi_1\mp\delta)-r_{b1}\lambda\boldsymbol{e}_1(\lambda+\phi_1\mp\delta)+v[\sin\beta_{b1}\boldsymbol{e}_1(\lambda+\phi_1\mp\delta)+\cos\beta_{b1}\boldsymbol{k}_1] \quad (3.26)$$

可得到各自的啮合面方程。

第一啮合面方程为

$$\boldsymbol{r}^{(1)}=r_{b1}\boldsymbol{i}_1-(r_{b1}\lambda-v\sin\beta_{b1})\boldsymbol{j}_1+v\cos\beta_{b1}\boldsymbol{k}_1 \tag{3.27}$$

显而易见，式（3.27）表示的是垂直于 X_1 轴并切于渐开线螺旋面基圆柱的平面。由此可见，蜗杆、蜗轮沿第一族接触线啮合时，啮合角为0°，这正是把此种蜗杆传动称为“0° 渐开线包络蜗杆传动”的原因。

第二啮合面方程为

$$\begin{aligned}\boldsymbol{r}^{(1)}=&r_{b1}\boldsymbol{e}(\lambda+\phi_1\mp\delta)-r_{b1}\lambda\boldsymbol{e}_1(\lambda+\phi_1\mp\delta)\\&+r_{b1}\sin\beta_{b1}(\lambda-\tan\frac{\lambda+\phi_1\mp\delta}{2})[\sin\beta_{b1}\boldsymbol{e}_1(\lambda+\phi_1\mp\delta)+\cos\beta_{b1}\boldsymbol{k}_1]\end{aligned} \tag{3.28}$$

式（3.28）非常复杂，为了更好地分析第二啮合面的具体特征，需要对式（3.28）进行一定的参数变换。令 $\lambda+\phi_1\mp\delta=\varGamma$，则式（3.28）可转化为

$$\boldsymbol{r}^{(1)}=\boldsymbol{\rho}(\varGamma)+u\boldsymbol{m}(\varGamma) \tag{3.29a}$$

式中，

$$\boldsymbol{\rho}(\varGamma)=r_{b1}\boldsymbol{e}(\varGamma)-r_{b1}\sin\beta_{b1}\tan\frac{\varGamma}{2}[\sin\beta_{b1}\boldsymbol{e}_1(\varGamma)+\cos\beta_{b1}\boldsymbol{k}_1] \tag{3.29b}$$

$$u=r_{b1}\lambda\cos\beta_{b1} \tag{3.29c}$$

$$\boldsymbol{m}(\varGamma)=-\cos\beta_{b1}\boldsymbol{e}_1(\varGamma)+\sin\beta_{b1}\boldsymbol{k}_1 \tag{3.29d}$$

由式（3.29）可以看出第二啮合面的第一个特征：第二啮合面为直纹面，其直母线与定轴 Z_1 轴夹定角为 $\frac{\pi}{2}-\beta_{b1}$，第二啮合面的直母线即为渐开线螺旋面的法线。

进一步可求得直纹面的腰线方程。对 $\boldsymbol{\rho}(\varGamma)$、$\boldsymbol{m}(\varGamma)$ 求导，有

$$\begin{aligned}\dot{\boldsymbol{\rho}}=&r_{b1}\boldsymbol{e}_1(\varGamma)-\frac{1}{2}r_{b1}\sin\beta_{b1}\sec^2\frac{\varGamma}{2}[\sin\beta_{b1}\boldsymbol{e}_1(\varGamma)+\cos\beta_{b1}\boldsymbol{k}_1]\\&+r_{b1}\sin^2\beta_{b1}\tan\frac{\varGamma}{2}\boldsymbol{e}(\varGamma)\end{aligned}$$

$$\dot{\boldsymbol{m}}=\cos\beta_{b1}\boldsymbol{e}(\varGamma)$$

所以，直纹面的腰线方程为

$$\boldsymbol{r}=\boldsymbol{\rho}(\varGamma)-\frac{\dot{\boldsymbol{\rho}}\cdot\dot{\boldsymbol{m}}}{|\dot{\boldsymbol{m}}|^2}\boldsymbol{m}(\varGamma)=r_{b1}\boldsymbol{e}(\varGamma)-r_{b1}\tan\beta_{b1}\tan\frac{\varGamma}{2}\boldsymbol{k}_1 \tag{3.30}$$

由式（3.30）可知，第二啮合面的腰线为一条绕基圆柱的变导程螺旋线，其旋向与渐开线螺旋面的旋向相反，即对于右旋螺旋面，它为左旋。而且可以验证，

腰线上的点即腰点正好是直母线与基圆柱的切点。这是第二啮合面的第二个特征。

若以腰线为准线，则第二啮合面又可写为

$$\boldsymbol{r}^{(1)} = r_{b1}\boldsymbol{e}(\Gamma) - r_{b1}\tan\beta_{b1}\tan\frac{\Gamma}{2}\boldsymbol{k}_1 + u[-\cos\beta_{b1}\boldsymbol{e}_1(\Gamma) + \sin\beta_{b1}\boldsymbol{k}_1] \tag{3.31}$$

式（3.31）表明，第二啮合面是与 $\boldsymbol{k}_1$ 方向夹定角的直母线绕腰线回转而成的变导程的螺旋面。经分析可知，该曲面以腰线为界分为上下两叶，整体形状近似于泛渐开线螺旋面。

对式（3.28）重新进行参数变换，还可将第二啮合面方程写成另外的形式。仍令 $\lambda + \varphi_1 \mp \delta = \Gamma$，再令 $\lambda - \tan\dfrac{\lambda + \varphi_1 \mp \delta}{2} = \lambda^*$，则式（3.28）可以写为

$$\boldsymbol{r}^{(1)} = r_{b1}\boldsymbol{e}(\Gamma) - r_{b1}\tan\frac{\Gamma}{2}\boldsymbol{e}_1(\Gamma) + r_{b1}\lambda^*\cos\beta_{b1}[-\cos\beta_{b1}\boldsymbol{e}_1(\Gamma) + \sin\beta_{b1}\boldsymbol{k}_1]$$

将等号右侧前两项通分并利用圆矢量函数的性质 $\cos\dfrac{\Gamma}{2}\boldsymbol{e}(\Gamma) - \sin\dfrac{\Gamma}{2}\boldsymbol{e}_1(\Gamma) = \boldsymbol{e}(\dfrac{\Gamma}{2})$，则上式可转化为

$$\boldsymbol{r}^{(1)} = \frac{r_{b1}}{\cos(\frac{\Gamma}{2})}\boldsymbol{e}(\frac{\Gamma}{2}) + r_{b1}\lambda^*\cos\beta_{b1}[-\cos\beta_{b1}\boldsymbol{e}_1(\Gamma) + \sin\beta_{b1}\boldsymbol{k}_1] \tag{3.32}$$

式中，等号右侧第一项即为参数变换后第二啮合面的准线方程，显然它描述的是一条切于基圆柱且与 $\boldsymbol{i}_1$ 方向正交的直线。由此可知，第二啮合面的所有直母线都将通过同一条直线。这是第二啮合面的第三个特征。

下面利用两个啮合面研究接触线族在静止空间的分布特征。

蜗轮齿面回转到任意位置与啮合面的交线即为静止空间的瞬时接触线。由第一接触线条件可知，某瞬时即 ϕ_1 取常数时，λ 亦为常数，此时式（3.27）描述了静止空间的第一瞬时接触线；ϕ_1 取一系列常数，可得瞬时接触线族，可知其是与 $\boldsymbol{k}_1$ 方向夹角为 β_{b1} 的一系列直线。如图 3.4 所示，以 ab 线为界，左侧的接触线对应蜗轮的右侧齿面，右侧的接触线则对应蜗轮的左侧齿面。

第二啮合面为复杂的空间曲面，因而啮合面上的第二族接触线也势必非常复杂，它们的端面投影如图 3.5 所示。图 3.5 只针对蜗轮右侧齿面绘出，圆 O_1、直线 l 分别为腰线及第二啮合面直母线的端面投影，曲线 c 则为第二族接触线的端面投影。分析可知，曲线 c 与渐开线相似，而且第二族接触线存在于整个啮合区间，这

一点与第一族接触线不同。

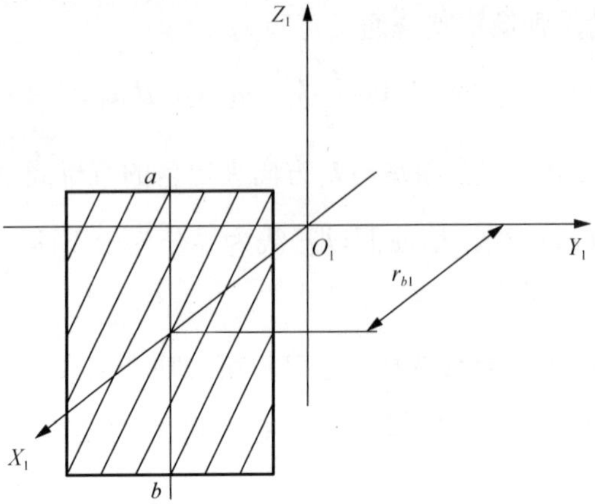

图 3.4 静止空间的第一族接触线

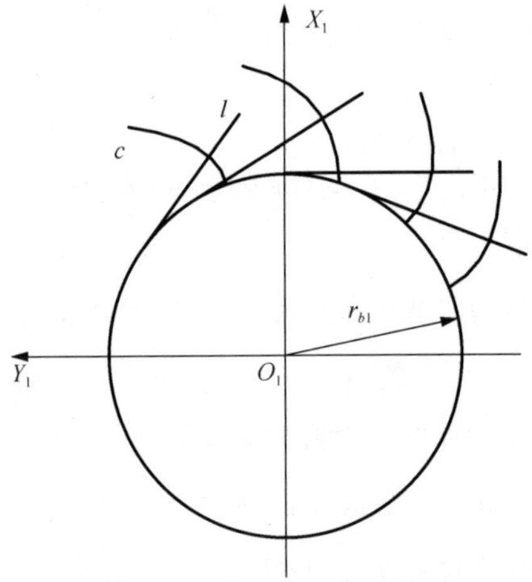

图 3.5 第二啮合面的端面投影

瞬时双接触线的交点即奇解点在静止空间形成一条轨迹，称为奇解点曲线的迹线，很显然，它必然是两啮合面的一条交线。将奇解点条件式（3.22）代入式（3.27），或把式（3.25a）代入式（3.28）均可求得此迹线的方程：

$$\boldsymbol{r}^{(1)} = r_{b1}\boldsymbol{i}_1 + r_{b1}\lambda\cos\beta_{b1}(-\cos\beta_{b1}\boldsymbol{j}_1 + \sin\beta_{b1}\boldsymbol{k}_1) \tag{3.33}$$

可见，奇解点曲线的迹线为静止空间的一条直线，根据式（3.32），它也可视为第二啮合面在 $\varGamma = 0$ 位置上的直母线。

3.5　蜗杆廓面方程

为了更深入地研究蜗杆廓面的形成过程，首先考察某瞬时蜗轮面上的瞬时接触线。如图 3.6 所示，C_{ϕ_1} 表示第一族接触线，$C^*_{\phi_1}$ 表示第二族接触线。第一族接触线在蜗轮齿面上表示的是渐开线螺旋面的直母线；第二族接触线只分布于蜗轮面的中心截面（$v=0$）附近。第一族接触线、第二族接触线的交点 q 即为奇解点，奇解点的轨迹即奇解点曲线在图 3.6 中用 J 表示。

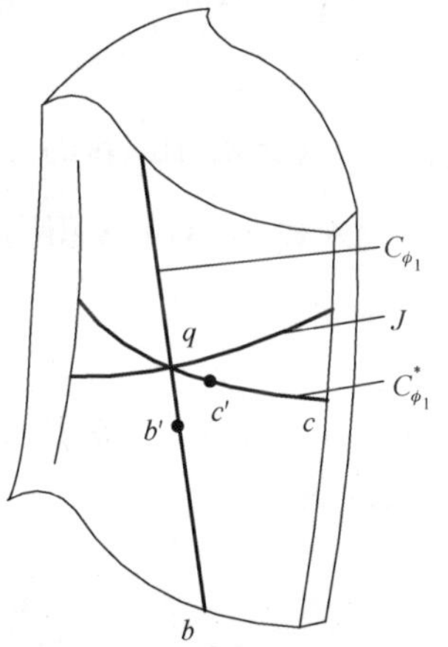

图 3.6　蜗轮面上的瞬时接触线

在啮合过程中，两族接触线分别形成了蜗杆上的两个廓面，奇解点曲线则形成了蜗杆面上的奇解点曲线的共轭线，理论上蜗杆两廓面将在该曲线上相切。下面具体求解蜗杆两廓面的方程。

在坐标系 $\{O_1, X_1Y_1Z_1\}$ 中，蜗轮面族方程式（3.26）可展开为直角坐标形式：

$$\begin{cases} x_1 = r_{b1}\cos(\lambda+\phi_1\mp\delta)+(r_{b1}\lambda - v\sin\beta_{b1})\sin(\lambda+\phi_1\mp\delta) \\ y_1 = r_{b1}\sin(\lambda+\phi_1\mp\delta)-(r_{b1}\lambda - v\sin\beta_{b1})\cos(\lambda+\phi_1\mp\delta) \\ z_1 = v\cos\beta_{b1} \end{cases} \tag{3.34}$$

将其变换至坐标系 $\{O_2, X_2Y_2Z_2\}$ 中，得

$$
\begin{cases} x_2 = A - x_1 \\ y_2 = -z_1 \\ z_2 = -y_1 \end{cases} \tag{3.35}
$$

再绕 Z_2 轴逆回转 ϕ_2 角，坐标应进行下列变换：

$$
\begin{bmatrix} X_2 \\ Y_2 \\ Z_2 \end{bmatrix} = \begin{bmatrix} \cos\phi_2 & \sin\phi_2 & 0 \\ -\sin\phi_2 & \cos\phi_2 & 0 \\ 0 & 0 & 1 \end{bmatrix} \begin{bmatrix} x_2 \\ y_2 \\ z_2 \end{bmatrix} \tag{3.36}
$$

将式（3.35）代入式（3.36）即得

$$
\begin{cases} X_2 = (A - x_1)\cos\phi_2 - z_1 \sin\phi_2 \\ Y_2 = -(A - x_1)\sin\phi_2 - z_1 \sin\phi_2 \\ Z_2 = -y_1 \end{cases} \tag{3.37}
$$

这就完成了坐标系 $\{O_1, X_1 Y_1 Z_1\}$ 中一点绕 Z_2 轴回转的变换。

将式（3.34）及式（3.25）代入式（3.37）便得到渐开线包络蜗杆的两廓面方程。第一廓面方程为

$$
\begin{cases} X_2 = (A - r_{b1})\cos\phi_2 - v\cos\beta_{b1}\sin\phi_2 \\ Y_2 = -(A - r_{b1})\sin\phi_2 - v\cos\beta_{b1}\cos\phi_2 \\ Z_2 = r_{b1}\lambda - v\sin\beta_{b1} \end{cases} \tag{3.38}
$$

第二廓面方程为

$$
\begin{cases} X_2 = [A - r_{b1}\cos(\lambda + \phi_1 \mp \delta) - r_{b1}(\lambda\cos^2\beta_{b1} + \sin^2\beta_{b1}\tan\dfrac{\lambda + \phi_1 \mp \delta}{2}) \\ \qquad \times \sin(\lambda + \phi_1 \mp \delta)]\cos\phi_2 - r_{b1}\cos\beta_{b1}\sin\beta_{b1}(\lambda - \tan\dfrac{\lambda + \phi_1 \mp \delta}{2})\sin\phi_2 \\ Y_2 = -[A - r_{b1}\cos(\lambda + \phi_1 \mp \delta) - r_{b1}(\lambda\cos^2\beta_{b1} + \sin^2\beta_{b1}\tan\dfrac{\lambda + \phi_1 \mp \delta}{2}) \\ \qquad \times \sin(\lambda + \phi_1 \mp \delta)]\sin\phi_2 - r_{b1}\cos\beta_{b1}\sin\beta_{b1}(\lambda - \tan\dfrac{\lambda + \phi_1 \mp \delta}{2})\cos\phi_2 \\ Z_2 = -r_{b1}\sin(\lambda + \phi_1 \mp \delta) + r_{b1}(\lambda\cos^2\beta_{b1} + \sin^2\beta_{b1}\tan\dfrac{\lambda + \phi_1 \mp \delta}{2}) \\ \qquad \times \cos(\lambda + \phi_1 \mp \delta) \end{cases} \tag{3.39}
$$

下面分析蜗杆第一廓面的具体特征。令 $\tau = -v + \dfrac{r_{b1}\lambda}{\sin\beta_{b1}}$，并注意奇点共轭时有式（3.20）成立，则可将式（3.38）改写为

$$\begin{cases} X_2 = (A - r_{b1})\cos\phi_2 - [(A - r_{b1})(\pm I\delta - \phi_2) - \tau\cos\beta_{b1}]\sin\phi_2 \\ Y_2 = -(A - r_{b1})\sin\phi_2 - [(A - r_{b1})(\pm I\delta - \phi_2) - \tau\cos\beta_{b1}]\cos\phi_2 \\ Z_2 = \tau\sin\beta_{b1} \end{cases} \tag{3.40}$$

根据以上分析可以得出一个非常有价值的结论：蜗杆第一廓面为渐开线螺旋面，其基圆半径为$r_{b2} = A - r_{b1}$，基圆螺旋升角为$\mu_{b2} = \beta_{b1}$。由于蜗轮、蜗杆为正交轴传动，故蜗轮基圆柱与蜗杆基圆柱相切地接触，公切面即为第一啮合面，蜗轮面与蜗杆的第一廓面的瞬时接触线即为两者的直母线。

十分明显，在蜗轮面包络蜗杆面的过程中，仅有蜗轮、蜗杆绕自身轴线的回转运动，因而属于环面蜗杆的包络过程。但从生成的第一廓面来看，包络蜗杆却属于柱面蜗杆的范畴，这是这种蜗杆传动类型独具的特殊性。

至于蜗杆的第二廓面，则是由仅位于蜗轮中心截面附近的第二族接触线生成，具有普通环面蜗杆相似的特征，此处不做过多论述。

从前面的理论分析可知，蜗杆的两个廓面应于奇解点曲线的共轭线上相切地连接，且会有一部分廓面被干涉掉，即最终的蜗杆齿面上只保留第一廓面、第二廓面的一部分，呈现出非常复杂的情形。此处只通过$O_1X_1Y_1$平面内蜗轮、蜗杆的截形大致说明蜗杆齿面的构成情况。

下面以蜗轮右侧齿面为例进行分析。蜗轮、蜗杆的截形见图 3.7，线 *ba* 即为第一啮合面的截形。蜗杆基圆柱以内即线 *ba* 与蜗杆轴线之间的齿面部分称为蜗杆内域；蜗杆基圆柱以外部分则称为蜗杆外域。由前面的讨论可知，在右啮合区，即 *o'a* 段同时存在蜗杆的第一廓面及第二廓面；在左啮合区，即 *o'b* 段只有第二廓面。由于蜗杆第一廓面为渐开线螺旋面，因而其只存在于蜗杆基圆柱之外，也就是说蜗杆第一廓面只承担外域且是右啮合区外域的啮合，至于右啮合区内域及左啮合区内、外域的啮合，则均由第二廓面承担。图 3.7 中线 *df* 即表示蜗杆第一廓面截形，线 *cd* 为蜗杆第二廓面截形，*de* 部分被干涉掉。与之对应，包络出实际蜗杆齿面的接触线也不是其全部，而只是两族接触线中的一部分，如图 3.6 中的 *b'b* 段及 *c'c* 段。

上面是针对蜗轮的右侧齿面进行的分析，蜗轮的左侧齿面则正好相反，即在左啮合区，*o'b* 段内同时存在蜗杆的两个廓面；在右啮合区，*o'a* 段内只有蜗杆的第二廓面。

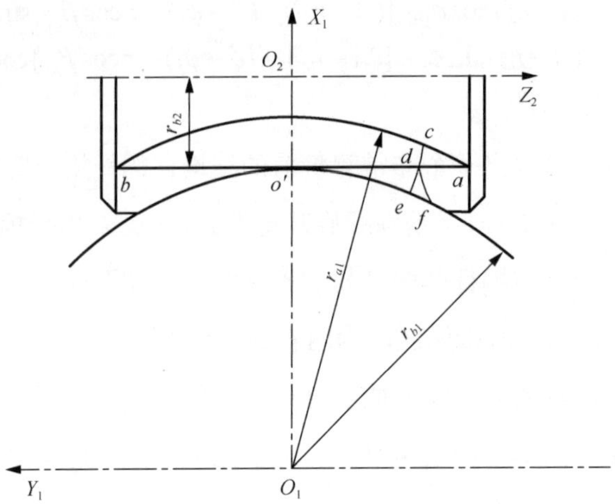

图 3.7　蜗轮、蜗杆的截形

可以想象：在啮合过程中，蜗轮面等速回转时，蜗杆第一廓面沿啮合面等速平移，两者可比喻为齿轮、齿条啮合；蜗杆的第二廓面与蜗轮面则可比喻为内齿轮与外齿轮之间的啮合。

3.6　0° 渐开线包络蜗杆啮合过程的数字仿真

0° 渐开线包络蜗杆齿面由于受到干涉和界限的影响而呈现出异常复杂的情形，那么蜗杆齿面的实际构成到底是什么？传统方法在研究此类问题时，由于涉及空间曲面的求交问题而显得非常困难。本节利用数字仿真方法建立 0° 渐开线包络蜗杆啮合过程的仿真模型，为研究蜗杆齿面的实际构成奠定基础。

3.6.1　0° 渐开线包络蜗杆传动的仿真模型

以平面 $O_2X_2Y_2$ 为坐标参考曲面 Σ_0，如图 3.8 所示，其上点的极坐标以 (ρ,θ) 表示，其中，ρ 为极径，θ 为极角，标杆射线的单位方向矢量为 $\boldsymbol{k}_2$，标杆长度仍以 h 表示。蜗杆齿面方程可写为

$$\Sigma_2：\ \boldsymbol{R}^{(2)} = \rho\cos\theta\boldsymbol{i}_2 + \rho\sin\theta\boldsymbol{j}_2 + h\boldsymbol{k}_2 \tag{3.41}$$

$\boldsymbol{R}^{(2)}$ 回转 φ_2 角后可得

$$\boldsymbol{r}^{(2)} = \rho\cos(\theta+\phi_2)\boldsymbol{i}_2 + \rho\sin(\theta+\phi_2)\boldsymbol{j}_2 + h\boldsymbol{k}_2 \tag{3.42}$$

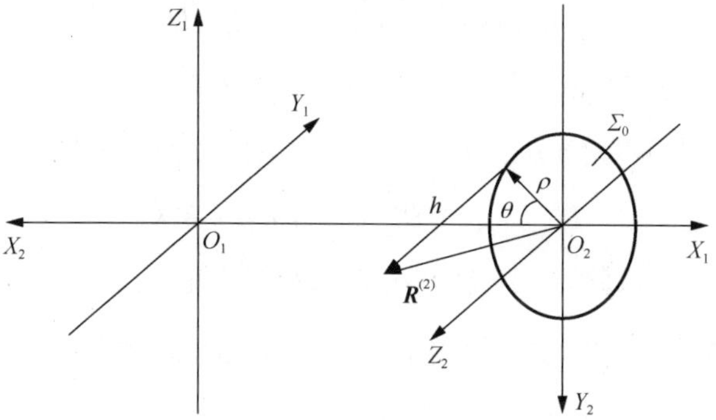

图 3.8　坐标参考曲面

式（3.42）及式（3.26）代入接触条件式（2.5），可得接触方程：

$$\begin{aligned}&r_{b1}\boldsymbol{e}(\lambda+\phi_1\mp\delta) - r_{b1}\lambda\boldsymbol{e}_1(\lambda+\phi_1\mp\delta) + v[\sin\beta_{b1}\boldsymbol{e}_1(\lambda+\phi_1\mp\delta)+\cos\beta_{b1}\boldsymbol{k}_1]\\&-[\rho\cos(\theta+\phi_2)\boldsymbol{i}_2 + \rho\sin(\theta+\phi_2)\boldsymbol{j}_2 + h\boldsymbol{k}_2] - A\boldsymbol{i}_1 = 0\end{aligned} \tag{3.43}$$

选取投影标架$\{O_1,\boldsymbol{i}_1\boldsymbol{j}_1\boldsymbol{k}_1\}$，将式（3.43）投影于此标架，并注意$\boldsymbol{i}_2=-\boldsymbol{i}_1$，$\boldsymbol{j}_2=-\boldsymbol{k}_1$，$\boldsymbol{k}_2=-\boldsymbol{j}_1$，即得

$$\begin{cases}U = r_{b1}\cos(\lambda+\phi_1\mp\delta) + (r_{b1}\lambda - v\sin\beta_{b1})\sin(\lambda+\phi_1\mp\delta)\\ \qquad +\rho\cos(\theta+\phi_2) - A = 0\\ V = r_{b1}\sin(\lambda+\phi_1\mp\delta) - (r_{b1}\lambda - v\sin\beta_{b1})\cos(\lambda+\phi_1\mp\delta) + h = 0\\ W = v\cos\beta_{b1} + \rho\sin(\theta+\phi_2) = 0\end{cases} \tag{3.44}$$

式（3.44）即为约束方程。为了方便说明，与蜗轮右侧齿面啮合的蜗杆一侧齿面称为蜗杆的右侧齿面；与蜗轮左侧齿面啮合的蜗杆一侧齿面称为蜗杆的左侧齿面。由标杆射线的方向$\boldsymbol{k}_2$可知，对于蜗杆右侧齿面，标杆射线为“入体”，因而右侧齿面是由标杆长度取得最大值的点构成；蜗杆左侧齿面则相反，标杆射线为“离体”，因而左侧齿面是由标杆长度取得最小值的点构成。至此，便可以给出蜗杆齿面求解的数字仿真模型：

$$\begin{aligned}&h_m = \min_{\phi_1}\pm h(\rho,\theta,\varphi_1)\\ &\text{s.t.}\quad \begin{cases}U(\lambda,v,h,\rho,\theta,\varphi_1)=0\\ V(\lambda,v,h,\rho,\theta,\varphi_1)=0\\ W(\lambda,v,h,\rho,\theta,\varphi_1)=0\end{cases}\end{aligned} \tag{3.45}$$

式(3.45)描述的是数学规划模型，形式简单，求解也非常便利。对于确定的(ρ,θ)，给定一个ϕ_1值，可由$W=0$解得相应的v值，再代入$U=0$，又可将λ值求出，然后可通过$V=0$得到此转角下的标杆长度h。ϕ_1取不同的值，可得到一系列h，从中选取最大（小）者便是(ρ,θ)对应的h_m值，这样可确定蜗杆实际齿面Σ_2的方程：

$$\boldsymbol{R}^{(2)}=\rho\cos\theta\boldsymbol{i}_2+\rho\sin\theta\boldsymbol{j}_2+h_m\boldsymbol{k}_2 \tag{3.46}$$

需要说明一点，仿真过程中坐标(ρ,θ)以及展成角ϕ_1值要受到蜗杆实体边界以及速比等因素的制约，它们均有确定的或大致的范围，不能任意选取，需要在实际操作中注意。

3.6.2 蜗杆廓面上的一类界点条件

蜗杆廓面上一类界点的存在，是使蜗杆实际齿面构成复杂化的重要原因之一，因此，有必要对一类界点进行研究。

由式（2.25）可知，一类界点条件为

$$h_{\phi_1}=h_{\phi_1\phi_1}=0 \tag{3.47}$$

可以看出，对一类界点问题的研究实质上就是对标杆函数的一阶导数及二阶导数的研究，下面的工作，就是要求出这两个导数。

首先由式(3.44)计算$U=0$,$V=0$,$W=0$对各参量λ,v,h,ρ,θ,φ_1的偏导数，组成两个矩阵$\dfrac{\partial(U,V,W)}{\partial(\lambda,v,h)}$及$\dfrac{\partial(U,V,W)}{\partial(\rho,\theta,\phi_1)}$，然后可进一步得到雅可比矩阵

$$\frac{\partial(\lambda,v,h)}{\partial(\rho,\theta,\phi_1)}=-\left[\frac{\partial(U,V,W)}{\partial(\lambda,v,h)}\right]^{-1}\frac{\partial(U,V,W)}{\partial(\rho,\theta,\phi_1)}$$

上面的矩阵中有九个元素，为了计算简洁，只列出需要用到的项：

$$\begin{aligned}h_{\phi_1}=&(r_{b1}\lambda-v\sin\beta_{b1})[-r_{b1}\cos\beta_{b1}+\rho I\sin\beta_{b1}\cos(\theta+\phi_2)\\&-\rho I\cos\beta_{b1}\sin(\theta+\phi_2)\sin(\lambda+\phi_1\mp\delta)]\end{aligned} \tag{3.48}$$

$$v_{\phi_1}=-\rho I\cos(\theta+\phi_2)(r_{b1}\lambda-v\sin\beta_{b1})\cos(\lambda+\phi_1\mp\delta) \tag{3.49}$$

$$\begin{aligned}\lambda_{\phi_1}=&-\cos\beta_{b1}[r_{b1}\sin(\lambda+\phi_1\mp\delta)+(r_{b1}\lambda-v\sin\beta_{b1})\cos(\lambda+\phi_1\mp\delta)\\&-\rho I\sin(\theta+\phi_2)]-\rho I\sin\beta_{b1}\sin(\lambda+\phi_1\mp\delta)\cos(\theta+\phi_2)\end{aligned} \tag{3.50}$$

由$U=0$,$W=0$两式求出$\rho\cos(\theta+\phi_2)$及$\rho\sin(\theta+\phi_2)$，代入式（3.48）并结合式（3.18）可得

$$h_{\phi_1}=\frac{1}{\cos\beta_{b1}\cos(\lambda+\phi_1\mp\delta)}[-P^*\cos(\lambda+\phi_1\mp\delta)-Q^*\sin(\lambda+\phi_1\mp\delta)+P^*] \tag{3.51}$$

令式（3.51）等于零，则可求得

$$\sin\frac{\lambda+\phi_1\mp\delta}{2}=0 \quad 或 \quad \tan\frac{\lambda+\phi_1\mp\delta}{2}=\frac{Q^*}{P^*} \tag{3.52}$$

不难发现，此结果表明标杆函数取得极值的两个条件即为形成蜗杆第一廓面、第二廓面的接触线条件，这一点也验证了前面仿真理论的正确性。

利用式（3.51）进一步求 h 对 ϕ_1 的二阶偏导数，令其为零，并结合式（3.52），便可得到蜗杆第一廓面、第二廓面上各自的一类界点条件。第一廓面的一类界点条件为

$$\lambda_{\phi_1}+1=0 \tag{3.53}$$

第二廓面的一类界点条件为

$$\begin{aligned}&\frac{1}{2}(\lambda_{\phi_1}+1)(P^*\cos\frac{\lambda+\phi_1\mp\delta}{2}+Q^*\sin\frac{\lambda+\phi_1\mp\delta}{2})\\&-(r_{b1}\sin\beta_{b1}\lambda_{\phi_1}-v_{\phi_1})\cos\frac{\lambda+\phi_1\mp\delta}{2}=0\end{aligned} \tag{3.54}$$

将式（3.50）代入式（3.53），可将第一廓面的一类界点条件转化为

$$\frac{Iv\cos\beta_{b1}}{r_{b1}\lambda-v\sin\beta_{b1}}=0$$

可知蜗杆第一廓面一类界点条件的具体表达式为

$$v=0 \tag{3.55}$$

将上述条件代入蜗杆第一廓面方程式（3.38），并结合式（3.20）以及 $r_{b2}=A-r_{b1}$，$\mu_{b2}=\beta_{b1}$，即得第一廓面的一类界限曲线：

$$\begin{cases}X_2=r_{b2}\cos\phi_2\\Y_2=-r_{b2}\sin\phi_2\\Z_2=-r_{b2}\tan\mu_{b2}\cdot(\phi_2\mp I\delta)\end{cases} \tag{3.56}$$

显然，式（3.56）描述的是以 r_{b2} 为半径的基圆柱螺旋线，其螺旋升角为 μ_{b2}。如果超越了一类界点，第一廓面的上叶会被干涉掉，参见图 3.9。需要说明的是，蜗杆第一廓面的上下叶是这样规定的：令蜗杆回转轴单位矢量 $\boldsymbol{k}_2$ 的反方向指向三维空间正上方，则螺旋面两叶中相对位置处于上方的一叶称为上叶，另一叶则称

为螺旋面的下叶。

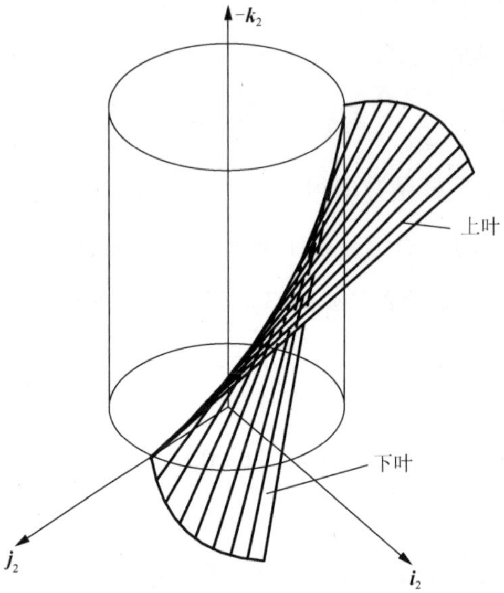

图 3.9　第一廓面的上下两叶

将式（3.49）和式（3.50）代入式（3.54）还可得到蜗杆第二廓面一类界点条件的具体表达式，此表达式非常复杂，数值计算表明，这条一界曲线一般远离工作区域，故在此不做详细讨论。

3.7　0° 渐开线包络蜗杆齿面构成的数字分析

本节将通过仿真数学模型，结合一定的数值计算，并充分利用标杆函数的性质与共轭曲面基本特征的关系，详细阐述蜗杆齿面的实际构成情况。

参考图 3.8 可知，蜗杆轴截面的位置由极角 θ 来表征，具体设置见图 3.10。可令蜗杆中心齿槽为 $\theta=0^\circ$ 截面所处位置，该截面只截取中心齿槽内的左、右侧齿面。当 $\theta=0^\circ$ 截面沿齿槽向 $\boldsymbol{k}_2$ 方向做螺旋运动（并非严格意义上的等导程螺旋运动）时，θ 值增加，如中心齿槽右边相邻齿槽所处的截面为 $\theta=360^\circ$ 截面，依次类推；反之，若 $\theta=0^\circ$ 位置截面沿 $-\boldsymbol{k}_2$ 方向做螺旋运动，则 θ 变为负值，中心齿槽左边的相邻齿槽所处截面为 $\theta=-360^\circ$ 截面等。

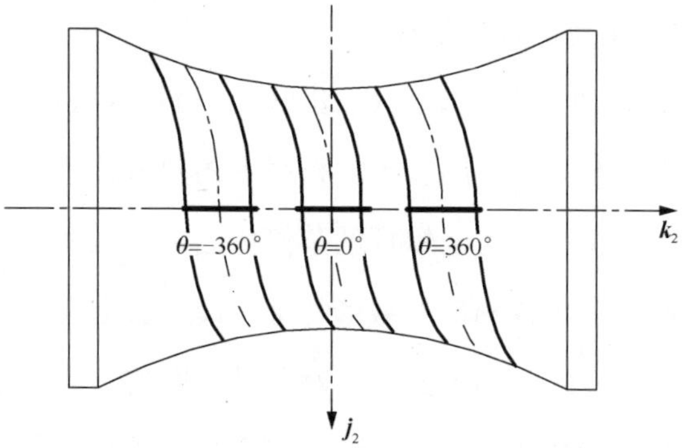

图 3.10　蜗杆轴截面角度设置

利用仿真模型考察蜗杆的轴截面齿形是非常方便的，下面给出处理的主要步骤。先将 θ,ρ,ϕ_1 离散化，并用 $\theta_i,\rho_j,\phi_{1k}$ 来表示，其中，$i,j,k=1,2,\cdots,n$。

步骤 1：取 $\theta=\theta_i$。

步骤 2：令 $\rho=\rho_j$。

步骤 3：令 $\phi_1=\phi_{1k}$，由式（3.44）计算并记录此时的 λ,v,h，即 $\lambda=\lambda_{ijk}$，$v=v_{ijk}$，$h=h_{ijk}$。

步骤 4：令 k 变化，重复步骤 3，可得到所有时刻的标杆函数值 h_{ijk}。以 h 为纵轴，ϕ_1 为横轴建立直角坐标系，可得一条曲线，即前面所提到的 h-ϕ_1 曲线，其上最高（低）点的标杆函数值 h_{ijm} 即为 (θ_i,ρ_j) 对应的蜗杆轴截面上点的坐标，如图 3.11 所示。

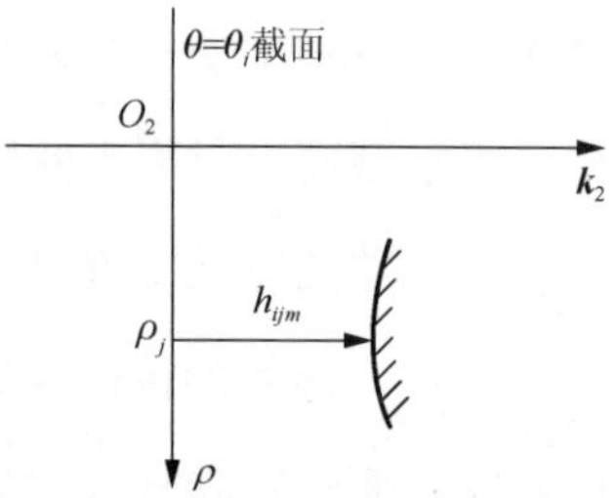

图 3.11　蜗杆轴截面上点的坐标

步骤 5：令 j 取不同值，重复步骤 2～步骤 4，可得到一系列 h-ϕ_1 曲线，称为对应于 $\theta=\theta_i$ 截面的 h-ϕ_1 曲线族。所有 h-ϕ_1 曲线上最高（低）点的标杆函数值 h_{ijm}

描述了蜗杆 $\theta=\theta_i$ 截面诸点的轴向坐标。

步骤 6：令 i 取不同值，重复步骤 1～步骤 5，可以求得蜗杆不同截面的截形。

通过理论分析以及对大量不同参数蜗杆截形的数值计算，可以得到有关蜗杆轴截面的一些规律性认识：①对于蜗杆的某侧齿面，轴截面形状因啮合区而异，即在左啮合区各截面具有大致相似的截形特征，而在右啮合区各截面也具有几乎相同的截形特点；②蜗杆的两侧齿面具有对称性，即右侧齿面在左啮合区与左侧齿面在右啮合区的截形特征一致，右侧齿面在右啮合区与左侧齿面在左啮合区的截形特征相同；③每一截面的截形特征完全寓于该截面的标杆函数图像—— h-ϕ_1 曲线的基本性质以及 h-ϕ_1 曲线族的演化规律之中。所以，对问题的阐述将大大简化——只需针对某一具体参数蜗杆实例，考察某单侧齿面在左、右啮合区内各一典型轴截面的 h-ϕ_1 曲线及 h-ϕ_1 曲线族的几何特征即可。

此处选取的蜗杆副具体参数如下：蜗轮模数 $m_n=5$，基圆螺旋角 $\beta_{b1}=5.24^\circ$，法向压力角 $\alpha_n=12^\circ$，齿数 $Z_1=40$，中心距 $A=125$。

下面以蜗杆右侧齿面为考察对象进行研究。

1. 左啮合区

研究发现，在左啮合区，不仅各轴截面具有相似的截形特征，而且同一截面内各点（对应不同的 ρ 值）的 h-ϕ_1 曲线形状也基本一致，因此只需考察某一截面内某一点的 h-ϕ_1 曲线。图 3.12 为 $\theta=-360^\circ$，$\rho=27$ 对应的 h-ϕ_1 曲线图，该曲线为单峰曲线，只有一个极大值 h_m，表示截面上对应点的轴向坐标。记录取得 h_m 时的各参量值 ϕ_1^*, v^*, λ^*，代入式（3.25）可判断出该极值点满足第二接触线条件，因此该点为第二廓面上的点。在图 3.12 中，曲线的极值点处以“(2)”表示。

由此可以得出结论：蜗杆右侧齿面在左啮合区内均为第二廓面。该结论与前面的理论分析一致。

图 3.13 为 $\theta=-360^\circ$ 的蜗杆轴截面齿形。

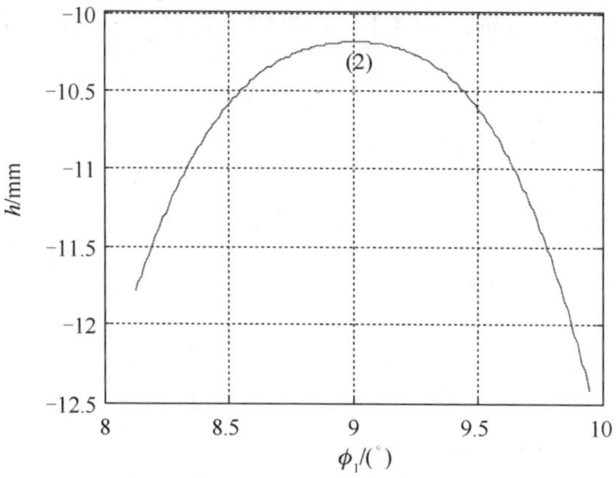

图 3.12　$\theta=-360°$ 截面的 h-ϕ_1 曲线

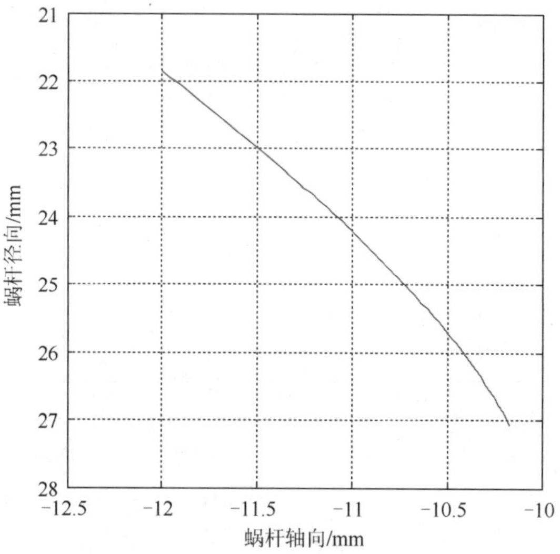

图 3.13　$\theta=-360°$ 截面的蜗杆齿形

2. 右啮合区

与左啮合区两廓面共存的情形相对应，右啮合区蜗杆齿面上各点对应的 h-ϕ_1 曲线一般较为复杂，在同一轴截面内 h-ϕ_1 曲线族中的各 h-ϕ_1 曲线也不尽相同，呈现出一定的演化规律。图 3.14（a）～图 3.14（g）即为 $\theta=360°$ 截面 h-ϕ_1 曲线族中具有典型性的几幅 h-ϕ_1 曲线图。可以看出，图 3.14 中各曲线形状各异，有单峰形、双峰夹一谷形等。各极值点无论取得极大值还是极小值均满足共轭条件，其归属情况同样可由式（3.25）判断，图 3.14 中曲线的极值点处标注的“(1)”“(2)”表明了该极值点是属于第一廓面还是归属于第二廓面。

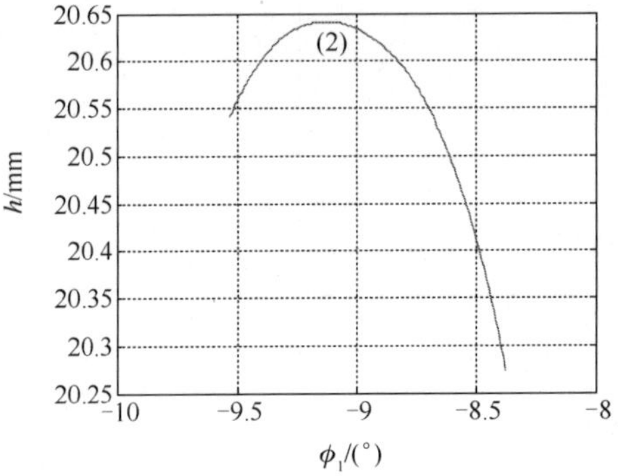

（a）ρ=25

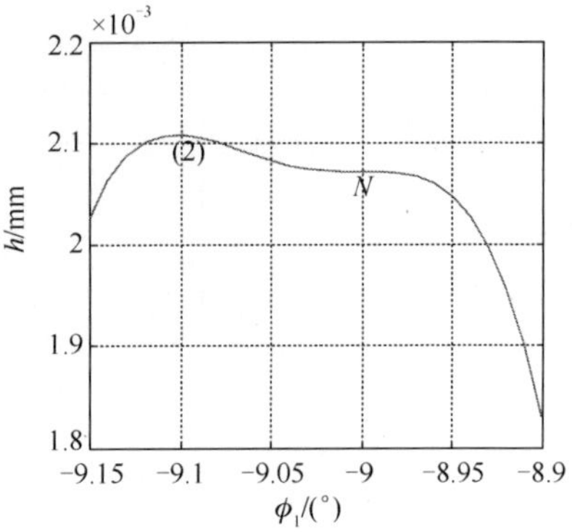

（b）ρ=26.775 322

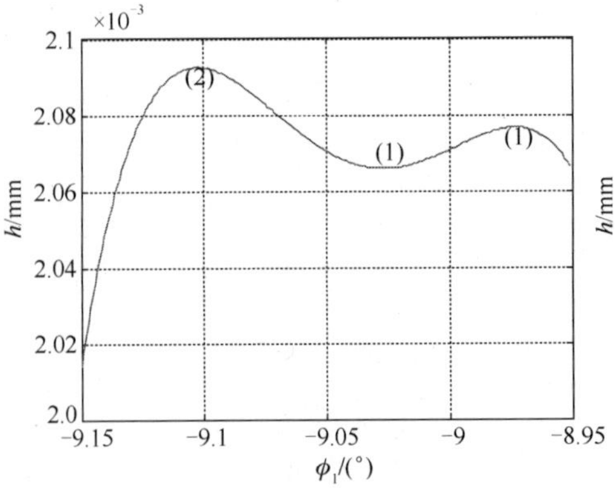

（c）ρ=26.78

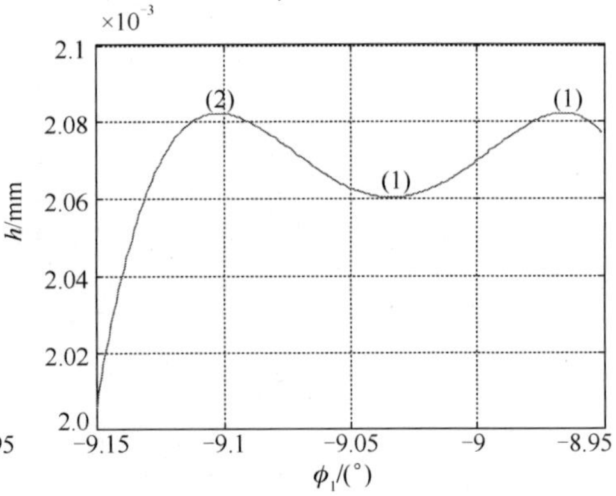

（d）ρ=26.782 876

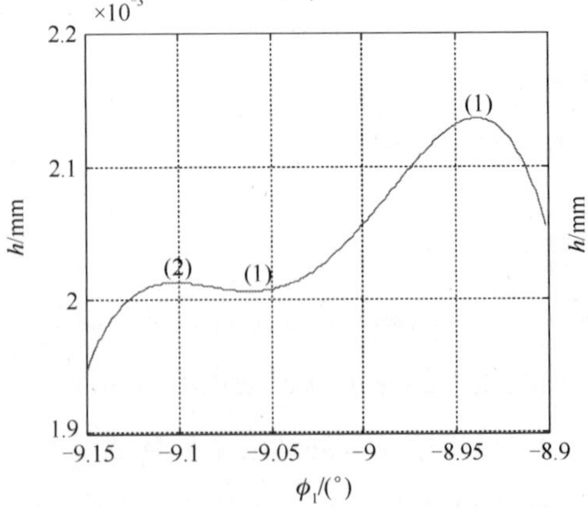

（e）ρ=26.8

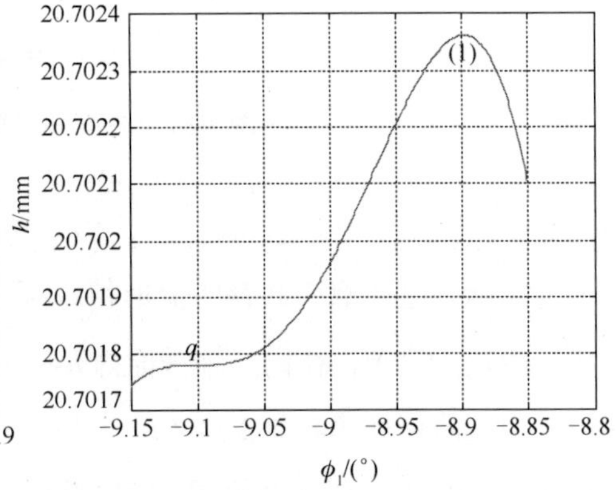

（f）ρ=26.842 552

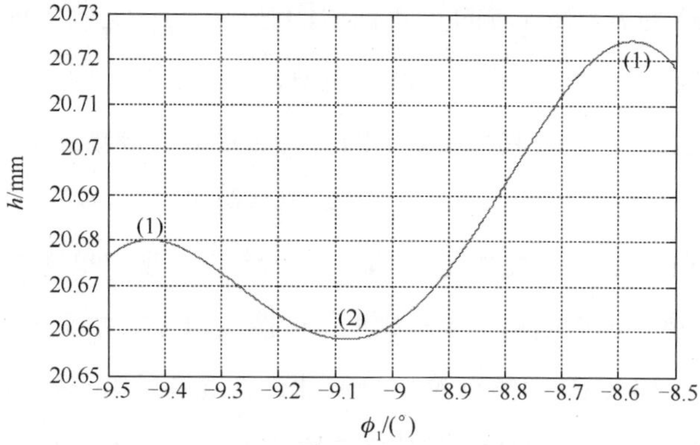

（g）ρ=28

图 3.14　$\theta = 360°$ 截面的 h - ϕ_1 曲线族

下面就各 h - ϕ_1 曲线图进行具体分析。

（1）图 3.14（a）为 $\rho = 25$ 时的 h - ϕ_1 曲线图，曲线为单峰形状，极大值点满足第二接触线条件，因而为第二廓面上的点。在 $\rho < r_{b2}$ 范围内，所有点（蜗杆齿根圆弧以外）的 h - ϕ_1 曲线均具有上述特征，其中，r_{b2} 为蜗杆的基圆柱半径，针对书中实例，$r_{b2} = 26.775\,322$ 。

（2）图 3.14（b）为 $\rho = r_{b2}$ 时的 h - ϕ_1 曲线图，极值点类型（极大或极小）及归属情况同图 3.14（a），但是多了一个平稳拐点，即图 3.14（b）中的点 N 。点 N 满足第一接触线条件，同时满足 $h_{\phi_1\phi_1} = 0$ ，可知其为蜗杆第一廓面上的一类界点。需要说明的是，为更清晰地显示纵坐标，图 3.14（b）～3.14（e）中曲线进行了沿纵轴的平移处理，真实的纵坐标数值为图中纵坐标加上 20.7。

（3）图 3.14（c）为 $\rho = 26.78$ 时的 h - ϕ_1 曲线图，曲线为双峰夹一谷形状，两极大值点分别满足第一接触线条件和第二接触线条件，极小值点则满足第一接触线条件。其中，最大值为满足第二接触线条件的极大值，表明 $\rho = 26.78$ 对应的蜗杆轴截面上的点为第二廓面上的点。在 $r_{b2} < \rho < r_l$ 范围内，各点的 h - ϕ_1 曲线均具有上述特征，其中，r_l 为一个与 r_{b2} 相差甚微的量，这里 $r_l = 26.782\,876$ 。

（4）$\rho = r_l$ 时，h - ϕ_1 曲线如图 3.14（d）所示，它与图 3.14（c）唯一的不同在于曲线的两极大值相等，均取得 h 的最大值，因而对应轴截面上的点必然为第一廓面、第二廓面的公共点。

（5）图 3.14（e）为 $\rho = 26.8$ 时的 $h\text{-}\phi_1$ 曲线图。在 $r_l < \rho < r_q$ 范围内，诸点的 $h\text{-}\phi_1$ 曲线均为图 3.14（e）所示的形状，极值点类型、归属情况仍同图 3.14（c）。其与图 3.14（c）的区别在于，此时取得最大值的点为满足第一接触线条件的极大值点，因而归属于蜗杆第一廓面。r_q 为一个与 r_{b2}, r_l 均相差很小的值，这里 $r_q = 26.842\,552$。

（6）当 $\rho = r_q$ 时，$h\text{-}\phi_1$ 曲线如图 3.14（f）所示，呈现出单峰形状，极大值点满足第一接触线条件，因而归属于第一廓面。但图 3.14（f）中又出现了平稳拐点，即点 q。点 q 比图 3.14（b）中的点 N 更为特殊，它既满足第一接触线条件，又满足第二接触线条件，因而为蜗杆面上奇解点的共轭点，在该点处，第一廓面与第二廓面相切。

（7）图 3.14（g）为 $\rho = 28$ 时的 $h\text{-}\phi_1$ 曲线图。在 $\rho > r_q$ 范围内，各点（蜗杆齿顶圆弧之内）的 $h\text{-}\phi_1$ 曲线均为图 3.14（g）所示形状。此时，极值点的类型与归属情况发生改变，两极大值点均满足第一接触线条件，而极小值点则满足第二接触线条件，结合图 3.14（e）、图 3.14（f）可知，蜗杆两廓面于 q 点相切且产生交叉。显然，此时 h 的最大值点为蜗杆第一廓面上的点。

由图 3.14 可清晰地看出蜗杆轴截面 $h\text{-}\phi_1$ 曲线族的演化规律，从图 3.14（a）～图 3.14（g）曲线的变化与波传导有些相似之处。同时还可看出蜗杆第一廓面的两叶特征：$\rho > r_{b2}$ 时，除 $\rho = r_q$ 之外，$h\text{-}\phi_1$ 曲线均有两个极值点满足第一接触线条件，两叶曲面的区分靠参数 v 来判断，已知第一廓面的一类界限点条件为 $v = 0$，因而 $v > 0$ 和 $v < 0$ 必然表征第一廓面的不同两叶。分析可知，图 3.14 中各 $h\text{-}\phi_1$ 曲线上满足第一接触线条件的极值点中，取得较大 h 值的点均满足 $v < 0$ 条件；反之，取得较小 h 值的点则满足 $v > 0$ 条件。由标杆函数的最小值（右侧齿面相当于 $-h$ 的值为最小）原则可知，蜗杆齿面上保留的第一廓面只能由满足 $v < 0$ 条件的点组成，而 $v > 0$ 的点将被干涉掉。结合前面蜗杆第一廓面上下叶的规定可知：上叶的解析条件为 $v > 0$；下叶的解析条件为 $v < 0$。

以 ρ 为自变量，h 为函数，把轴截面内 $h\text{-}\phi_1$ 曲线族中各极值点按归属于蜗杆的第二廓面、第一廓面的上叶、第一廓面的下叶三种类型分别连线，便得到如图 3.15 所示的蜗杆轴截面构成图。图 3.15 中 aa' 表示第二廓面；Nb', Nb 分别表示第一廓面的上叶与下叶；N 为一类界点，l 为两廓面的交点，q 为奇解点共轭点，三者对应的径向距离分别为 r_{b2}, r_l 及 r_q。

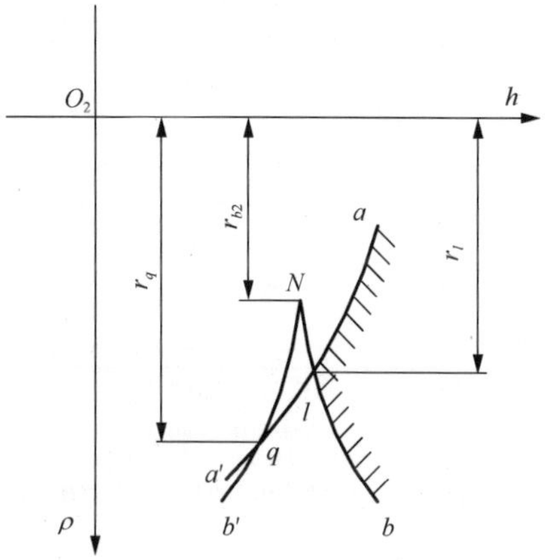

图 3.15　蜗杆轴截面的构成

点 q 及点 l 均为第一廓面和第二廓面的公共点，但两者有本质区别：点 q 为第二廓面与第一廓面的公切点，位于第一廓面的上叶，理论上两廓面在点 q 处同时进入啮合，因而可用相同的参数描述；点 l 为第二廓面与第一廓面下叶的交点，虽也为两个廓面的公共点，但却伴随着各自廓面在不同的转角下进入啮合，因而两廓面在点 l 不能用相同的参数来表示。

显然，实际保留下来的蜗杆齿面如图 3.15 中阴影部分所示，其余廓面皆被干涉掉。蜗杆齿面依然由第一廓面下叶的一部分及第二廓面的一部分构成，两者在点 l 相交地连接。仿真显示，r_l 与 r_{b2} 相差甚微，在本例中，两者差值在 0.01mm 以下，故可认为两廓面在第一廓面的一界曲线上相交地连接。这正是前面以蜗杆基圆柱为界划分内外域的依据。图 3.16 为计算得到的 $\theta = 360^\circ$ 截面蜗杆真实齿形图。

从图 3.15 可知，蜗杆实际两廓面在连接处并非十分光滑，而是出现一条楞线，但是楞线的高度极小，可忽略不计。同时，图 3.15 还显示了一个重要信息，即蜗杆理论廓面上的奇解点共轭点已经连同其所在的第一廓面的上叶被干涉掉，因而 0° 渐开线包络蜗杆传动并不能实现严格理论意义上的奇点共轭。但事实上，奇解点共轭点处附近的干涉区域很小，周围齿面上的点仍可以获得较小的诱导曲率，从而实现近似意义上的奇点共轭。

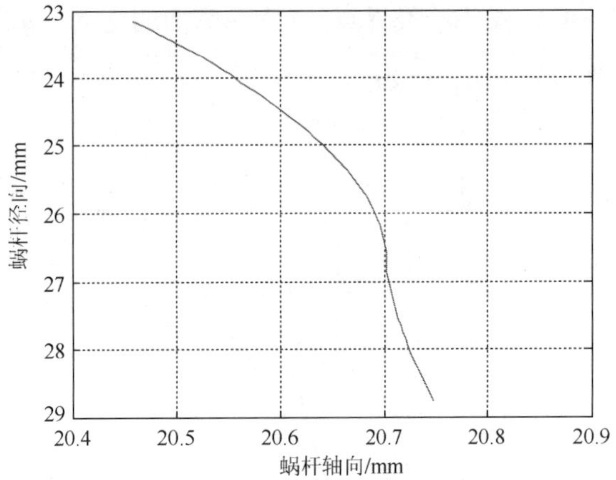

图 3.16　$\theta=360^\circ$ 截面的蜗杆真实齿形

3.8　0° 渐开线包络蜗杆传动的仿真接触域分析

3.8.1　仿真接触线分析

众所周知，一种传动副的接触线，往往作为这种传动副的重点项目被人们研究。因为接触线可以直接了解共轭的界限和干涉、共轭齿面的构成以及传动副的接触区域等基本的共轭内容，因此，接触线在共轭曲面原理中占有重要地位。

仿真接触线是指通过仿真方法得到的实际接触线。与理论接触线形成理论上的共轭曲面相对应，仿真接触线则形成了包括界限、干涉因素在内的真实的共轭齿面，因此，仿真接触线的研究更具实际意义。

对于 0° 渐开线包络蜗杆传动而言，显然针对蜗杆两廓面共存的区域，即蜗轮、蜗杆右侧齿面的右啮合区、左侧齿面的左啮合区进行仿真接触线的分析更能体现出仿真的实际价值，因为在蜗轮、蜗杆右侧齿面的左啮合区及左侧齿面的右啮合区，仿真接触线与理论接触线毫无二致。

下面给出仿真接触线的求解方法与步骤，首先将 θ,ρ 离散化，用 θ_i,ρ_j 表示，$i,j=1,2,\cdots,n$。

（1）计算每个 (θ_i,ρ_j) 取得的最大（小）标杆函数值 h_{ijm}，并记录此时的转角 φ_{1ij}。

（2）由式（3.46）可计算得到 (θ_i,ρ_j) 对应的蜗杆齿面上的坐标 $(X_{2ij},Y_{2ij},Z_{2ij})$。

利用公式 $\boldsymbol{r}_p^{(1)}=\boldsymbol{B}_2(\phi_2)\boldsymbol{R}^{(2)}+A\boldsymbol{i}_1$ 可得到 (θ_i,ρ_j) 对应的啮合面上的点的坐标 $(x_{1pij},y_{1pij},z_{1pij})$，进而利用公式 $\boldsymbol{R}^{(1)}=\boldsymbol{B}_1^{-1}(\phi_1)\boldsymbol{r}_p^{(1)}$ 可求得蜗轮面上共轭点的坐标 $(X_{1ij},Y_{1ij},Z_{1ij})$。

（3）将对应同一转角下的诸点分别连线，即可得到蜗杆齿面、啮合面以及蜗轮齿面上的各瞬时接触线。

为直观地观察接触线族的分布情况，可将上面计算的三维接触线向某一典型方向投影，得到二维的接触线投影图。图 3.17（a）～图 3.17（c）就是根据实例，针对右侧齿面在右啮合区得到的啮合面、蜗杆面、蜗轮面上的接触线投影图，投影方向为蜗杆轴向。

由图 3.17（a）可见，啮合面上第一族接触线的投影为一条直线，此直线位于第一啮合面的下半区域，即对应于 $v<0$ 的区域；而第二族接触线则分布于啮合面的中间区域。由此可知，蜗杆副的整个啮合区域仅为蜗轮齿面的中下部分，这一点从图 3.17（c）蜗轮面上的接触线投影亦可看出。图 3.17（b）直观地反映出仿真接触线将蜗杆齿面分成两部分：基圆以内为第二族接触线形成的内域，基圆以外为第一族接触线形成的外域。

从上面的分析来看，0° 渐开线包络蜗杆传动的接触域并不理想，因为这种接触线族的分布意味着蜗轮、蜗杆只能在蜗轮齿宽的中下部分（左侧齿面为蜗轮齿宽的中上部分）发生共轭，而上半部分则“空闲”，显然对齿面的接触不利。

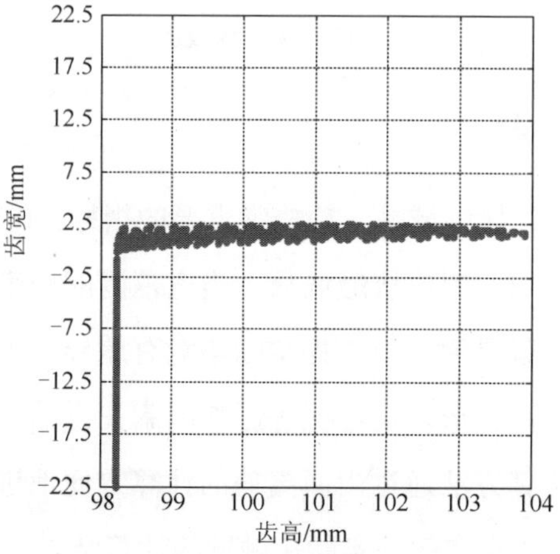

（a）啮合面

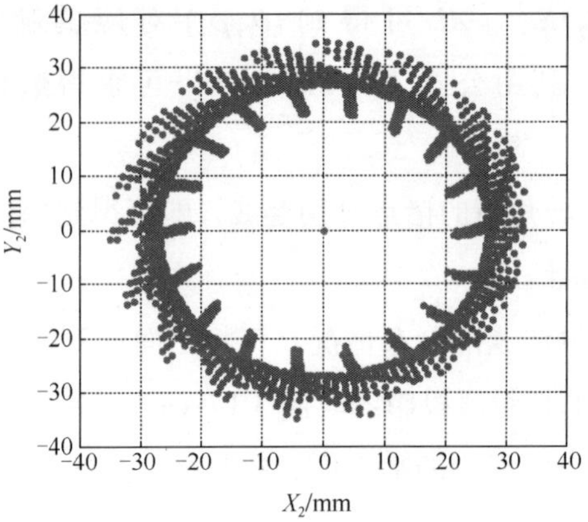

（b）蜗杆面

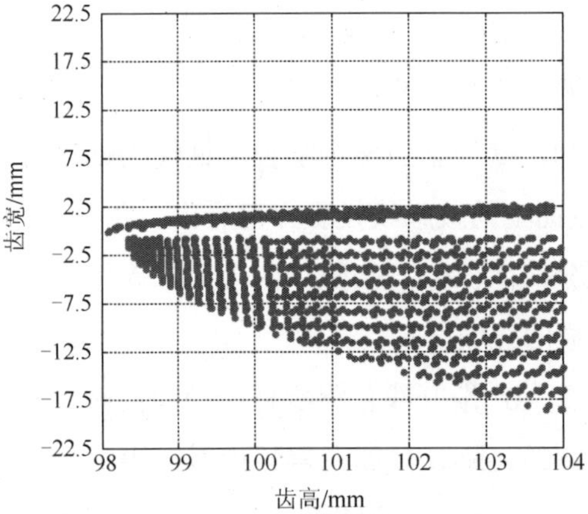

（c）蜗轮面

图 3.17　接触线投影

3.8.2　仿真接触域分析

对于蜗杆传动而言，接触域是一项非常重要的指标。0° 渐开线包络蜗杆传动由于一类界限干涉的影响，理论接触域只占齿宽范围的一半多一点。但是理论接触域是在刚体的假定下获得的，与工程实际毕竟有差异。工程上关心的是实际接触域，即考虑弹性、塑性变形以及磨损等影响因素在内的真实的齿面接触区域。实际接触域可以利用仿真方法通过齿面离差的计算方便地进行确定。计算方法见第 2 章。下面给出针对本章实例的实际接触域的计算结果，已知参数 $\delta h_0 = 0.02$，蜗轮面上的实际接触域如图 3.18 所示。实际接触域呈现不完整的月牙状，在蜗轮齿宽的中下半部分完全接触，这一点与理论接触域完全一致，同时在齿宽中线以上还有 8mm 左右的区域也可以实现接触。由于奇解点附近诱导曲率为零，尽管出现一类界限干涉，但蜗轮这一部分齿面与蜗杆面的离差很小，也可以实现实际载荷条件下的接触。

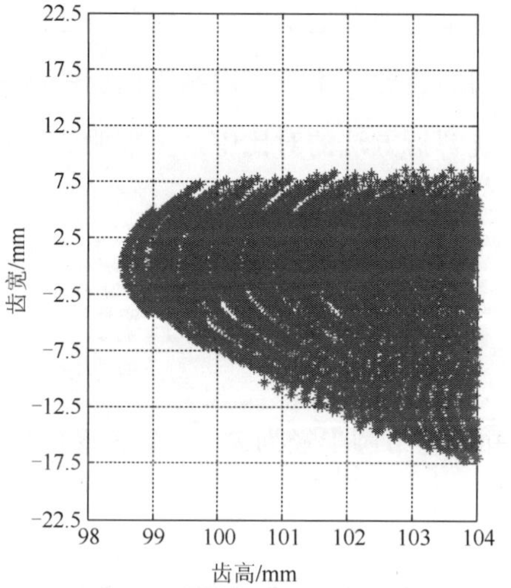

图 3.18　蜗轮面上的实际接触域

考虑到上述情况，为使实际接触域的分布与大小更趋合理，工程上可以采用螺旋角补偿的方法，实质上是对蜗杆副采取一种角修形措施。同时，螺旋角补偿措施还体现了“点啮合化”的思想，可以进一步降低传动副对误差的敏感程度。

0° 渐开线包络蜗杆传动的样机实验表明，经跑合后，实际接触域可布满蜗轮齿面的整个工作区域，与二次包络蜗杆传动一样具有诱导曲率小、接触强度高、承载能力大等优点。

参 考 文 献

[1] 阎长罡. 奇点共轭理论与 0°渐开线包络蜗杆传动的原理与技术. 大连: 大连理工大学, 2000.
[2] 刘健. 运动群方法及其在曲面共轭原理中的应用. 大连工学院学报，1983，22（2）：85-96.

第 4 章　齿条加工齿轮的仿真过程

齿条、齿轮属于最基本的啮合运动副，认清两者之间的几何与运动关系，几乎成为开启啮合原理大门的钥匙。本章利用共轭曲面的数字仿真方法研究这一基本的共轭过程，在与传统解析方法的对比中，更加明确仿真方法的操作过程和应用特点。

4.1　解 析 方 法

如图 4.1 所示，已知齿轮节圆半径为 R，齿条齿形角为 α，求齿轮齿形。

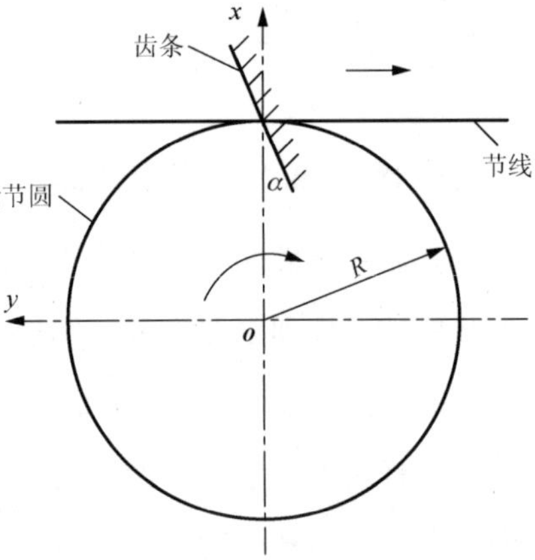

图 4.1　齿条加工齿轮

齿轮节圆在节线上做纯滚动，齿条做平移运动。根据相对运动关系，可将齿轮静止，齿条既做平移运动，又做反方向的回转运动，如图 4.2 所示。l_0 与 m_0 表示初始位置节线与齿条，齿条与节线固联，相对齿轮做回转运动后处于新位置时的节线与齿条用 l_1 与 m_0' 表示，回转角用 ϕ 表示。齿条沿节线 l_1 平移后，用 m_1 表示，m_1 所处位置就是齿条做平移及回转运动后的新位置。

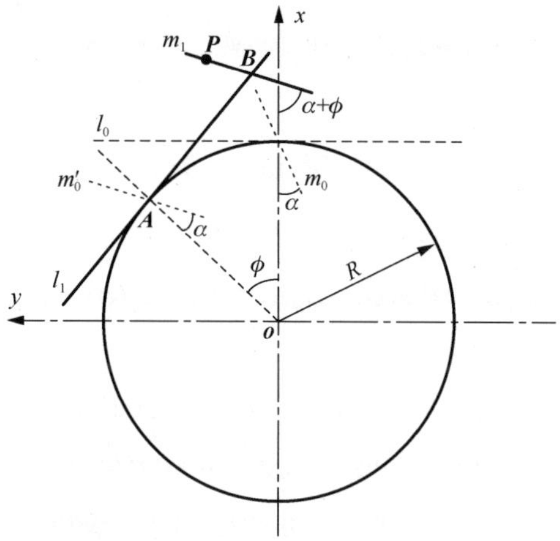

图 4.2　齿轮、齿条的相对运动关系

齿条上一点 $\boldsymbol{P}$ 可以描述为

$$\boldsymbol{oP}=\boldsymbol{r}=\boldsymbol{oA}+\boldsymbol{AB}+\boldsymbol{BP} \tag{4.1}$$

式中，$\boldsymbol{oA}$ 的大小为节圆半径 R，根据圆矢量函数的定义，可确定 $\boldsymbol{oA}$ 方向为 $\boldsymbol{e}(\phi)$；$\boldsymbol{AB}$ 的大小为齿条平移的距离，显然等于 $R\phi$，方向则为 $-\boldsymbol{e}_1(\phi)$； $\boldsymbol{BP}$ 大小设为 u，方向则为 $\boldsymbol{e}(\alpha+\phi)$。于是式（4.1）可以写为

$$\boldsymbol{r}=R\boldsymbol{e}(\phi)-R\phi\boldsymbol{e}_1(\phi)+u\boldsymbol{e}(\phi+\alpha) \tag{4.2}$$

利用圆矢量函数的性质，对式（4.2）求偏导，可得

$$\boldsymbol{r}_u=\boldsymbol{e}(\phi+\alpha) \tag{4.3}$$

$$\boldsymbol{r}_\phi=R\phi\boldsymbol{e}(\phi)+u\boldsymbol{e}_1(\phi+\alpha) \tag{4.4}$$

包络条件为

$$(\boldsymbol{k}\times\boldsymbol{r}_u)\cdot\boldsymbol{r}_\phi=0 \tag{4.5}$$

则将式（4.3）、式（4.4）代入式（4.5）可得

$$u=R\phi\sin\alpha \tag{4.6}$$

代入式（4.2），可得

$$\boldsymbol{r}=R\boldsymbol{e}(\phi)-R\phi\boldsymbol{e}_1(\phi)+R\phi\sin\alpha\boldsymbol{e}(\phi+\alpha) \tag{4.7}$$

又因为

$$\boldsymbol{e}(\phi)=\boldsymbol{e}(\phi+\alpha-\alpha)=\cos\alpha\boldsymbol{e}(\phi+\alpha)-\sin\alpha\boldsymbol{e}_1(\phi+\alpha)$$

$$\boldsymbol{e}_1(\phi)=\boldsymbol{e}_1(\phi+\alpha-\alpha)=\sin\alpha\boldsymbol{e}(\phi+\alpha)+\cos\alpha\boldsymbol{e}_1(\phi+\alpha)$$

代入式（4.7），可得

$$\boldsymbol{r}=R\cos\alpha\boldsymbol{e}(\phi+\alpha)-(R\sin\alpha+R\phi\cos\alpha)\boldsymbol{e}_1(\phi+\alpha) \tag{4.8}$$

令 $R_b=R\cos\alpha$，$\varphi=\phi+\alpha$，代入式（4.8）可得

$$\boldsymbol{r}=R_b\boldsymbol{e}(\varphi)-R_b(\varphi+\mathrm{inv}\alpha)\boldsymbol{e}_1(\varphi) \tag{4.9}$$

展开为直角坐标的形式有

$$\begin{cases}x=R_b\cos\varphi+R_b(\varphi+\mathrm{inv}\alpha)\sin\varphi\\ y=R_b\sin\varphi-R_b(\varphi+\mathrm{inv}\alpha)\cos\varphi\end{cases} \tag{4.10}$$

式中，$\mathrm{inv}\alpha=\tan\alpha-\alpha$。显然，式（4.10）表示的是基圆半径为 R_b 的渐开线，如图 4.3 所示。以上证明了齿条包络出的齿轮廓形为渐开线。

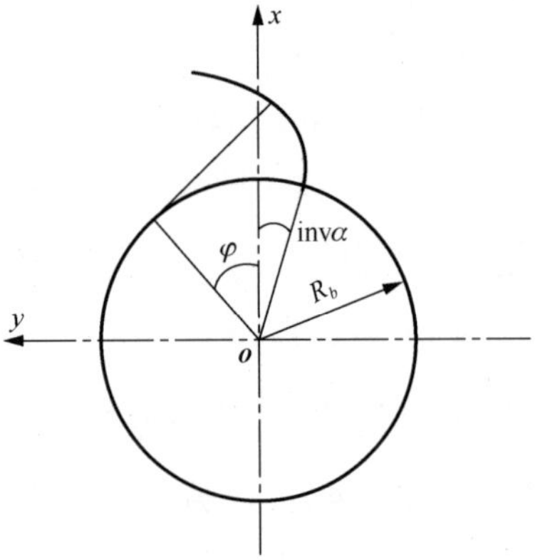

图 4.3 生成的渐开线

4.2 共轭曲面的数字仿真方法

如图 4.4 所示，以 x 轴为参考线，其上任一点记为 $\boldsymbol{A}$，$\boldsymbol{oA}$ 的长度记为 ρ，在点 $\boldsymbol{A}$ 处沿 $-\boldsymbol{j}$ 方向发出标杆射线，h 为标杆方向的长度参数，于是可将齿轮的齿形表示为

$$\boldsymbol{R}_1=\rho\boldsymbol{i}-h\boldsymbol{j} \tag{4.11}$$

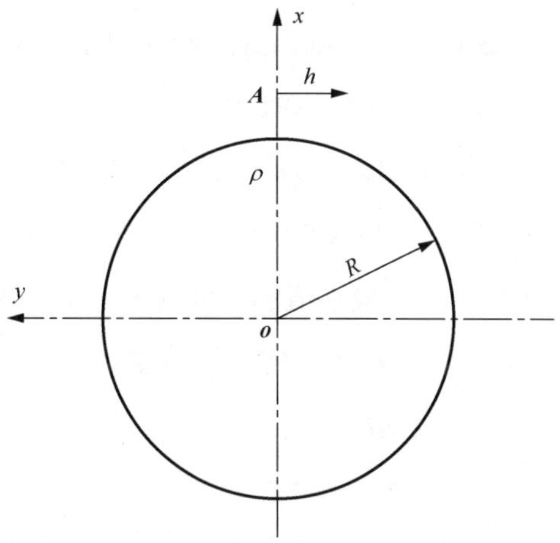

图 4.4　参考线与标杆射线的设定

齿条的方程可以表示为（参考图 4.1）

$$\boldsymbol{R}_2 = R\boldsymbol{i} + u\boldsymbol{e}(\alpha) \tag{4.12}$$

式中，u 为直线参数。在齿条加工齿轮的过程中，两者要做既定的运动，即齿轮回转、齿条平移，于是某时刻，齿轮方程为

$$\boldsymbol{r}_1 = \rho\boldsymbol{e}(-\lambda) - h\boldsymbol{e}_1(-\lambda) \tag{4.13}$$

式中，λ 为齿轮的回转角，回转方向为顺时针方向。齿条方程为

$$\boldsymbol{r}_2 = R\boldsymbol{i} + u\boldsymbol{e}(\alpha) - R\lambda\boldsymbol{j} \tag{4.14}$$

式中，$R\lambda$ 为平移距离，沿 y 轴反方向。在加工过程中，首先满足接触条件，即

$$\boldsymbol{r}_1 - \boldsymbol{r}_2 = \rho\boldsymbol{e}(-\lambda) - h\boldsymbol{e}_1(-\lambda) - R\boldsymbol{i} - u\boldsymbol{e}(\alpha) + R\lambda\boldsymbol{j} = 0 \tag{4.15}$$

由式（4.15）可以解得

$$h = \frac{\rho\sin\lambda + \rho\cos\lambda\tan\alpha - R\tan\alpha - R\lambda}{\sin\lambda\tan\alpha - \cos\lambda} \tag{4.16}$$

齿轮回转过程中，标杆受到连续的切削，即每一个 λ 对应一个标杆长度 h。显然，最终切得最深的 h 对应的才是齿形上的点，因而有

$$h_{\min} = \min_{\lambda} h \tag{4.17}$$

将式（4.17）代入式（4.11）则可获得齿形：

$$\boldsymbol{R}_1 = \rho\boldsymbol{i} - h_{\min}\boldsymbol{j} \tag{4.18}$$

下面通过具体的数值来计算齿形的坐标。可设节圆半径 $R = 100$，齿形角

$\alpha = 20^\circ$。利用式（4.8），令 $\phi = 15^\circ$，则由式（4.8）或式（4.10）计算得到解析解获得的渐开线上点的坐标为 $x = 110.703\,191\,192\,301$，$y = 5.729\,867\,016\,522\,72$。令式（4.18）中的 ρ 取与 x 相同的数值，$\rho = 110.703\,191\,192\,301$，则通过式（4.16），令 λ 变化，可获得一系列 h 值，如图 4.5 所示。图 4.5 中 λ 的步长为 0.1°，最小值 $h_{\min} = -5.729\,867\,016\,522\,71$，对应最小值的角度为 $\lambda = 15^\circ$，代入式（4.18）可知仿真解 $y_1 = 5.729\,867\,016\,522\,71$，与解析解的 y 值高度吻合。以此类推，两种方法获得的所有齿形点均可以实现完全匹配。

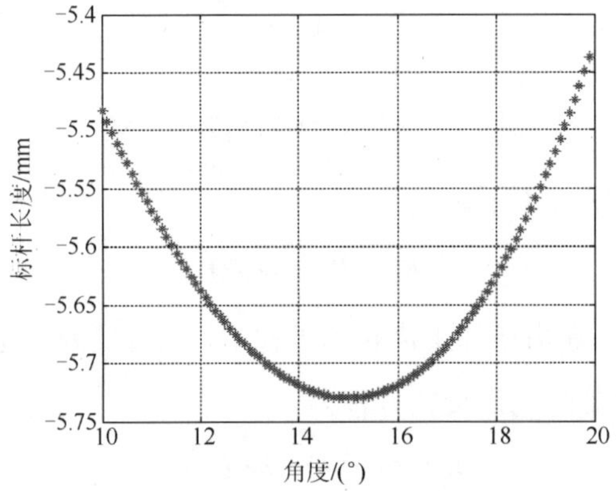

图 4.5　标杆长度随回转角的变化情况

通过上述的简单例子可知，共轭曲面的数字仿真方法不仅原理正确，而且过程简单直接，易于理解，尤其在数值计算方面更是表现出了独特的优越性。

第 5 章　螺杆加工用指状铣刀廓形的计算

对于螺杆类零件而言，指状铣刀加工是一种常用的加工方法。从工程应用需要的性能出发，一些螺杆零件被设计成“肚大口小”的形状，若采用其他加工方法，如盘铣刀加工方法，往往存在无法解决的干涉问题，因而指状铣刀加工几乎成了唯一可行的加工手段。本章以一个具体的螺杆零件为例，介绍其加工用指状铣刀廓形计算的解析方法和仿真方法，然后，建立通用的指状铣刀廓形的数字仿真求解模型，并给出计算方法。该模型不依赖于零件的具体形状，只需将螺杆端面线形以离散点的形式输入即可。

5.1　泛外摆线螺杆面方程的建立

5.1.1　螺杆面端面线形的构成

1. 已知条件

已知某油田使用的一种螺杆的端面线形，如图 5.1 所示，由两段泛外摆线构成，即 *AE* 段和 *EF* 段。关于螺杆的工作原理与设计方法，本书不做研究和讨论，只阐述其加工用指状铣刀的计算方法。

螺杆为单头、左旋。设螺杆的节圆半径为 r_1，顶圆半径为 r_{a1}，根圆半径为 r_{f1}，两段线形的交点 E 的半径为 r_e，其配对螺杆的节圆半径设为 r_2。定义 $x_2 = \dfrac{r_{a1} - r_1}{r_1}$，$x_e = \dfrac{r_e - r_1}{r_1}$。

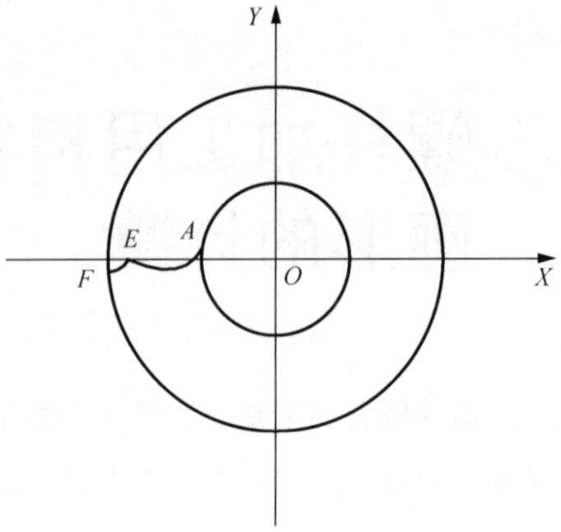

图 5.1　螺杆的端面线形

2. *AE* 段线形的形成

形成 *AE* 段线形的泛外摆线的原始方程为

$$\begin{cases} x = (r_1 + r_2)\sin\phi_1 - r_1(1 + x_2)\sin[(1 + r_1 / r_2)\phi_1] \\ y = (r_1 + r_2)\cos\phi_1 - r_1(1 + x_2)\cos[(1 + r_1 / r_2)\phi_1] \end{cases} \tag{5.1}$$

式中，ϕ_1 为曲线参数。令式（5.1）中坐标分量 x 与 y 平方相加，并令其平方根等于 r_e，可得到点 E 对应的 ϕ_1 值，记为 ϕ_{1e}，则

$$\phi_{1e} = \arccos\{[(r_1 + r_2)^2 + r_1^2(1 + x_2)^2 - r_e^2] / [2r_1(r_1 + r_2)(1 + x_2)]\} / c \tag{5.2}$$

式中，$c = r_1 / r_2$。

令式（5.1）的曲线回转角度为 τ，则有

$$\begin{cases} X = x\cos\tau - y\sin\tau = (r_1 + r_2)\sin(\phi_1 - \tau) - r_1(1 + x_2)\sin(m\phi_1 - \tau) \\ Y = x\sin\tau + y\cos\tau = (r_1 + r_2)\cos(\phi_1 - \tau) - r_1(1 + x_2)\cos(m\phi_1 - \tau) \end{cases} \tag{5.3}$$

式中，$m = 1 + r_1 / r_2$，即 $m = 1 + c$；$\tau = \pi / 2 - \theta_1$，$\theta_1$ 由下式计算：

$$\begin{aligned} \tan\theta_1 = {} & [r_2(1 + x_2)\sin(m\phi_{1e}) - (r_1 + r_2)\sin(\phi_{1e})] \\ & \div [(r_1 + r_2)\cos(\phi_{1e}) - r_2(1 + x_2)\cos(m\phi_{1e})] \end{aligned} \tag{5.4}$$

于是，螺杆线形中的 *AE* 段得以形成，式（5.3）为其曲线方程。

3. *EF* 段线形的形成

EF 段泛外摆线的原始方程为

$$\begin{cases} x = -(r_1 + r_2)\sin\phi_1 + r_1(1 + x_e)\sin[(1 + r_1 / r_2)\phi_1] \\ y = (r_1 + r_2)\cos\phi_1 - r_1(1 + x_e)\cos[(1 + r_1 / r_2)\phi_1] \end{cases} \tag{5.5}$$

让该曲线回转角度τ，其中，$\tau=\pi/2$，于是，螺杆线形中的EF段得以形成，方程如下：

$$\begin{cases} X = x\cos\tau - y\sin\tau = -(r_1+r_2)\sin(\phi_1+\tau)+r_1(1+x_e)\sin(m\phi_1+\tau) \\ Y = x\sin\tau + y\cos\tau = (r_1+r_2)\cos(\phi_1+\tau)-r_1(1+x_e)\cos(m\phi_1+\tau) \end{cases} \tag{5.6}$$

式中，ϕ_1为曲面参数。

5.1.2　螺杆面方程的建立

螺杆面的方程可以描述如下：

$$\boldsymbol{R} = X\boldsymbol{e}(\theta)+Y\boldsymbol{e}_1(\theta)+p\theta\boldsymbol{k} \tag{5.7}$$

式中，螺旋常数$p=-P/(2\pi)$，P为导程，负号表示左旋；$\boldsymbol{e}(\theta)=\cos\theta\boldsymbol{i}+\sin\theta\boldsymbol{j}$，$\boldsymbol{e}_1(\theta)=-\sin\theta\boldsymbol{i}+\cos\theta\boldsymbol{j}$，其中$\boldsymbol{i}$，$\boldsymbol{j}$分别为螺旋面坐标系$X$轴、$Y$轴的单位方向矢量；$\boldsymbol{k}$为螺旋面坐标系$Z$轴的单位方向矢量；$\theta$为曲面参数。对于$AE$段线形形成的螺旋面，式（5.7）中的$X,Y$用式（5.3）代入；对于$EF$段线形形成的螺旋面，$X,Y$则由式（5.6）代入。

5.2　指状铣刀廓形计算的解析方法与仿真方法

5.2.1　解析方法

建立指状铣刀加工螺杆的坐标系，如图 5.2 所示，$\{O,XYZ\}$坐标系为螺杆坐标

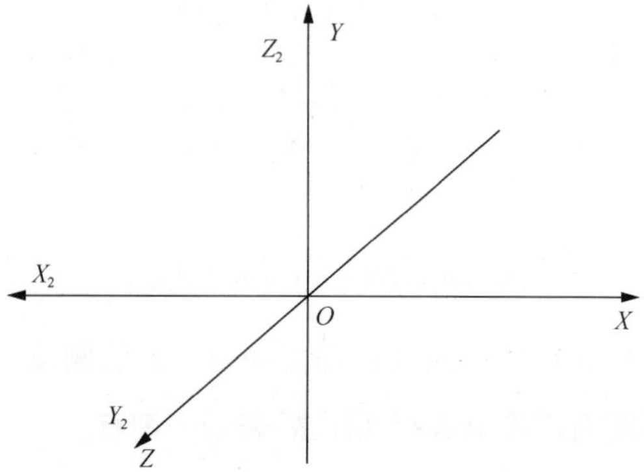

图 5.2　加工坐标系

系，$\{O, X_2Y_2Z_2\}$ 为刀具坐标系，Z , Z_2 分别表示工件与刀具的轴线。同螺杆坐标系类似，刀具坐标系各轴的单位方向矢量分别为 $\boldsymbol{i}_2$, $\boldsymbol{j}_2$, $\boldsymbol{k}_2$ ，则两坐标系之间的变换关系为 $\boldsymbol{i}_2 = -\boldsymbol{i}$, $\boldsymbol{j}_2 = \boldsymbol{k}$, $\boldsymbol{k}_2 = \boldsymbol{j}$ 。

1. *AE* 段

对式（5.7）求偏导，并结合式（5.3），有

$$\begin{aligned}\boldsymbol{R}_{\phi_1} &= [(r_1 + r_2)\cos(\phi_1 - \tau) - r_1(1 + x_2)\cos(m\phi_1 - \tau)m]\boldsymbol{e}(\theta) \\ &\quad + [-(r_1 + r_2)\sin(\phi_1 - \tau) + r_1(1 + x_2)\sin(m\phi_1 - \tau)m]\boldsymbol{e}_1(\theta)\end{aligned} \tag{5.8}$$

$$\begin{aligned}\boldsymbol{R}_\theta &= [(r_1 + r_2)\sin(\phi_1 - \tau) - r_1(1 + x_2)\sin(m\phi_1 - \tau)]\boldsymbol{e}_1(\theta) \\ &\quad - [(r_1 + r_2)\cos(\phi_1 - \tau) - r_1(1 + x_2)\cos(m\phi_1 - \tau)]\boldsymbol{e}(\theta) + p\boldsymbol{k}\end{aligned} \tag{5.9}$$

于是曲面法矢为

$$\boldsymbol{N} = \boldsymbol{R}_{\phi_1} \times \boldsymbol{R}_\theta = N_x\boldsymbol{e}(\theta) + N_y\boldsymbol{e}_1(\theta) + N_z\boldsymbol{k} \tag{5.10}$$

式中，

$$N_x = p[-(r_1 + r_2)\sin(\phi_1 - \tau) + r_1(1 + x_2)\sin(m\phi_1 - \tau)m]$$

$$N_y = -p[(r_1 + r_2)\cos(\phi_1 - \tau) - r_1(1 + x_2)\cos(m\phi_1 - \tau)m]$$

$$N_z = r_1(1 + x_2)(r_1 + r_2)c\sin(c\phi_1)$$

令

$$n_x = \frac{N_x}{\sqrt{N_x{}^2 + N_y{}^2 + N_z{}^2}}$$

$$n_y = \frac{N_y}{\sqrt{N_x{}^2 + N_y{}^2 + N_z{}^2}}$$

$$n_z = \frac{N_z}{\sqrt{N_x{}^2 + N_y{}^2 + N_z{}^2}}$$

则螺旋面的单位法矢为

$$\boldsymbol{n} = n_x\boldsymbol{e}(\theta) + n_y\boldsymbol{e}_1(\theta) + n_z\boldsymbol{k} \tag{5.11}$$

在实际应用中，往往需要在两螺杆面之间留一定的侧隙。具有侧隙的螺杆面相当于原螺杆面的等距面，将该等距面用 $\boldsymbol{R}^*$ 表示，则有

$$\begin{aligned}\boldsymbol{R}^* &= \boldsymbol{R} + h\boldsymbol{n} \\ &= (X + hn_x)\boldsymbol{e}(\theta) + (Y + hn_y)\boldsymbol{e}_1(\theta) + (p\theta + hn_z)\boldsymbol{k}\end{aligned}$$

$$= X^* \boldsymbol{e}(\theta) + Y^* \boldsymbol{e}_1(\theta) + Z^* \boldsymbol{k}$$

$$= (X^* \cos\theta - Y^* \sin\theta)\boldsymbol{i} + (X^* \sin\theta + Y^* \cos\theta)\boldsymbol{j} + Z^* \boldsymbol{k} \tag{5.12}$$

式中，h 为侧隙大小；$X^* = X + hn_x$；$Y^* = Y + hn_y$；$Z^* = p\theta + hn_z$。

刀具与工件的啮合条件由下面矢量的混合积确定：

$$(\boldsymbol{R}^*, \boldsymbol{N}, \boldsymbol{j}) = 0 \tag{5.13}$$

式（5.13）计算整理得

$$\begin{aligned}&[c\sin(c\phi_1)r_1(1+x_2) + \frac{p^2\theta m}{r_1 + r_2}]\sin(m\phi_1 - \tau - \theta)\\ &-[(r_1 + r_2)c\sin(c\phi_1) + \frac{p^2\theta}{r_1(1+x_2)}]\sin(\phi_1 - \tau - \theta) = 0\end{aligned} \tag{5.14}$$

式（5.14）即为 AE 段螺旋面与铣刀的啮合条件的具体表达式。

在刀具坐标系中描述 $\boldsymbol{R}^*$，有

$$\boldsymbol{R}^{(2)*} = -(X^* \cos\theta - Y^* \sin\theta)\boldsymbol{i}_2 + Z^* \boldsymbol{j}_2 + (X^* \sin\theta + Y^* \cos\theta)\boldsymbol{k}_2 \tag{5.15}$$

绕刀具轴回转后得到的回转面为

$$\begin{aligned}\boldsymbol{R}^{(2)} = &[-(X^* \cos\theta - Y^* \sin\theta)\cos\lambda - Z^* \sin\lambda]\boldsymbol{i}_2\\ &+[-(X^* \cos\theta - Y^* \sin\theta)\sin\lambda + Z^* \cos\lambda]\boldsymbol{j}_2\\ &+(X^* \sin\theta + Y^* \cos\theta)\boldsymbol{k}_2\end{aligned} \tag{5.16}$$

式中，λ 为回转参数。

将式（5.16）转化为直角坐标形式，其三个分量分别为

$$\begin{cases} X_2 = -(X^* \cos\theta - Y^* \sin\theta)\cos\lambda - Z^* \sin\lambda \\ Y_2 = -(X^* \cos\theta - Y^* \sin\theta)\sin\lambda + Z^* \cos\lambda \\ Z_2 = X^* \sin\theta + Y^* \cos\theta \end{cases} \tag{5.17}$$

见曲线方程式（5.1），前面已经规定 ϕ_{1e} 表示点 E 对应的 ϕ_1 值，再设 ϕ_{1a} 表示点 A 对应的 ϕ_1 值，令变量 ϕ_1 在 $[\phi_{1a}, \phi_{1e}]$ 取值，可由啮合条件式（5.14）解得 θ，再令式（5.17）中的第 2 式 $Y_2 = 0$，可求解出 λ。将 ϕ_1, θ, λ 代入式（5.17）中的第 1 式和第 3 式，解得 X_2, Z_2，即可获得刀具的轴向截形坐标。

2. EF 段

对式（5.7）求偏导，并结合式（5.6），有

$$
\begin{aligned}
\boldsymbol{R}_{\phi_1} &= [-(r_1+r_2)\cos(\phi_1+\tau)+r_1(1+x_e)\cos(m\phi_1+\tau)m]\boldsymbol{e}(\theta) \\
&\quad +[-(r_1+r_2)\sin(\phi_1+\tau)+r_1(1+x_e)\sin(m\phi_1+\tau)m]\boldsymbol{e}_1(\theta)
\end{aligned} \tag{5.18}
$$

$$
\begin{aligned}
\boldsymbol{R}_\theta &= [-(r_1+r_2)\sin(\phi_1+\tau)+r_1(1+x_e)\sin(m\phi_1+\tau)]\boldsymbol{e}_1(\theta) \\
&\quad -[(r_1+r_2)\cos(\phi_1+\tau)-r_1(1+x_e)\cos(m\phi_1+\tau)]\boldsymbol{e}(\theta)+p\boldsymbol{k}
\end{aligned} \tag{5.19}
$$

则螺旋面的单位法矢同样可计算为

$$
\begin{aligned}
\boldsymbol{n} &= n_x\boldsymbol{e}(\theta)+n_y\boldsymbol{e}_1(\theta)+n_z\boldsymbol{k} \\
&= \frac{N_x}{\sqrt{N_x^{\ 2}+N_y^{\ 2}+N_z^{\ 2}}}\boldsymbol{e}(\theta) \\
&\quad +\frac{N_y}{\sqrt{N_x^{\ 2}+N_y^{\ 2}+N_z^{\ 2}}}\boldsymbol{e}_1(\theta)+\frac{N_z}{\sqrt{N_x^{\ 2}+N_y^{\ 2}+N_z^{\ 2}}}\boldsymbol{k}
\end{aligned} \tag{5.20}
$$

式中，

$$N_x = p[-(r_1+r_2)\sin(\phi_1+\tau)+r_1(1+x_e)\sin(m\phi_1+\tau)m]$$

$$N_y = -p[-(r_1+r_2)\cos(\phi_1+\tau)+r_1(1+x_e)\cos(m\phi_1+\tau)m]$$

$$N_z = r_1(1+x_e)(r_1+r_2)c\sin(c\phi_1)$$

以下操作步骤同 AE 段，只是啮合条件变为

$$
\begin{aligned}
&[c\sin(c\phi_1)r_1(1+x_e)-\frac{p^2\theta m}{r_1+r_2}]\sin(m\phi_1+\tau+\theta) \\
&-[(r_1+r_2)c\sin(c\phi_1)-\frac{p^2\theta}{r_1(1+x_e)}]\sin(\phi_1+\tau+\theta)=0
\end{aligned} \tag{5.21}
$$

另外，ϕ_1 变化范围的上下界需要利用式（5.5）并根据点 E 和点 F 的半径计算获得。

5.2.2 仿真方法

如图 5.3 所示，刀具截形上一点可以描述为

$$\boldsymbol{r} = Z_2\boldsymbol{k}_2+X_2\boldsymbol{i}_2 \tag{5.22}$$

回转后的矢量可以写为

$$\boldsymbol{r}^{(2)} = Z_2\boldsymbol{k}_2+X_2\cos\lambda\boldsymbol{i}_2+X_2\sin\lambda\boldsymbol{j}_2 \tag{5.23}$$

式中，λ 为回转参数。

写入工件坐标系，则有

$$\boldsymbol{R}^{(2)} = -X_2\cos\lambda\boldsymbol{i}_1+Z_2\boldsymbol{j}_1+X_2\sin\lambda\boldsymbol{k}_1 \tag{5.24}$$

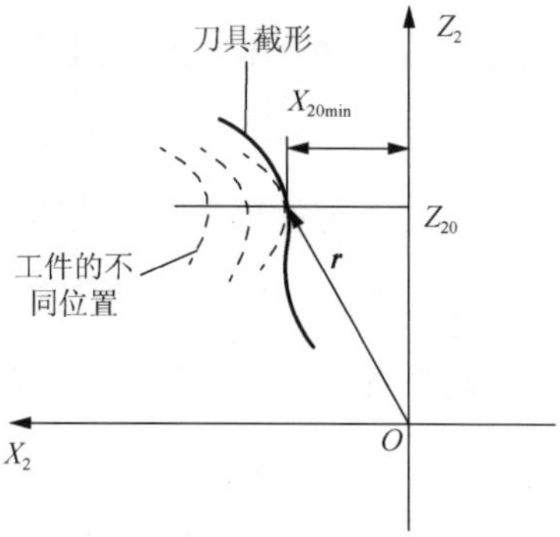

图 5.3　指状铣刀的截形

刀具与实际的工件表面接触，必然有

$$\boldsymbol{R}^{(2)}-\boldsymbol{R}^{*}=0 \tag{5.25}$$

将式（5.12）、式（5.24）代入式（5.25），可以得到如下标量方程：

$$\begin{cases}(X+hn_x)\cos\theta-(Y+hn_y)\sin\theta+X_2\cos\lambda=0\\(X+hn_x)\sin\theta+(Y+hn_y)\cos\theta-Z_2=0\\hn_z+p\theta-X_2\sin\lambda=0\end{cases} \tag{5.26}$$

于是求刀具截形的问题就变为以式（5.26）为约束条件，以 X_2 为目标函数求其最小值的数学规划问题。完整描述如下：

$$\min_{\lambda} X_2 \tag{5.27a}$$

$$\text{s.t.}\begin{cases}(X+hn_x)\cos\theta-(Y+hn_y)\sin\theta+X_2\cos\lambda=0\\(X+hn_x)\sin\theta+(Y+hn_y)\cos\theta-Z_2=0\\hn_z+p\theta-X_2\sin\lambda=0\end{cases} \tag{5.27b}$$

式中，Z_2 的值为事先给定（注意在其取值范围内），如 $Z_2=Z_{20}$，令 λ 取不同的值，则可由方程组获得一系列 X_2 值，其中最小者 $X_{20\min}$ 即为 Z_{20} 对应的实际刀刃上的点的 X_2 向坐标值，如图 5.3 所示。考虑本问题的数学模型特点，从方便求解的角度出发，可先不令 λ 变化，而是令 θ 变化。也就是说，式（5.27b）的方程组中，已知量为 Z_2,θ，注意 X,Y,n_x,n_y,n_z 均为 ϕ_1 的函数，因而未知量为 ϕ_1,λ,X_2，即有三个未知量，三个方程正好求解。

求解步骤如下。

步骤 1：令 Z_2 取一个定值，如 $Z_2=Z_{20}$。

步骤 2：令 θ 取一个定值，由式（5.27b）方程组第 2 式求得 ϕ_1。

步骤 3：式（5.27b）方程组第 1 式、第 3 式联立消去 X_2，可求解得到 λ。

步骤 4：将 ϕ_1、λ 代入式（5.27b）方程组第 3 式或第 1 式可求解得到一个 X_2 值。

步骤 5：令 θ 在有效区间内遍历取值，重复步骤 2～步骤 4，可获得一系列 X_2 值。

步骤 6：在 X_2 系列中找出最小者，记为 $X_{20\min}$，即为 $Z_2 = Z_{20}$ 处刀具截形点的 X_2 向坐标值。

步骤 7：令 Z_2 在有效区间内遍历取值，重复步骤 1～步骤 6，可获得刀具的整个截形。

显然，仿真优化模型［式（5.27）］对于 *AE* 段、*EF* 段均适用，区别仅在于模型中的 X, Y, n_x, n_y, n_z 几个元素是从式（5.3）开始导出的，还是从式（5.6）导出的。

5.3 计算实例及计算结果

某螺杆零件的参数（如不加说明，则长度单位均为 mm）如下：节圆半径 $r_1 = r_2 = 80$，顶圆半径 $r_{a1} = 108$，根圆半径 $r_{f1} = 52$，两段线形的交点 E 的半径 $r_e = 103$；导程 $P = 56$。

如同理论分析，实际计算也表明，不论利用解析方法还是仿真方法得到的结果完全一致。图 5.4 为侧隙 $h = 0.06$ 时得到的铣刀截形的计算结果。

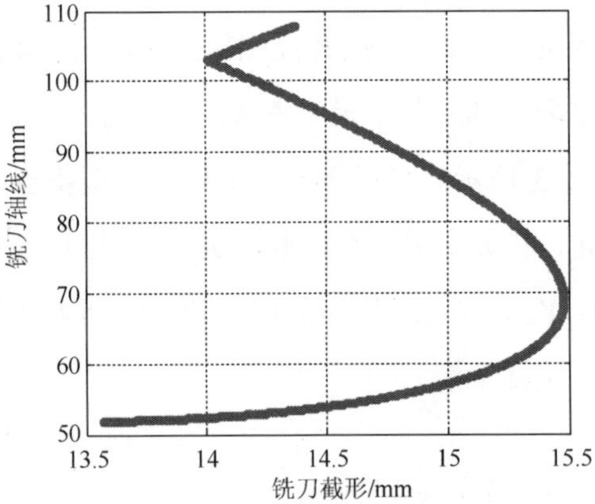

图 5.4　侧隙 h=0.06 时计算得到的铣刀截形

5.4　端面为离散点形式的螺杆加工指状铣刀的廓形计算

5.4.1　无侧隙时指状铣刀廓形的计算与校验

1. 指状铣刀廓形的仿真计算

建立指状铣刀铣削工件的坐标系如图 5.5 所示，坐标系 $\{O, X_1Y_1Z_1\}$ 为螺杆坐标系，$\{O, X_2Y_2Z_2\}$ 为刀具坐标系，Z_1, Z_2 分别表示工件与刀具的轴线。螺杆坐标系中三个坐标轴的单位矢量依次为 $\boldsymbol{i}_1, \boldsymbol{j}_1, \boldsymbol{k}_1$，刀具坐标系各轴的单位矢量分别为 $\boldsymbol{i}_2, \boldsymbol{j}_2, \boldsymbol{k}_2$。两坐标系坐标轴之间的变换关系为 $\boldsymbol{i}_2 = -\boldsymbol{i}_1, \boldsymbol{j}_2 = \boldsymbol{k}_1, \boldsymbol{k}_2 = \boldsymbol{j}_1$。

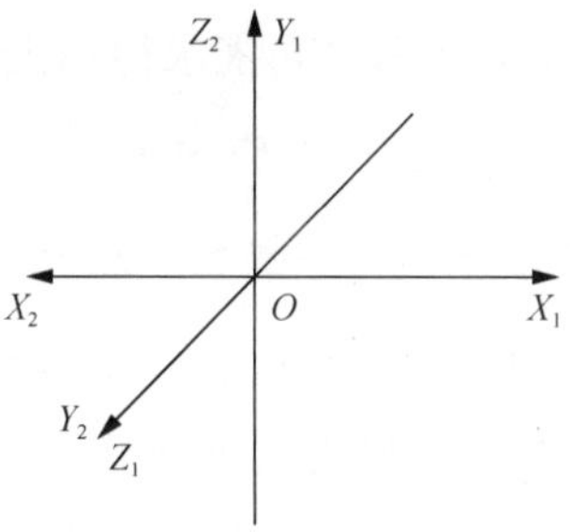

图 5.5　指状铣刀与工件的坐标系

已知端面线形以离散点的形式给出，即 (X_{1i}, Y_{1i})，$i = 1, 2, \cdots, n$，则形成的螺线面（实际为螺旋线族）为

$$\boldsymbol{r}^{(1)} = X_{1i}\boldsymbol{e}(\phi_1) + Y_{1i}\boldsymbol{e}_1(\phi_1) + p\phi_1\boldsymbol{k}_1 \tag{5.28}$$

式中，ϕ_1 为曲面（曲线）参数；$\boldsymbol{e}(\phi_1) = \cos\phi_1\boldsymbol{i}_1 + \sin\phi_1\boldsymbol{j}_1$；$\boldsymbol{e}_1(\phi_1) = -\sin\phi_1\boldsymbol{i}_1 + \cos\phi_1\boldsymbol{j}_1$；$p$ 为螺旋常数。

设指状铣刀方程为

$$\boldsymbol{r}^{(2)} = Z_2\boldsymbol{k}_2 + X_2\boldsymbol{e}^{(2)}(\phi_2) \tag{5.29}$$

式中，X_2, ϕ_2 为刀具面参数；$\boldsymbol{e}^{(2)}(\phi_2) = \cos\phi_2\boldsymbol{i}_2 + \sin\phi_2\boldsymbol{j}_2$。

刀具加工工件时，必有

$$\boldsymbol{r}^{(1)} - \boldsymbol{r}^{(2)} = 0 \tag{5.30}$$

将式（5.28）、式（5.29）代入式（5.30）得

$$\begin{cases} X_{1i}\cos\phi_1 - Y_{1i}\sin\phi_1 + X_2\cos\phi_2 = 0 \\ X_{1i}\sin\phi_1 + Y_{1i}\cos\phi_1 - Z_2 = 0 \\ p\phi_1 - X_2\sin\phi_2 = 0 \end{cases} \tag{5.31}$$

式中，Z_2, X_{1i}, Y_{1i} 已知；ϕ_1, ϕ_2, X_2 未知。三个方程，三个未知数，可以求解。

求解步骤如下。

步骤 1：令 $Z_2 = Z_{20}$，Z_{20} 为一常数，通常为 Z_2 取值范围的下界。

步骤 2：令 (X_{1i}, Y_{1i}) 中的 $i=1$，即选择螺杆面端面线形上的第一个点 (X_{11}, Y_{11})。

步骤 3：由式（5.31）中第 2 式可求得 ϕ_1。

步骤 4：式（5.31）中第 1 式和第 3 式联立消除 ϕ_2，只剩 X_2 一个未知数，将步骤 3 计算得到的 ϕ_1 代入，可解得 X_2。

步骤 5：当 i 取某一定值时，步骤 3 可能求得不止一个 ϕ_1，因而步骤 4 可解得不止一个 X_2，求出其中最小者作为与 i 对应的 X_2。

步骤 6：令 $i=i+1$，重复步骤 3～步骤 5，获得一系列 X_2，构成数组 $X_2[i]$。

步骤 7：求取数组 $X_2[i]$ 中的最小值 $X_{2\min}$，并记录 $X_{2\min}$ 对应的 i 值，记为 i^*。

步骤 8：按照规则选取端面线形上的 4 个点，即若 $i^*=1$，则取 (X_{1i}, Y_{1i})，$i=1,2,3,4$；若 $i^*=n$，则取 (X_{1i}, Y_{1i})，$i=n,n-1,n-2,n-3$；否则，则取 (X_{1i}, Y_{1i})，$i=i^*-1,i^*,i^*+1,i^*+2$。4 点构成一条 3 次拉格朗日插值曲线，在此曲线段内，细分得到一系列点 (X_{1j}, Y_{1j})，$j=1,2,\cdots,m$，m 为细分所得到的点数。重复步骤 2～步骤 7（将循环变量 i 替换为 j），获得更精确的 $X_{2\min}$，作为与 $Z_2 = Z_{20}$ 对应的 X_2。

步骤 9：令 $Z_2 = Z_2 + \Delta Z_2$，ΔZ_2 为 Z_2 方向的增量，重复步骤 2～步骤 8，直至 Z_2 取得区间上界。

经过上述计算，可求得同样是由离散点 (X_{2i}, Z_{2i}) 组成的刀具面：

$$\boldsymbol{R}^{(2)} = X_{2i}\boldsymbol{e}^{(2)}(\theta_2) + Z_{2i}\boldsymbol{k}_2 \quad i=1,2,\cdots,l \tag{5.32}$$

式中，l 为刀具面的计算点数。

2. 指状铣刀廓形的仿真校验

为验证刀具廓形计算的准确性，可通过反过程进行校验。以计算得到的刀具面为已知曲面，计算相同工艺条件下的工件曲面，可将此工件称为加工工件。对加工工件曲面与原始工件曲面进行比较，看其误差的大小，以此来分析判断刀具廓形计算正确（或精确）与否。

为便于比较加工工件与原始工件的误差，可考虑以原始的工件面为参考曲面。此时，加工工件曲面的方程描述为

$$\boldsymbol{R}^{(1)} = X_1\boldsymbol{e}(\theta_1) + Y_1\boldsymbol{e}_1(\theta_1) + (p\theta_1 + h)\boldsymbol{k}_1 \tag{5.33}$$

式中，X_1, Y_1 取离散化的 (X_{1i}, Y_{1i})，$i = 1, 2, \cdots, n$；θ_1 为螺旋参数；h 为表征轴向误差大小的量。

工件面做螺旋运动，方程为

$$\hat{\boldsymbol{r}}^{(1)} = X_1\boldsymbol{e}(\theta_1 + \lambda) + Y_1\boldsymbol{e}_1(\theta_1 + \lambda) + [p(\theta_1 + \lambda) + h]\boldsymbol{k}_1$$

式中，λ 为面族参数。$\theta_1 + \lambda$ 可用一个参数代替，仍以 λ 表示，则上式可表示为

$$\hat{\boldsymbol{r}}^{(1)} = X_1\boldsymbol{e}(\lambda) + Y_1\boldsymbol{e}_1(\lambda) + (p\lambda + h)\boldsymbol{k}_1 \tag{5.34}$$

刀具加工工件时，同样满足接触条件：

$$\boldsymbol{R}^{(2)} - \hat{\boldsymbol{r}}^{(1)} = 0 \tag{5.35}$$

暂时假设刀具面为连续曲面，其形式为

$$\boldsymbol{R}^{(2)} = X_2\boldsymbol{e}^{(2)}(\theta_2) + Z_2\boldsymbol{k}_2 \tag{5.36}$$

将式（5.34）、式（5.36）代入式（5.35），利用坐标单位矢量的转换公式，可得如下标量方程组：

$$\begin{cases} X_1\cos\lambda - Y_1\sin\lambda + X_2\cos\theta_2 = 0 \\ X_1\sin\lambda + Y_1\cos\lambda - Z_2 = 0 \\ p\lambda + h - X_2\sin\theta_2 = 0 \end{cases} \tag{5.37}$$

式中，X_1, Y_1 取离散化的 (X_{1i}, Y_{1i})，$i = 1, 2, \cdots, n$。

求解步骤如下。

步骤 1：令 (X_{1i}, Y_{1i}) 中的 $i = 1$。

步骤 2：令 $\lambda = \lambda_0$。

步骤 3：由式（5.37）中第 2 式可求得 Z_2。

步骤 4：考察此 Z_2 位于序列 Z_{2i} $(i = 1, 2, \cdots, l)$ 中的位置，若 $Z_{2i} < Z_2 < Z_{2,i+1}$，则取 (X_{2i}, Z_{2i})、$(X_{2,i+1}, Z_{2,i+1})$ 及邻近两个点共 4 个点，做 3 次拉格朗日插值，进而获得对应于 Z_2 的 X_2 值。

步骤 5：将 X_2 代入式（5.37）中第 1 式，可求得 θ_2，再代入第 3 式，可求得 h。

步骤 6：令 $\lambda=\lambda+\Delta\lambda$，重复步骤 3～步骤 5。

步骤 7：对获得的一系列 h，求取最大值 $h_{\max}$（或最小值 $h_{\min}$，视标杆方向为入体或离体），即对应 (X_{1i},Y_{1i}) 的轴向误差。

步骤 8：令 $i=i+1$，重复步骤 2～步骤 7。

5.4.2 有侧隙时指状铣刀廓形的计算与校验

在螺杆啮合有侧隙的场合，必须用到法向信息。此时，需要对端面的离散点进行插值处理，每 4 个点进行 3 次拉格朗日插值处理，如第 1～4 点构成第一段 3 次拉格朗日插值曲线，第 2～5 点构成第二段 3 次拉格朗日插值曲线……以此类推，最后 3 个点向前插值。第一点的法矢由第一段拉格朗日插值曲线段形成的螺旋面片提供；第二点的法矢由第二段拉格朗日插值曲线段形成的螺旋面片提供……第 n 点的法矢，由第 n 段拉格朗日插值曲线段形成的螺旋面片提供。

此时，第 i（$i=1,2,\cdots,n$）段的螺旋面片的方程可以写为

$$\boldsymbol{r}^{(1)}=X_{1i}\boldsymbol{e}(\phi_1)+Y_{1i}(X_{1i})\boldsymbol{e}_1(\phi_1)+p\phi_1\boldsymbol{k}_1 \tag{5.38}$$

螺旋面片的参数为 ϕ_1 和 X_{1i}，式（5.38）对这两个参数的偏导矢分别为

$$\boldsymbol{r}_{\phi_1}^{(1)}=-Y_{1i}\boldsymbol{e}(\phi_1)+X_{1i}\boldsymbol{e}_1(\phi_1)+p\boldsymbol{k}_1 \tag{5.39}$$

$$\boldsymbol{r}_{X_{1i}}^{(1)}=\boldsymbol{e}(\phi_1)+\frac{\mathrm{d}Y_{1i}}{\mathrm{d}X_{1i}}\boldsymbol{e}_1(\phi_1) \tag{5.40}$$

式中，$\dfrac{\mathrm{d}Y_{1i}}{\mathrm{d}X_{1i}}$ 可通过拉格朗日插值曲线公式进行计算。

第 i 点的法矢为

$$\begin{aligned}\boldsymbol{N}_i&=\boldsymbol{r}_{\phi_1}^{(1)}\times\boldsymbol{r}_{X_{1i}}^{(1)}\\&=-p\frac{\mathrm{d}Y_{1i}}{\mathrm{d}X_{1i}}\boldsymbol{e}(\phi_1)+p\boldsymbol{e}_1(\phi_1)+\left(-Y_{1i}\frac{\mathrm{d}Y_{1i}}{\mathrm{d}X_{1i}}-X_{1i}\right)\boldsymbol{k}_1\end{aligned} \tag{5.41}$$

令

$$\begin{cases} N_x = -p\dfrac{\mathrm{d}Y_{1i}}{\mathrm{d}X_{1i}} \\ N_y = p \\ N_z = -Y_{1i}\dfrac{\mathrm{d}Y_{1i}}{\mathrm{d}X_{1i}} - X_{1i} \end{cases} \tag{5.42}$$

以及

$$\begin{cases} n_x = \dfrac{N_x}{\sqrt{{N_x}^2 + {N_y}^2 + {N_z}^2}} \\ n_y = \dfrac{N_y}{\sqrt{{N_x}^2 + {N_y}^2 + {N_z}^2}} \\ n_z = \dfrac{N_z}{\sqrt{{N_x}^2 + {N_y}^2 + {N_z}^2}} \end{cases} \tag{5.43}$$

则第 i 点的单位法矢为

$$\boldsymbol{n}_i = n_x\boldsymbol{e}(\phi_1) + n_y\boldsymbol{e}_1(\phi_1) + n_z\boldsymbol{k}_1 \tag{5.44}$$

设法向侧隙为 δ，则实际的带侧隙的螺杆面为

$$\begin{aligned} \boldsymbol{R}^{(1)} &= \boldsymbol{r}^{(1)} + \delta\boldsymbol{n}_i \\ &= (X_{1i} + \delta n_x)\boldsymbol{e}(\phi_1) + (Y_{1i} + \delta n_y)\boldsymbol{e}_1(\phi_1) + (p\phi_1 + \delta n_z)\boldsymbol{k}_1 \end{aligned} \tag{5.45}$$

将式（5.29）和式（5.45）代入接触条件式 $\boldsymbol{R}^{(1)} - \boldsymbol{r}^{(2)} = 0$，可得如下标量方程组：

$$\begin{cases} (X_{1i} + \delta n_x)\cos\phi_1 - (Y_{1i} + \delta n_y)\sin\phi_1 + X_2\cos\phi_2 = 0 \\ (X_{1i} + \delta n_x)\sin\phi_1 + (Y_{1i} + \delta n_y)\cos\phi_1 - Z_2 = 0 \\ p\phi_1 + \delta n_z - X_2\sin\phi_2 = 0 \end{cases} \tag{5.46}$$

利用上述方程组，结合最小值（最大值）条件，便可求得刀具的截形。其求解步骤与 5.4.1 小节类似，在此不再赘述。

对刀具廓形进行校验即反过来计算刀具加工工件的误差时，仍以原始的工件面为参考曲面。此时，加工工件面方程表示为

$$\boldsymbol{R}^{(1)} = (X_1 + \delta n_x)\boldsymbol{e}(\theta_1) + (Y_1 + \delta n_y)\boldsymbol{e}_1(\theta_1) + (p\theta_1 + \delta n_z + h)\boldsymbol{k}_1 \tag{5.47}$$

式中，X_1, Y_1 取离散化的 (X_{1i}, Y_{1i})，$i = 1, 2, \cdots, n$；θ_1 为螺旋参数；h 为表征轴向误差大小的量。

加工工件误差的计算过程与 5.4.2 小节基本一致，同样不再赘述。

前面在对刀具廓形进行校验时，将加工工件曲面表示为原始工件曲面的轴向误差曲面。但是，误差也可以表示在其他方向，如端面线形的 X_1 方向、Y_1 方向等。

本节提出的端面为离散点形式的螺杆加工指状铣刀廓形的仿真求解模型与计算方法在理论上适用于任意端面线形的螺杆零件。不论端面线形为何种曲线，也不论端面线形由几段曲线组合而成，只需将其离散化成一个点序列，便可以方便地进行刀具廓形的计算及校验，该方法具有通用性。5.1 节提到的泛外摆线螺杆实例也可以利用本节的通用模型进行刀具廓形的计算，实际计算测试表明，只要采样点数不过于稀疏，计算得到的刀具廓形的结果都是比较理想的。

第6章　螺杆加工用盘铣刀廓形的计算

目前，螺杆加工中使用最广泛的方法是盘铣刀加工法。本章针对文献[1]中给出的单边不对称摆线-销齿圆弧齿形的螺杆为例，介绍盘铣刀数字仿真设计的一般方法。

6.1　螺杆的端面齿形

关于螺杆压缩机的工作原理以及螺杆齿形的啮合关系等内容，可参见文献[1]，本书不做讨论。在此列出单边不对称摆线-销齿圆弧齿形的阴阳螺杆的端面曲线，并给出其方程。

6.1.1　阴螺杆的端面齿形

阴螺杆端面齿形如图 6.1 所示。

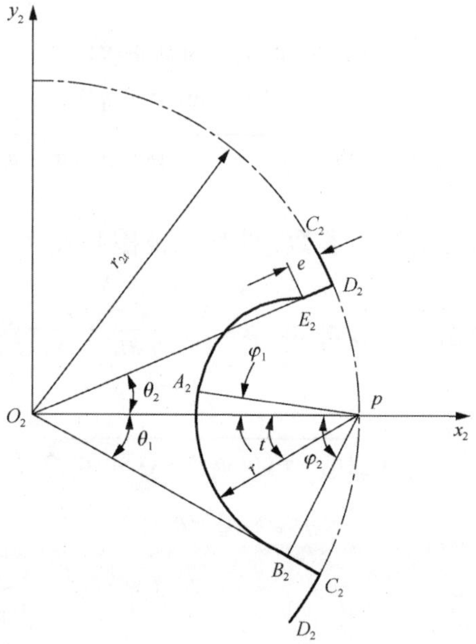

图 6.1　阴螺杆端面齿形

下面介绍阴螺杆齿曲线方程及参数变化范围。

1. 径向直线 C_2B_2 段

直线的方程为

$$\begin{cases} x_2 = \rho\cos\theta_1 \\ y_2 = -\rho\sin\theta_1 \end{cases} \tag{6.1}$$

式中，参数 ρ 的变化范围为 $\rho_{2B} \leqslant \rho \leqslant r_2$，其中，$\rho_{2B} = \sqrt{r_2^2 - r^2}$；$\theta_1 = \arcsin\dfrac{r}{r_{2t}}$。

2. 圆弧 B_2A_2 段

圆弧的方程为

$$\begin{cases} x_2 = r_{2t} - r\cos t \\ y_2 = -r\sin t \end{cases} \tag{6.2}$$

式中，参数 t 的变化范围为 $-\varphi_1 \leqslant t \leqslant \varphi_2$，其中，$\varphi_1$ 已知，$\varphi_2 = \dfrac{\pi}{2} - \theta_1$。

3. 延长外摆线 A_2E_2 段

A_2E_2 的方程可表示为

$$\begin{cases} x_2 = A\cos t - b_1\cos(\beta_1 + qt) \\ y_2 = -A\sin t + b_1\sin(\beta_1 + qt) \end{cases} \tag{6.3}$$

式中，t 为曲线参数；$A = r_{1t} + r_{2t}$；$b_1 = \sqrt{r^2 + r_{1t}^2 - 2rr_{1t}\cos(\pi - \varphi_1)}$；$\beta_1 = \arcsin\dfrac{r\sin\varphi_1}{b_1}$；$q = 1 + \dfrac{1}{i}$，$i$ 为螺杆的传动比。参数 t 的变化范围为 $t_{2E} \leqslant t \leqslant t_{2A}$，其中，$t_{2A} = i(\arccos\dfrac{A^2 + b_1^2 - {\rho_{2A}}^2}{2Ab_1} - \beta_1)$，$t_{2E} = i(\arccos\dfrac{A^2 + b_1^2 - {\rho_{2E}}^2}{2Ab_1} - \beta_1)$，而 ρ_{2A}，ρ_{2E} 计算如下：

$$\rho_{2A} = \sqrt{(r_{2t} - r\cos\varphi_1)^2 + (r\sin\varphi_1)^2}$$

$$\rho_{2E} = r_{2t} - e$$

4. 径向直线 E_2D_2 段

径向直线方程表示为

$$\begin{cases} x_2 = \rho_2 \cos\theta_2 \\ y_2 = \rho_2 \sin\theta_2 \end{cases} \tag{6.4}$$

式中，参数 ρ_2 的变化范围为 $r_{2t} - e \leqslant \rho_2 \leqslant r_{2t}$； $\theta_2 = \arctan\dfrac{y_{E2}}{x_{E2}}$，其中，$x_{E2} = A\cos t_{2E} - b_1\cos(\beta_1 + qt_{2E})$， $y_{E2} = -A\sin t_{2E} + b_1\sin(\beta_1 + qt_{2E})$。

6.1.2　阳螺杆的端面齿形

阳螺杆端面齿形如图 6.2 所示。

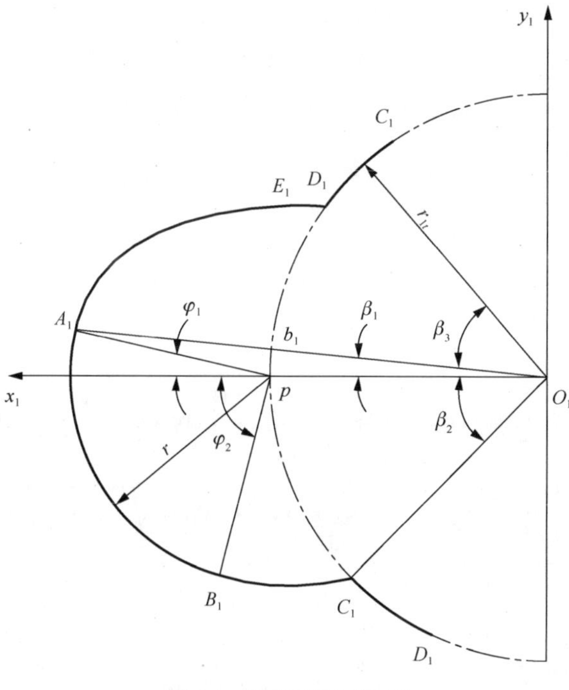

图 6.2　阳螺杆端面齿形

下面介绍阳螺杆的四段齿形曲线。

1. 外摆线 C_1B_1 段

该摆线方程为

$$\begin{cases} x_1 = a_1\cos(t - \beta_2) - \dfrac{r_{2t}}{2}\cos(q_1 t - \beta_2) \\ y_1 = a_1\sin(t - \beta_2) - \dfrac{r_{2t}}{2}\cos(q_1 t - \beta_2) \end{cases} \tag{6.5}$$

式中，$a_1 = r_{1t} + \frac{r_{2t}}{2}$；$q_1 = 2i+1$；$\beta_2 = \frac{\theta_1}{i}$；参数 t 的取值范围为 $t_{1C} \leqslant t \leqslant t_{1B}$，$t_{1C} = \frac{1}{2i}\arccos\frac{a_1^2 + r_{2t}^2/4 - r_{1t}^{\ 2}}{a_1 r_{2t}} = 0$，$t_{1B} = \frac{1}{2i}\arccos\frac{a_1^2 + r_{2t}^2/4 - \rho_{1B}^{\ 2}}{a_1 r_{2t}}$，其中 $\rho_{1B} = \sqrt{r^2 + r_{1t}^2 - 2rr_{1t}\cos(\pi - \varphi_2)}$。

2. 圆弧 B_1A_1 段

该圆弧方程为

$$\begin{cases} x_1 = r_{1t} + r\cos t \\ y_1 = -r\sin t \end{cases} \tag{6.6}$$

式中，参数取值范围同圆弧 A_2B_2，即 $-\varphi_1 \leqslant t \leqslant \varphi_2$。

3. 外摆线 A_1E_1 段

摆线方程为

$$\begin{cases} x_1 = A\cos t - (r_{2t} - e)\cos(\theta_2 + kt) \\ y_1 = -A\sin t + (r_{2t} - e)\sin(\theta_2 + kt) \end{cases} \tag{6.7}$$

式中，参数 t 的取值范围为 $t'_{1E} \leqslant t \leqslant t_{1A}$，$t'_{1E} = \frac{1}{i}\left[\arccos\frac{A^2 + (r_{2t} - e)^2 - \rho_{1E}^{\ 2}}{2A(r_{2t} - e)} - \theta_2\right]$，$t_{1A} = \frac{1}{i}\left[\arccos\frac{A^2 + (r_{2t} - e)^2 - \rho_{1A}^{\ 2}}{2A(r_{2t} - e)} - \theta_2\right]$，其中，$\rho_{1E} = \sqrt{A^2 - q_1(r_{2t} - e)^2}$，$\rho_{1A} = b_1 = \sqrt{r^2 + r_{1t}^2 - 2rr_{1t}\cos(\pi - \varphi_1)}$。

4. 外摆线 E_1D_1 段

该段摆线方程为

$$\begin{cases} x_1 = a_1\cos(\beta_3 - t) - \frac{r_{2t}}{2}\cos(\beta_3 - q_1 t) \\ y_1 = a_1\sin(\beta_3 - t) - \frac{r_{2t}}{2}\sin(\beta_3 - q_1 t) \end{cases} \tag{6.8}$$

式中，$\beta_3 = \frac{\theta_2}{i}$；参数 t 的取值范围为 $t_{1D} \leqslant t \leqslant t_{1E}$，$t_{1D} = 0$，$t_{1E} = \frac{1}{2i}\arccos\frac{a_1^2 + r_{2t}^2/4 - \rho_{1E}^{\ 2}}{a_1 r_{2t}}$。

设计参数如下：阳螺杆齿数 $m_1 = 4$，阴螺杆的齿数 $m_2 = 6$，所以阴阳螺杆的传动比 $i = 4/6$，直线倒棱 $e = 0.315$，阳螺杆基圆半径 $r_{1t} = 20.16$，阴螺杆基圆半径 $r_{2t} = 30.24$，销齿圆弧半径 $r = 12.915$，保护角 $\varphi_1 = 0.1^\circ$，阴螺杆导程 $T_2 = 170.1$（右旋），阳螺杆导程 $T_1 = T_2 \cdot i$（左旋）。

根据已知数据，利用上述公式可以得出阴螺杆的齿形曲线如图 6.3 所示，阳螺杆的齿形曲线如图 6.4 所示。

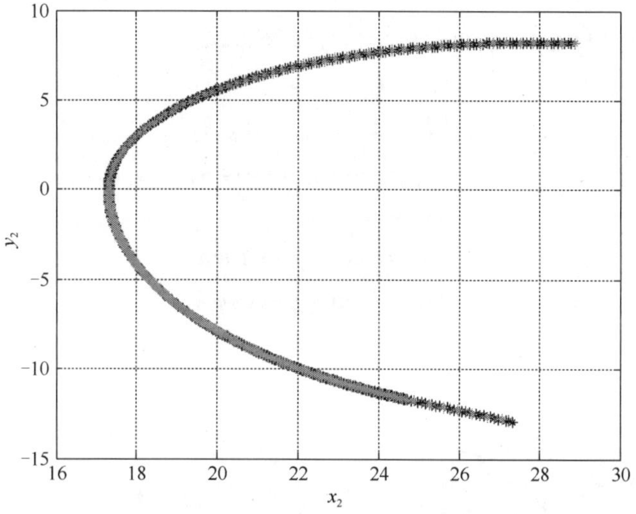

图 6.3　阴螺杆端面齿形的计算结果

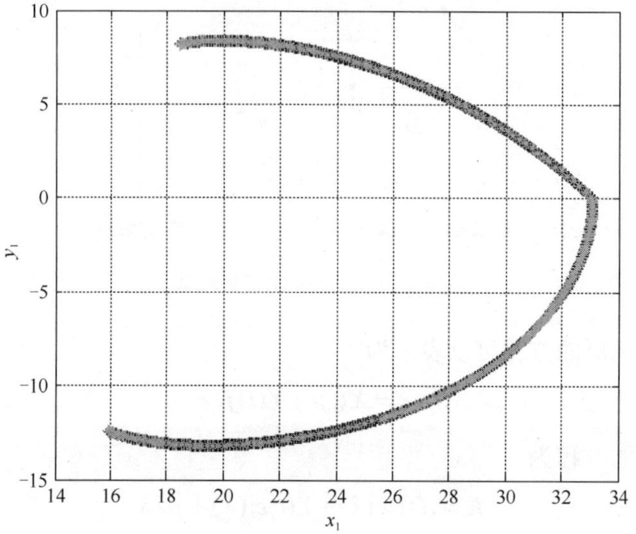

图 6.4　阳螺杆端面齿形的计算结果

6.2 盘铣刀廓形计算的解析方法

建立螺杆铣削加工的坐标系如图 6.5 所示，$\{O,XYZ\}$ 为螺杆坐标系，$\{O_u,X_uY_uZ_u\}$ 为盘铣刀坐标系，各坐标轴单位矢量分别用 $\boldsymbol{i},\boldsymbol{j},\boldsymbol{k}$ 与 $\boldsymbol{i}_u,\boldsymbol{j}_u,\boldsymbol{k}_u$ 表示。Z 轴与 Z_u 轴分别与螺杆、盘铣刀的轴线重合。设 Z 轴与 Z_u 轴夹角用 ψ 表示，ψ 即为安装角。可以得到如下的坐标轴矢量变换关系：

$$\begin{cases}\boldsymbol{i}=-\boldsymbol{i}_u\\ \boldsymbol{j}=-\cos\psi\,\boldsymbol{j}_u-\sin\psi\,\boldsymbol{k}_u\\ \boldsymbol{k}=-\sin\psi\,\boldsymbol{j}_u+\cos\psi\,\boldsymbol{k}_u\end{cases}\tag{6.9a}$$

$$\begin{cases}\boldsymbol{i}_u=-\boldsymbol{i}\\ \boldsymbol{j}_u=-\cos\psi\,\boldsymbol{j}-\sin\psi\,\boldsymbol{k}\\ \boldsymbol{k}_u=-\sin\psi\,\boldsymbol{j}+\cos\psi\,\boldsymbol{k}\end{cases}\tag{6.9b}$$

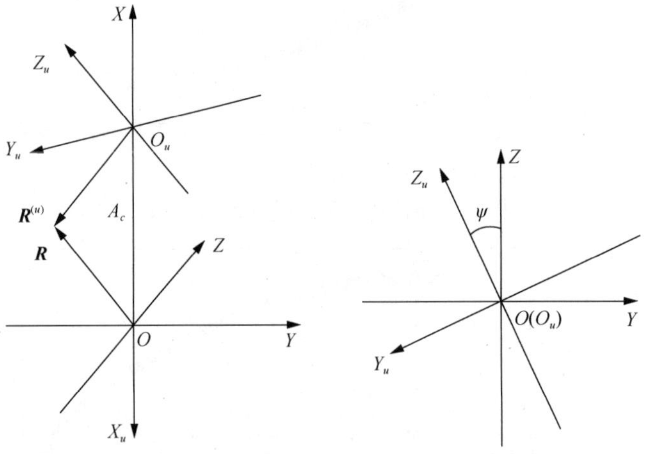

（a）盘铣刀坐标系与螺杆坐标系　　（b）安装角

图 6.5　螺杆铣削加工坐标系

螺杆端面齿形的方程可以表示为

$$\boldsymbol{r}=X(t)\boldsymbol{i}+Y(t)\boldsymbol{j}\tag{6.10}$$

则螺杆螺旋面的方程为

$$\boldsymbol{R}=X(t)\boldsymbol{e}(\lambda)+Y(t)\boldsymbol{e}_1(\lambda)+p\lambda\boldsymbol{k}\tag{6.11}$$

式中，λ 为螺旋参数；p 为螺旋常数。

对式（6.11）求偏导有

$$\boldsymbol{R}_t = X_t\boldsymbol{e}(\lambda) + Y_t\boldsymbol{e}_1(\lambda)$$

$$\boldsymbol{R}_\lambda = -Y\boldsymbol{e}(\lambda) + X\boldsymbol{e}_1(\lambda) + p\boldsymbol{k}$$

则螺旋面的法矢为

$$\boldsymbol{N} = \boldsymbol{R}_t \times \boldsymbol{R}_\lambda = Y_t p\boldsymbol{e}(\lambda) - X_t p\boldsymbol{e}_1(\lambda) + (XX_t + YY_t)\boldsymbol{k} \tag{6.12}$$

令

$$a_{11} = Y_t p\cos\lambda + X_t p\sin\lambda$$

$$a_{12} = Y_t p\sin\lambda - X_t p\cos\lambda$$

$$a_{13} = XX_t + YY_t$$

则式（6.12）又可表示为

$$\boldsymbol{N} = a_{11}\boldsymbol{i} + a_{12}\boldsymbol{j} + a_{13}\boldsymbol{k} \tag{6.13}$$

假设盘铣刀的廓面方程用 $\boldsymbol{R}^{(u)}$ 表示，则显然满足如下接触方程：

$$\boldsymbol{R}^{(u)} = \boldsymbol{R} - A_c\boldsymbol{i} \tag{6.14}$$

同样，可将式（6.14）表示为如下形式：

$$\boldsymbol{R}^{(u)} = b_{11}\boldsymbol{i} + b_{12}\boldsymbol{j} + b_{13}\boldsymbol{k} \tag{6.15}$$

式中，

$$b_{11} = X_2\cos\lambda - Y_2\sin\lambda - A_c$$

$$b_{12} = X_2\sin\lambda + Y_2\cos\lambda$$

$$b_{13} = p\lambda$$

根据式（6.9b），可以将 $\boldsymbol{k}_u$ 写成如下形式：

$$\boldsymbol{k}_u = c_{12}\boldsymbol{j} + c_{13}\boldsymbol{k} \tag{6.16}$$

式中，$c_{12} = -\sin\psi$；$c_{13} = \cos\psi$。

啮合条件为

$$(\boldsymbol{N}, \boldsymbol{R}^{(u)}, \boldsymbol{k}_u) = 0 \tag{6.17}$$

将式（6.13）、式（6.15）、式（6.16）代入式（6.17），可得

$$\begin{vmatrix} a_{11} & a_{12} & a_{13} \\ b_{11} & b_{12} & b_{13} \\ 0 & c_{12} & c_{13} \end{vmatrix} = 0$$

即啮合条件式可以表述为如下形式：

$$a_{11}(b_{12}c_{13}-b_{13}c_{12})-a_{12}b_{11}c_{13}+a_{13}b_{11}c_{12}=0 \tag{6.18}$$

利用坐标轴矢量转换关系式（6.9a），将式（6.15）写入盘铣刀坐标系中，有

$$\boldsymbol{R}^{(u)}=-b_{11}\boldsymbol{i}_u-(b_{12}\cos\psi+b_{13}\sin\psi)\boldsymbol{j}_u+(b_{13}\cos\psi-b_{12}\sin\psi)\boldsymbol{k}_u \tag{6.19}$$

将式（6.18）、式（6.19）联立可解得盘铣刀的轴向截形方程：

$$\begin{cases} Z_u=b_{13}\cos\psi-b_{12}\sin\psi \\ \rho_u=\sqrt{{b_{11}}^2+(b_{12}\cos\psi+b_{13}\sin\psi)^2} \end{cases} \tag{6.20}$$

在实际计算盘铣刀时，无论是阴螺杆还是阳螺杆，只需针对各段端面齿形每一点（t为常数）的坐标$X(t)$、$Y(t)$，计算对应的偏导数X_t, Y_t，利用$X(t), Y(t), X_t, Y_t$这四项作为原始输入，通过式（6.18），便可计算得到对应的λ，进而得到b_{11}, b_{12}, b_{13}的具体数值，代入式（6.20）即可获得螺杆端面齿形上一点对应的盘铣刀截形上的点。遍历螺杆端面齿形上每一点，重复上述过程即得到盘铣刀的完整截形。

以阳螺杆为例，计算条件为中心距$A_c=60.48$，安装角$\psi=-28.6202^\circ$。图6.6为外摆线C_1B_1段计算得到的盘铣刀截形计算结果的截图。可见，针对每一个t，均有两个结果，至于哪个结果是可取的（真解），哪个是不可取的（假解），还需要进行分析判断，而这一过程并不容易。端面齿形其他构成部分在计算时存在同样的情况。关于如何利用解析方法得到合理的正确的解，本书不对此进行讨论，如果利用下面介绍的仿真方法，则不存在这个问题，可以直接方便地得到真解。

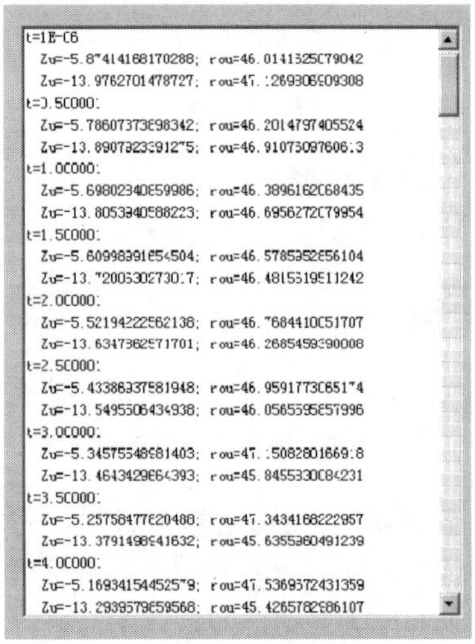

图 6.6 截形计算截图

6.3　盘铣刀廓形计算的仿真方法

如图 6.7 所示，可将盘铣刀的轴向截形表示为

$$\boldsymbol{r}^{(u)} = Z_u \boldsymbol{k}_u + h\boldsymbol{i}_u \tag{6.21}$$

式中，h 表示标杆的长度；$\boldsymbol{i}_u$ 为标杆方向。

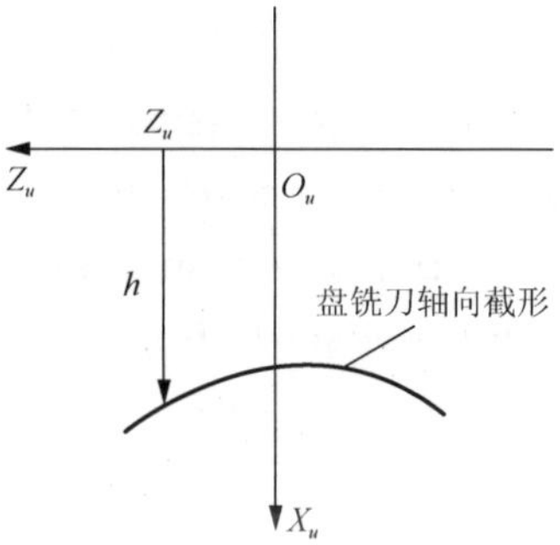

图 6.7　盘铣刀轴向截形的仿真表示

盘铣刀的回转面方程为

$$\boldsymbol{R}^{(u)} = Z_u \boldsymbol{k}_u + h\boldsymbol{e}^{(u)}(\theta) \tag{6.22}$$

式中，$\boldsymbol{e}^{(u)}(\theta) = \cos\theta \boldsymbol{i}_u + \sin\theta \boldsymbol{j}_u$，为坐标系 $\{O_u, X_u Y_u Z_u\}$ 中的圆矢量函数；θ 为回转参数。

接触方程为

$$X\boldsymbol{e}(\lambda) + Y\boldsymbol{e}_1(\lambda) + p\lambda \boldsymbol{k} - Z_u \boldsymbol{k}_u - h\boldsymbol{e}^{(u)}(\theta) - A_c \boldsymbol{i} = 0 \tag{6.23}$$

将式（6.23）向三个正交方向 $\boldsymbol{e}^{(u)}(\theta)$，$\boldsymbol{e}_1^{(u)}(\theta)$，$\boldsymbol{k}_u$ 投影，即与该三个方向矢量做点乘，结合坐标矢量变换式（6.9），有以下中间计算结果：

$$\boldsymbol{e}(\lambda) \cdot \boldsymbol{e}^{(u)}(\theta) = -\cos\lambda \cos\theta - \sin\lambda \sin\theta \cos\psi$$

$$\boldsymbol{e}_1(\lambda) \cdot \boldsymbol{e}^{(u)}(\theta) = \sin\lambda \cos\theta - \cos\lambda \sin\theta \cos\psi$$

$$\boldsymbol{k} \cdot \boldsymbol{e}^{(u)}(\theta) = -\sin\theta \sin\psi$$

$$\boldsymbol{i} \cdot \boldsymbol{e}^{(u)}(\theta) = -\cos\theta$$

$$\boldsymbol{e}(\lambda) \cdot \boldsymbol{e}_1^{(u)}(\theta) = \cos\lambda \sin\theta - \sin\lambda \cos\theta \cos\psi$$

$$\boldsymbol{e}_1(\lambda) \cdot \boldsymbol{e}_1^{(u)}(\theta) = -\sin\lambda \sin\theta - \cos\lambda \cos\theta \cos\psi$$

$$\boldsymbol{k}\cdot\boldsymbol{e}_1^{(u)}(\theta)=-\cos\theta\sin\psi$$

$$\boldsymbol{i}\cdot\boldsymbol{e}_1^{(u)}(\theta)=\sin\theta$$

$$\boldsymbol{e}(\lambda)\cdot\boldsymbol{k}_u=-\sin\lambda\sin\psi$$

$$\boldsymbol{e}_1(\lambda)\cdot\boldsymbol{k}_u=-\cos\lambda\sin\psi$$

$$\boldsymbol{k}\cdot\boldsymbol{k}_u=\cos\psi$$

$$\boldsymbol{i}\cdot\boldsymbol{k}_u=0$$

则式（6.23）可转化为如下三个标量方程组成的方程组：

$$\begin{cases}X(\cos\lambda\cos\theta+\sin\lambda\sin\theta\cos\psi)-Y(\sin\lambda\cos\theta-\cos\lambda\sin\theta\cos\psi)\\ \qquad +p\lambda\sin\theta\sin\psi+h-A_c\cos\theta=0\\ X(\cos\lambda\sin\theta-\sin\lambda\cos\theta\cos\psi)-Y(\sin\lambda\sin\theta+\cos\lambda\cos\theta\cos\psi)\\ \qquad -p\lambda\cos\theta\sin\psi-A_c\sin\theta=0\\ X\sin\lambda\sin\psi+Y\cos\lambda\sin\psi+Z_u-p\lambda\cos\psi=0\end{cases} \tag{6.24}$$

式（6.24）的求解步骤如下。

步骤 1：令 Z_u 取一定值。

步骤 2：令参数 t 取一定值，即获得螺杆端面齿形一点坐标 X,Y。

步骤 3：由式（6.24）方程组第 3 式求解得到 λ。

步骤 4：将 λ 代入式（6.24）方程组第 2 式求解得到 θ。

步骤 5：将上述各已知结果代入式（6.24）方程组第 1 式，计算得到 h。

步骤 6：令参数 t 在其取值范围内遍历取值，重复步骤 2～步骤 5，可以得到一系列 h。

步骤 7：在这一系列 h 中找出最小者，即为该 Z_u 值对应的盘铣刀截形坐标 ρ_u。

步骤 8：令 Z_u 在自身取值范围内遍历取值，重复步骤 1～步骤 7，可以获得完整的盘铣刀截形坐标。

图 6.8 是铣削阳螺杆的盘铣刀轴向截形。

需要说明一点，在计算阳螺杆加工用盘铣刀轴向截形的过程中，中心距尤其是安装角的选取有一定的要求。此处中心距选为阳螺杆公称直径的 1.5 倍[1]。当初始安装角选择为阳螺杆的基圆螺旋升角时，圆弧 B_1A_1 段对应的盘铣刀轴向截形与外摆线 A_1E_1 段对应得到的盘铣刀轴向截形并不连续，需要调整安装角来促使 B_1A_1 段对应盘铣刀轴向截形末端点的 Z_u 坐标与 A_1E_1 段铣刀截形的首端点的 Z_u 坐标相等（两者差值的绝对值小于一个控制精度的小量即可）。在实际操作中，只需将角 ψ 按照 0.1° 的步长搜索便可很快得到一个较优的 ψ，使两端点坐标差值控制在 10^{-5} 数量级以下。当然，安装角 ψ 也可按照文献[1]的解析方法来确定。

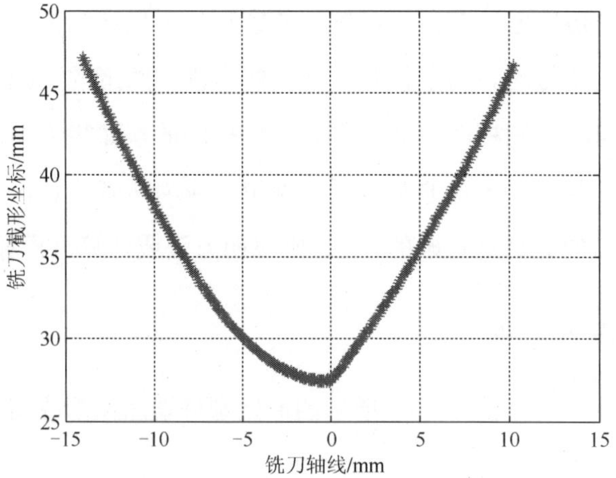

图 6.8　铣削阳螺杆的盘铣刀端面截形

铣削阴螺杆的盘铣刀轴向截形如图 6.9 所示，计算条件为 $A_c = 90.72$，安装角 $\psi = 41.8364^{\circ}$，即基圆螺旋升角。

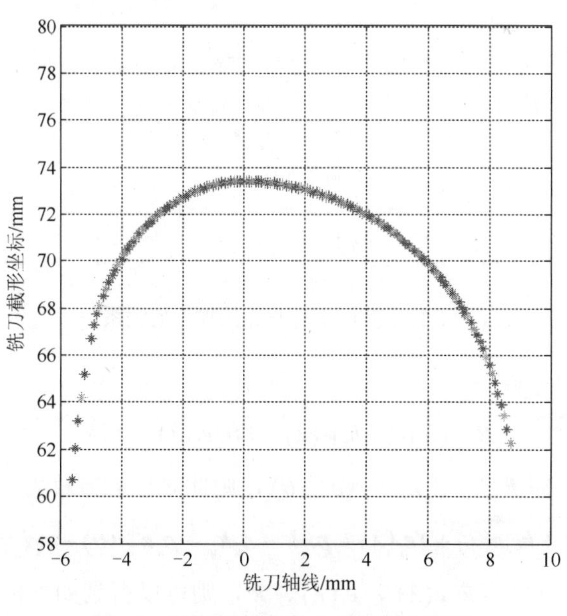

图 6.9　铣削阴螺杆的盘铣刀轴向截形

6.4 盘铣刀廓形的准确性校验

前面已经通过仿真方法获得了盘铣刀的廓形，可以认为是采用螺杆面“反切削”盘铣刀的方法获得的。为了校验所得到的盘铣刀廓形的准确性，在相同工艺条件下盘铣刀“切削”螺杆面，并将得到的螺杆面的端面齿形与原始螺杆面的端面齿形逐点比较，若各对应点非常接近（理论上应为两者重合，此处考虑计算误差），则认为盘铣刀的计算是正确的，反之则表明方法或计算过程存在错误或问题。

6.4.1 误差设为 X 方向

如图 6.10 所示，将式（6.10）所示的原始螺杆端面齿形改写为如下带误差的形式：

$$\hat{\boldsymbol{r}} = [X(t) + h_1]\boldsymbol{i} + Y(t)\boldsymbol{j} \tag{6.25}$$

式中，h_1 表示端面齿形上同一 Y 坐标下 X 坐标方向的差值。式（6.25）用来表示实际被加工的螺杆端面齿形。

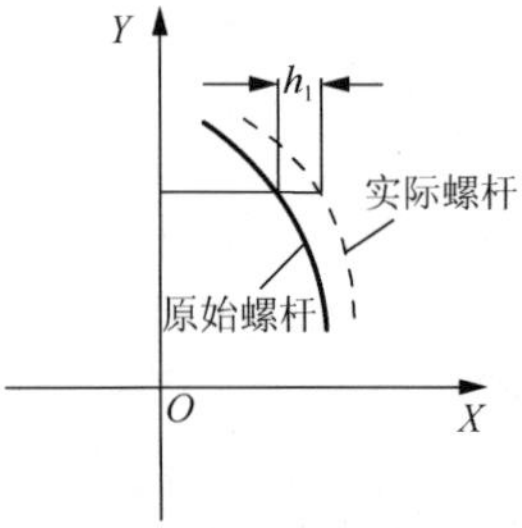

图 6.10 实际螺杆与原始螺杆的关系

实际螺杆面的方程为

$$\hat{\boldsymbol{R}} = [X(t) + h_1]\boldsymbol{e}(\lambda) + Y(t)\boldsymbol{e}_1(\lambda) + p\lambda\boldsymbol{k} \tag{6.26}$$

盘铣刀方程已知，即 $\boldsymbol{R}^{(u)} = Z_u\boldsymbol{k}_u + \rho_u\boldsymbol{e}^{(u)}(\theta)$，则此时接触方程为

$$(X + h_1)\boldsymbol{e}(\lambda) + Y\boldsymbol{e}_1(\lambda) + p\lambda\boldsymbol{k} - Z_u\boldsymbol{k}_u - \rho_u\boldsymbol{e}^{(u)}(\theta) - A_c\boldsymbol{i} = 0 \tag{6.27}$$

将式（6.27）分别点乘 $\boldsymbol{e}(\lambda)$、$\boldsymbol{e}_1(\lambda)$、$\boldsymbol{k}$，则可以得到如下标量方程组：

$$\begin{cases} X + h_1 + Z_u \sin\lambda \sin\psi + \rho_u(\cos\lambda\cos\theta + \sin\lambda\sin\theta\cos\psi) - A_c\cos\lambda = 0 \\ Y + Z_u\cos\lambda\sin\psi - \rho_u(\sin\lambda\cos\theta - \cos\lambda\sin\theta\cos\psi) + A_c\sin\lambda = 0 \\ p\lambda - Z_u\cos\psi + \rho_u\sin\theta\sin\psi = 0 \end{cases} \tag{6.28}$$

式（6.28）的求解步骤如下。

步骤 1：令参数 t 取一定值，即获得螺杆端面齿形一点坐标 X, Y。

步骤 2：取一组 Z_u, ρ_u。

步骤 3：利用式（6.28）方程组第 3 式，将 λ 表示为 θ 的函数，代入第 2 式。

步骤 4：由式（6.28）方程组第 2 式求解得到 θ，λ 同时获得求解。

步骤 5：将上述各已知结果代入式（6.28）方程组第 1 式，计算得到 h_1。

步骤 6：取其他各组 Z_u, ρ_u，重复步骤 2～步骤 5，可以得到一系列 h_1。

步骤 7：在这一系列 h_1 中找出最小（或最大，视标杆方向为离体还是入体）者，即为该点 X, Y 对应的误差。

步骤 8：令 t 在自身取值范围内遍历取值，重复步骤 1～步骤 7，可以获得各点对应的误差。

6.4.2　误差设为 Y 方向

与 6.4.1 小节类似，此时的实际螺杆端面齿形描述为如下形式：

$$\hat{\boldsymbol{r}} = X(t)\boldsymbol{i} + [Y(t) + h_1]\boldsymbol{j} \tag{6.29}$$

式中，h_1 表示端面齿形上同一 X 坐标下 Y 坐标方向的差值。

接触方程的标量方程组为

$$\begin{cases} X + Z_u \sin\lambda \sin\psi + \rho_u(\cos\lambda\cos\theta + \sin\lambda\sin\theta\cos\psi) - A_c\cos\lambda = 0 \\ Y + h_1 + Z_u\cos\lambda\sin\psi - \rho_u(\sin\lambda\cos\theta - \cos\lambda\sin\theta\cos\psi) + A_c\sin\lambda = 0 \\ p\lambda - Z_u\cos\psi + \rho_u\sin\theta\sin\psi = 0 \end{cases} \tag{6.30}$$

求解方法同前，在此不再赘述。

6.4.3　误差的计算与分析

本节之所以将误差分别设为 X 和 Y 两个方向，是从标杆函数解的存在性以及求解操作的便利性方面考虑的。以阳螺杆为例，求解外摆线 C_1B_1 段、E_1D_1 段对应实际螺杆的误差时，采用 Y 方向的误差表示方法，而计算圆弧 B_1A_1 段、外摆线 A_1E_1 段，则更适宜采用 X 方向的误差来表示实际螺杆面。图 6.11 为外摆线 C_1B_1 段表示的实际螺杆与原始螺杆误差的计算结果的部分截屏，可见，误差几乎都在 10^{-5} 及以下数量级，随着计算步长的减小，其中较大的数值还会进一步减小。阳螺杆其余各段的计算结果均是如此，而阴螺杆各段的计算也同样，在此不再讨论。由此可见，由盘铣刀加工出的螺杆齿形与原始螺杆齿形是一致的，证明了盘铣刀廓形计算的正确性。

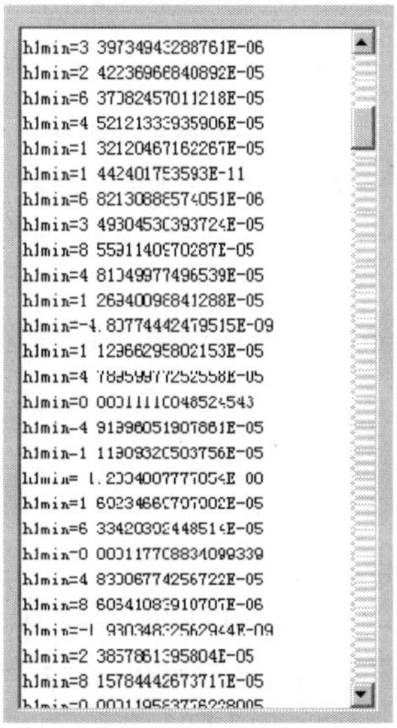

图 6.11　螺杆齿形误差的计算结果

参 考 文 献

[1] 邓定国，束鹏程．回转式压缩机．北京：机械工业出版社，1982．

第 7 章　双圆弧齿轮滚刀铲磨砂轮的廓形计算

滚刀的齿侧面采用径向铲磨工艺时，一般存在铲磨畸变的情况，提高刀具齿侧面铲磨精度一直是机床刀具行业重要的研究课题[1]。目前，国内一些工具企业已经购置了国外的先进数控铲磨机床，但铲磨砂轮廓形如何计算等关键技术却被国外厂商严格保密。多年来，不少专家学者对此问题进行了研究，并取得了一定的成果。俞国平和陈先[2]以滚刀上某一条刀刃，如新刀刃或重磨后的刀刃为计算刀刃，解出砂轮表面上与该计算刀刃相应的共轭曲线。姚南珣和王殿龙[3]用滚刀刀刃反靠“切削”砂轮，砂轮廓形是每个瞬时滚刀刀刃切出的砂轮廓形的包络。刘丰林等[4]以能够准确铲磨出滚刀齿形截面上序列点为目标，根据滚刀铲磨时的运动特性，计算对应的砂轮回转面上空间接触点序列。刘鹄然等[5]按铲齿砂轮与侧刃面接触条件而不是仅按新刀刃形确定砂轮截形，重磨后的每刃线上至少有两点与精确刃线重合。何迎霞[6]采用离散点表示曲面信息，计算铲磨滚刀的砂轮廓形。孙玉文等[7]应用齿轮滚刀的偏置构形原理，提出了齿轮滚刀齿侧面精密铲磨的一种新方法。

双圆弧齿轮属于一类重要的齿轮，在工程实际中有着较为普遍的应用。加工双圆弧齿轮的关键在于双圆弧滚刀，滚刀的精度直接关乎双圆弧齿轮的制造精度。李志胜等[8]从双圆弧齿轮滚刀基本蜗杆齿面方程出发，根据啮合原理和铲磨运动时滚刀与砂轮的关系求出铲磨滚刀的砂轮轴向截形。但总体来说，目前研究的对象大多集中在阿基米德类型的滚刀，包括双圆弧滚刀在内的其他类型的滚刀铲磨砂轮的研究并不多见。

文献[9]认为，砂轮廓形只能以给出滚刀齿侧面的某个截面（或刀刃）的齿形作为条件去进行计算。本章针对双圆弧齿轮滚刀，利用文献[9]的思想，并借鉴文献[10]的方法，以滚刀的法向齿形为计算依据，基于砂轮铲磨滚刀时的相对运动关系，利用空间包络法精确计算砂轮的廓形，并介绍该类型滚刀铲磨砂轮廓形计算的数字仿真方法。在此基础上，建立滚齿加工的数字仿真模型，研究滚刀重磨后，滚齿加工的齿形误差的计算方法。不难发现，铲磨砂轮廓形-滚刀侧铲面（重磨）-滚齿齿形（齿形误差），实际上构成了一个串行的系统。

7.1 双圆弧滚刀法向截形的描述

以某工具厂生产的某种双圆弧滚刀为例。该滚刀的已知参数为法向模数 $m_n = 6$，节圆半径 $r_1 = 115.4$，头数 $N = 1$，螺旋升角 $\lambda_s = 2°58'49''$，滚刀槽数 12，铲背量 7.0，左旋。

图 7.1 为某工具厂双圆弧齿轮滚刀的法向齿形。双圆弧齿轮滚刀的法向齿形由四段工作圆弧组成，即凹齿工作圆弧段、凸齿工作圆弧段、凸凹齿过渡圆弧段、齿顶工作圆弧段。下面通过建立滚刀法向齿形坐标系对各段圆弧的法向齿形方程进行描述。

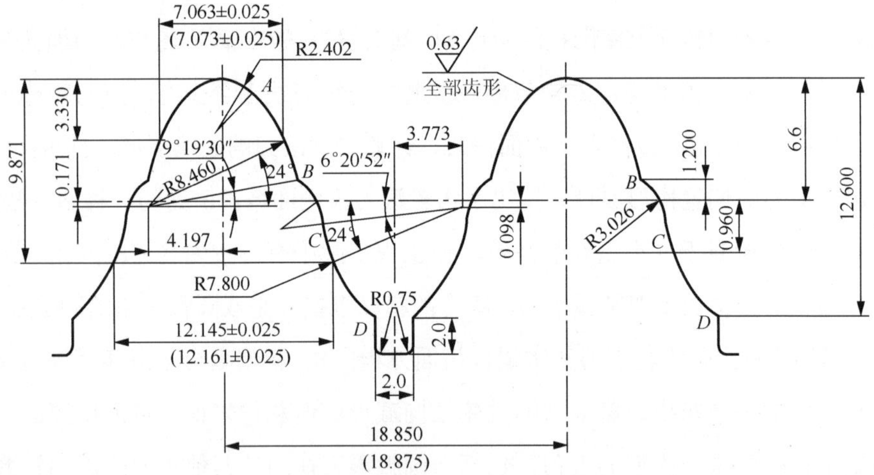

图 7.1　双圆弧齿轮滚刀法向齿形（单位：mm）

根据图 7.1 建立滚刀齿形坐标系 $\{o_0, x_0 y_0\}$，如图 7.2 所示，y_0 轴为法向齿形（实体）的对称轴。为了方便计算，新建立一坐标系 $\{o_n, x_n z_n\}$，x_n 与 x_0 重合，z_n 与 y_0 平行且相距 $0.5\pi m_n$，m_n 为法向模数，即保证 z_n 为滚刀齿槽的对称轴，其中点 o_n 与滚刀轴线（在 z_n 轴负半轴上）的距离为节圆半径 r_1。根据已知条件，可计算得到

各段圆弧的圆心 $O_{r1}, O_{r3}, O_{r2}, O_{hg}$ 在坐标系 $\{o_0, x_0y_0\}$ 的坐标以及各段圆弧起止点 D 和 C、C 和 B、B 和 A、A 和 E 对应的角度，据此可以写出各段圆弧的方程。

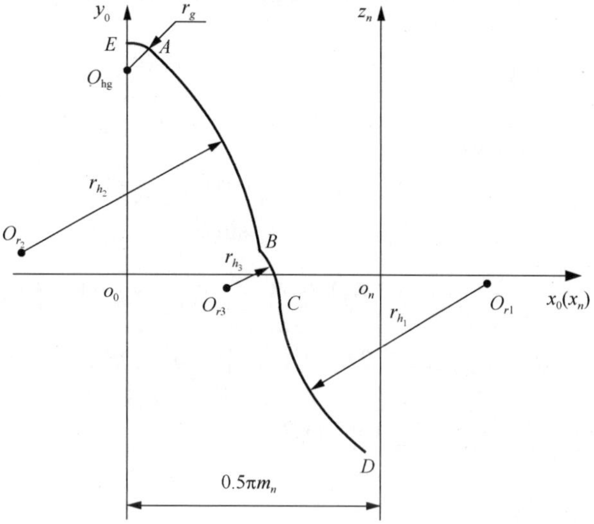

图 7.2　双圆弧齿轮滚刀法向齿形坐标系

1. 凹齿工作圆弧段

该圆弧段方程为

$$\begin{cases} x_0 = x_{or_1} + r_{h_1} \cos\vartheta \\ y_0 = y_{or_1} + r_{h_1} \sin\vartheta \end{cases} \tag{7.1}$$

式中，圆心坐标 $x_{or_1} = \dfrac{\pi m_n}{2} + 3.773$，$y_{or_1} = -0.098$；半径 $r_{h_1} = 7.8$；参数 ϑ 的取值范围为 $\vartheta_{1s} \leqslant \vartheta \leqslant \vartheta_{1e}$，$\vartheta_{1s} = -\pi - \arcsin\dfrac{-(h_{af} - h_{eg}) - y_{or_1}}{r_{h_1}}$，其中，$h_{af} = 12.6$ 为滚刀齿全高，$h_{eg} = 6.6$ 为齿顶高，$\vartheta_{1e} = -\pi + \vartheta_1'$，其中，$\vartheta_1' = 6^\circ 20' 52''$。

2. 凸齿工作圆弧段

凸齿工作圆弧段的方程为

$$\begin{cases} x_0 = x_{or_2} + r_{h_2} \cos\vartheta \\ y_0 = y_{or_2} + r_{h_2} \sin\vartheta \end{cases} \tag{7.2}$$

式中，圆心坐标 $x_{or_2} = -4.197$，$y_{or_2} = -0.171$；半径 $r_{h_2} = 8.46$；ϑ 的取值范围为

$\vartheta_{2s} \leqslant \vartheta \leqslant \vartheta_{2e}$，$\vartheta_{2s} = 9°19'30''$，$\vartheta_{2e} = \arccos\dfrac{x_{\mathrm{or}_2} - x_{\mathrm{ohg}}}{r_g - r_{h_2}}$，其中，$x_{\mathrm{ohg}}$ 为齿顶工作圆弧圆心 O_{hg} 的横坐标，$x_{\mathrm{ohg}} = 0$，$r_g = 2.402$ 为齿顶工作圆弧段的半径。

3. 凸凹齿过渡圆弧段

凸凹齿过渡圆弧段的方程为

$$\begin{cases} x_0 = x_{\mathrm{or}_3} + r_{h_3}\cos\vartheta \\ y_0 = y_{\mathrm{or}_3} + r_{h_3}\sin\vartheta \end{cases} \tag{7.3}$$

式中，圆心坐标 $x_{\mathrm{or}_3} = x_{\mathrm{or}_1} - (r_{h1} + r_{h3})\cos\vartheta_1'$，$y_{\mathrm{or}_3} = y_{\mathrm{or}_1} - (r_{h1} + r_{h3})\sin\vartheta_1'$；半径 $r_{h_3} = 3.026$；ϑ 的取值范围为 $\vartheta_{3s} \leqslant \vartheta \leqslant \vartheta_{3e}$，其中，$\vartheta_{3s} = \vartheta_1'$，$\vartheta_{3e} = \arctan\dfrac{y_{\mathrm{hB}} - y_{\mathrm{or}_3}}{x_{\mathrm{hB}} - x_{\mathrm{or}_3}}$，而 $x_{\mathrm{hB}} = x_{\mathrm{or}_2} + r_{h_2}\cos\vartheta_{2s}$，$y_{\mathrm{hB}} = y_{\mathrm{or}_2} + r_{h_2}\sin\vartheta_{2s}$。

4. 齿顶工作圆弧段

齿顶工作圆弧段的方程为

$$\begin{cases} x_0 = x_{\mathrm{ohg}} + r_g\cos\vartheta \\ y_0 = y_{\mathrm{ohg}} + r_g\sin\vartheta \end{cases} \tag{7.4}$$

式中，圆心坐标 $x_{\mathrm{ohg}} = 0$，$y_{\mathrm{ohg}} = 6.6 - 2.402 = 4.198$；$\vartheta_{\mathrm{gs}} \leqslant \vartheta \leqslant \vartheta_{\mathrm{ge}}$，其中，$\vartheta_{\mathrm{gs}} = \vartheta_{2e}$，$\vartheta_{\mathrm{ge}} = \dfrac{\pi}{2}$。

坐标系 $\{o_0, x_0y_0\}$ 与 $\{o_n, x_nz_n\}$ 之间的坐标转换关系为

$$\begin{cases} x_n = x_0 - 0.5\pi m_n \\ z_n = y_0 \end{cases} \tag{7.5}$$

7.2 双圆弧齿轮滚刀铲磨砂轮廓形的解析计算

7.2.1 砂轮铲磨滚刀坐标系的建立

建立砂轮铲磨滚刀的坐标系如图 7.3 所示。其中 $\{O_2, X_2Y_2Z_2\}$ 为砂轮坐标系，$\{O_1, X_1Y_1Z_1\}$ 为滚刀坐标系，此处将坐标轴 X_1 设置为通过滚刀齿槽中心，规定 Z_1 轴

和 Z_2 轴与各自回转轴线重合，X, Y, Z 方向的单位矢量分别用 $\boldsymbol{i}$, $\boldsymbol{j}$, $\boldsymbol{k}$ 表示。点 O_2 在 $\{O_1, X_1Y_1Z_1\}$ 中的坐标为 $(A, H, -B)$，坐标系 $\{O_2, X_2Y_2Z_2\}$ 可视为一个初始时与 $\{O_1, X_1Y_1Z_1\}$ 重合的坐标系先绕 Y_1 轴回转 λ_1（水平回转），再绕新的 X_1' 轴回转 λ_2（竖直面回转），最后沿 X_1, Y_1, Z_1 方向分别平移 A, H, $-B$ 而成。

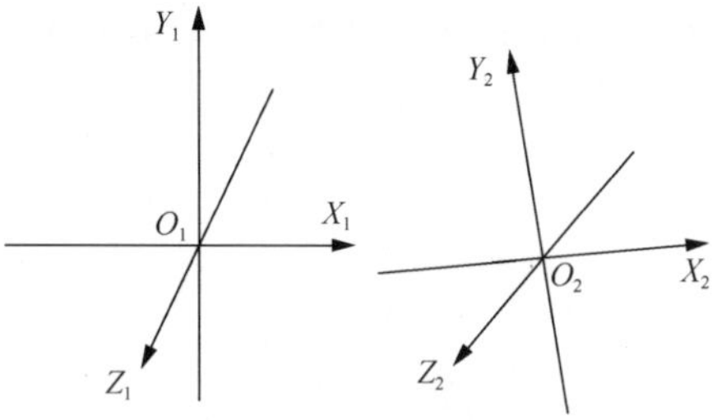

图 7.3　砂轮坐标系与滚刀坐标系

滚刀坐标系 $\{O_1, X_1Y_1Z_1\}$ 与法向齿形坐标系 $\{o_n, x_nz_n\}$ 之间的坐标转换关系如下：

$$\begin{cases} X_1 = z_n + r_1 \\ Y_1 = x_n \sin\lambda_s \\ Z_1 = -x_n \cos\lambda_s \end{cases} \tag{7.6}$$

于是 X_2, Y_2, Z_2 的单位方向矢量与 X_1, Y_1, Z_1 单位矢量之间的关系为

$$\begin{aligned} \begin{bmatrix} \boldsymbol{i}_2 \\ \boldsymbol{j}_2 \\ \boldsymbol{k}_2 \end{bmatrix} &= \begin{bmatrix} 1 & 0 & 0 \\ 0 & \cos\lambda_2 & \sin\lambda_2 \\ 0 & -\sin\lambda_2 & \cos\lambda_2 \end{bmatrix} \begin{bmatrix} \cos\lambda_1 & 0 & -\sin\lambda_1 \\ 0 & 1 & 0 \\ \sin\lambda_1 & 0 & \cos\lambda_1 \end{bmatrix} \begin{bmatrix} \boldsymbol{i}_1 \\ \boldsymbol{j}_1 \\ \boldsymbol{k}_1 \end{bmatrix} \\ &= \begin{bmatrix} \cos\lambda_1 & 0 & -\sin\lambda_1 \\ \sin\lambda_1 \sin\lambda_2 & \cos\lambda_2 & \cos\lambda_1 \sin\lambda_2 \\ \sin\lambda_1 \cos\lambda_2 & -\sin\lambda_2 & \cos\lambda_1 \cos\lambda_2 \end{bmatrix} \begin{bmatrix} \boldsymbol{i}_1 \\ \boldsymbol{j}_1 \\ \boldsymbol{k}_1 \end{bmatrix} \end{aligned} \tag{7.7}$$

7.2.2　砂轮铲磨滚刀解析数学模型的建立

双圆弧滚刀法向齿形为多段圆弧曲线构成，为描述方便，刃形方程可写为如下通用形式：

$$\boldsymbol{R}^{(1)} = X_1(r)\boldsymbol{i}_1 + Y_1(r)\boldsymbol{j}_1 + Z_1(r)\boldsymbol{k}_1 \tag{7.8}$$

式中，r 为滚刀刃形上一点的半径，即 $X_1(r)$, $Y_1(r)$, $Z_1(r)$ 均为半径的函数。

则滚刀绕轴线回转 $-\varphi_1$ 角时，有

$$\boldsymbol{r}^{(1)}=X_1(r)\boldsymbol{e}(-\varphi_1)+Y_1(r)\boldsymbol{e}_1(-\varphi_1)+Z_1(r)\boldsymbol{k}_1 \tag{7.9}$$

如图 7.4 所示，在砂轮坐标系中，砂轮轴向截形方程可写为

$$\boldsymbol{R}_0^{(2)}=R(t)\boldsymbol{i}_2+t\boldsymbol{k}_2 \tag{7.10}$$

则砂轮回转面方程为

$$\boldsymbol{R}^{(2)}=R(t)\cos\theta\boldsymbol{i}_2+R(t)\sin\theta\boldsymbol{j}_2+t\boldsymbol{k}_2 \tag{7.11}$$

式中，θ 为回转参数。

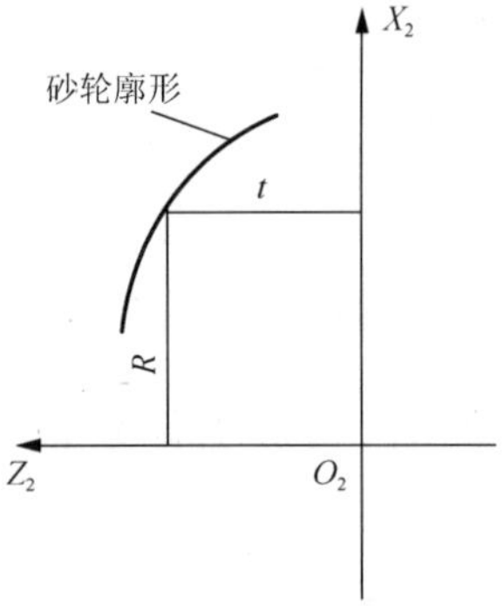

图 7.4　砂轮参数意义

砂轮铲磨时，滚刀与砂轮的相对运动关系如下：滚刀回转，砂轮做径向进给运动及轴向进给运动。于是，可将某一时刻砂轮的方程描述为

$$\begin{aligned}\boldsymbol{r}^{(2)}&=\boldsymbol{R}_2+p\varphi_1\boldsymbol{k}_1-k_c\varphi_1\boldsymbol{i}_1\\&=R(t)\cos\theta\boldsymbol{i}_2+R(t)\sin\theta\boldsymbol{j}_2+t\boldsymbol{k}_2+p\varphi_1\boldsymbol{k}_1-k_c\varphi_1\boldsymbol{i}_1\end{aligned} \tag{7.12}$$

式中，p 为滚刀基本蜗杆螺旋常数；k_c 为滚刀单位转角的砂轮径向铲入量。

滚刀与铲磨砂轮的接触条件为

$$\boldsymbol{r}^{(1)}-\boldsymbol{r}^{(2)}=O_1O_2 \tag{7.13}$$

式中，$O_1O_2=A\boldsymbol{i}_1+H\boldsymbol{j}_1-B\boldsymbol{k}_1$，为两坐标系中心距矢量。

将 $\boldsymbol{r}^{(1)},\boldsymbol{r}^{(2)}$ 代入式（7.13），并结合式（7.7）的坐标矢量转换关系，有如下分量形式：

$$\begin{cases}R\cos\lambda_1\cos\theta+R\sin\theta\sin\lambda_1\sin\lambda_2+t\sin\lambda_1\cos\lambda_2+A-k_c\varphi_1\\=X_1\cos\varphi_1+Y_1\sin\varphi_1\\R\cos\lambda_2\sin\theta-t\sin\lambda_2+H=-X_1\sin\varphi_1+Y_1\cos\varphi_1\\-R\cos\theta\sin\lambda_1+R\sin\theta\cos\lambda_1\sin\lambda_2+t\cos\lambda_1\cos\lambda_2-B+p\varphi_1=Z_1\end{cases} \tag{7.14}$$

式（7.14）经过整理可得

$$\begin{cases} t = c_1 \cos\lambda_1 \cos\lambda_2 + c_2 \sin\lambda_2 - c_3 \sin\lambda_1 \cos\lambda_2 \\ R = \sqrt{(c_3 \cos\lambda_1 + c_1 \sin\lambda_1)^2 + (c_1 \cos\lambda_1 \cos\lambda_2 - c_2 \cos\lambda_2 - c_3 \sin\lambda_1 \sin\lambda_2)^2} \end{cases} \tag{7.15}$$

式中，R，t 为 φ_1，r 的函数；$c_1 = B - p\phi_1 + Z_1$，$c_2 = H + X_1 \sin\varphi_1 - Y_1 \cos\varphi_1$，$c_3 = A - k_c\varphi_1 - X_1 \cos\varphi_1 - Y_1 \sin\varphi_1$ 均为 r，φ_1 的函数，其中，r 为滚刀刃形点的半径。式（7.15）表示各瞬时都磨出新刀刃的一组砂轮廓形族。

包络条件为

$$\begin{vmatrix} \dfrac{\partial R}{\partial \varphi_1} & \dfrac{\partial R}{\partial r} \\ \dfrac{\partial t}{\partial \varphi_1} & \dfrac{\partial t}{\partial r} \end{vmatrix} = \frac{\partial R}{\partial \varphi_1} \cdot \frac{\partial t}{\partial r} - \frac{\partial R}{\partial r} \cdot \frac{\partial t}{\partial \varphi_1} = 0 \tag{7.16}$$

式中，

$$\frac{\partial t}{\partial \varphi_1} = \frac{\partial c_1}{\partial \varphi_1} \cos\lambda_1 \cos\lambda_2 + \frac{\partial c_2}{\partial \varphi_1} \sin\lambda_2 - \frac{\partial c_3}{\partial \varphi_1} \sin\lambda_1 \cos\lambda_2$$

$$\frac{\partial t}{\partial r} = \frac{\partial c_1}{\partial r} \cos\lambda_1 \cos\lambda_2 + \frac{\partial c_2}{\partial r} \sin\lambda_2 - \frac{\partial c_3}{\partial r} \sin\lambda_1 \cos\lambda_2$$

$$\begin{aligned} \frac{\partial R}{\partial r} = & \frac{(c_3 \cos\lambda_1 + c_1 \sin\lambda_1)(\dfrac{\partial c_3}{\partial r} \cos\lambda_1 + \dfrac{\partial c_1}{\partial r} \sin\lambda_1)}{R} \\ & + \frac{(c_1 \cos\lambda_1 \sin\lambda_2 - c_2 \cos\lambda_2 - c_3 \sin\lambda_1 \sin\lambda_2)}{R} \\ & \times (\frac{\partial c_1}{\partial r} \cos\lambda_1 \sin\lambda_2 - \frac{\partial c_2}{\partial r} \cos\lambda_2 - \frac{\partial c_3}{\partial r} \sin\lambda_1 \sin\lambda_2) \end{aligned}$$

$$\begin{aligned} \frac{\partial R}{\partial \varphi_1} = & \frac{(c_3 \cos\lambda_1 + c_1 \sin\lambda_1)(\dfrac{\partial c_3}{\partial \varphi_1} \cos\lambda_1 + \dfrac{\partial c_1}{\partial \varphi_1} \sin\lambda_1)}{R} \\ & + \frac{(c_1 \cos\lambda_1 \sin\lambda_2 - c_2 \cos\lambda_2 - c_3 \sin\lambda_1 \sin\lambda_2)}{R} \\ & \times (\frac{\partial c_1}{\partial \varphi_1} \cos\lambda_1 \sin\lambda_2 - \frac{\partial c_2}{\partial \varphi_1} \cos\lambda_2 - \frac{\partial c_3}{\partial \varphi_1} \sin\lambda_1 \sin\lambda_2) \end{aligned}$$

其中，

$$\frac{\partial c_1}{\partial \varphi_1} = -p$$

$$\frac{\partial c_1}{\partial r}=-\frac{\mathrm{d}Z_1}{\mathrm{d}r}$$
$$\frac{\partial c_2}{\partial \varphi_1}=X_1\cos\varphi_1+Y_1\sin\varphi_1$$
$$\frac{\partial c_2}{\partial r}=-\frac{\mathrm{d}X_1}{\mathrm{d}r}\sin\varphi_1-\frac{\mathrm{d}Y_1}{\mathrm{d}r}\cos\varphi_1$$
$$\frac{\partial c_3}{\partial \varphi_1}=-k_c+X_1\sin\varphi_1-Y_1\cos\varphi_1$$
$$\frac{\partial c_3}{\partial r}=-\frac{\mathrm{d}X_1}{\mathrm{d}r}\cos\varphi_1-\frac{\mathrm{d}Y_1}{\mathrm{d}r}\sin\varphi_1$$

将式（7.15）与式（7.16）联立，便可求得砂轮的廓形。注意，在实际计算时，式（7.8）可由式（7.1）～式（7.6）得到。将X_1,Y_1,Z_1表示为半径r的函数，只是形式上的描述，与表示为ϑ的函数并无本质区别，因而计算过程中需要用到的X_1,Y_1，Z_1对r的导数，直接用对ϑ的导数计算即可。

7.3 铲磨砂轮廓形计算的数字仿真方法

砂轮的截形方程仍然描述为式（7.10）的形式。

滚刀与铲磨砂轮的接触条件式（7.13）可表示为

$$\begin{aligned}&X_1\boldsymbol{e}(-\varphi_1)+Y_1\boldsymbol{e}_1(-\varphi_1)+Z_1\boldsymbol{k}_1-R\cos\theta\boldsymbol{i}_2-R\sin\theta\boldsymbol{j}_2-t\boldsymbol{k}_2\\&-p\varphi_1\boldsymbol{k}_1+k_c\varphi_1\boldsymbol{i}_1-A\boldsymbol{i}_1-H\boldsymbol{j}_1+B\boldsymbol{k}_1=0\end{aligned}\tag{7.17}$$

将式（7.17）点乘$\boldsymbol{i}_2$、$\boldsymbol{j}_2$、$\boldsymbol{k}_2$，并结合式（7.7），有如下标量方程组：

$$\begin{cases}(X_1\cos\varphi_1+Y_1\sin\varphi_1+k_c\varphi_1-A)\cos\lambda_1-(Z_1+B-p\varphi_1)\sin\lambda_1-R\cos\theta=0\\(X_1\cos\varphi_1+Y_1\sin\varphi_1+k_c\varphi_1-A)\sin\lambda_1\sin\lambda_2\\\qquad+(-X_1\sin\varphi_1+Y_1\cos\varphi_1-H)\cos\lambda_2+(Z_1+B-p\varphi_1)\cos\lambda_1\sin\lambda_2\\\qquad-R\sin\theta=0\\(X_1\cos\varphi_1+Y_1\sin\varphi_1+k_c\varphi_1-A)\sin\lambda_1\cos\lambda_2\\\qquad-(-X_1\sin\varphi_1+Y_1\cos\varphi_1-H)\sin\lambda_2+(Z_1+B-p\varphi_1)\cos\lambda_1\cos\lambda_2-t=0\end{cases}\tag{7.18}$$

显然，将式（7.18）中的第1式和第2式分别平方再相加，可消去θ，得

$$\begin{aligned}&\left[(X_1\cos\varphi_1+Y_1\sin\varphi_1+k_c\varphi_1-A)\cos\lambda_1-(Z_1+B-p\varphi_1)\sin\lambda_1\right]^2\\&+\left[(X_1\cos\varphi_1+Y_1\sin\varphi_1+k_c\varphi_1-A)\sin\lambda_1\sin\lambda_2\right.\end{aligned}$$

$$+(-X_1\sin\varphi_1+Y_1\cos\varphi_1-H)\cos\lambda_2+(Z_1+B-p\varphi_1)\cos\lambda_1\sin\lambda_2]^2-R^2=0 \quad (7.19)$$

下面给出式（7.18）的求解步骤。

步骤 1：令 R 在取值范围内取一定值，如令 $R=R_0$。

步骤 2：令滚刀半径 r 取一定值，$r=r_0$，即给定一组 X_1,Y_1,Z_1。

步骤 3：由式（7.19）求解得到 φ_1 值。

步骤 4：由式（7.18）中第 3 式求解出 t 值。

步骤 5：返回步骤 2，并令 r 取一新值，替换原有值，重复步骤 3 和步骤 4，可以求得一系列 t 值。

步骤 6：在此一系列 t 值中求出最小者即为 $R=R_0$ 对应的砂轮廓形坐标。

步骤 7：返回步骤 1，并令 R 取一系列新值，替换 R 原有的值，重复步骤 2～步骤 6，即可确定整个砂轮的廓形。

7.4　计 算 实 例

针对双圆弧滚刀实例，选取工艺参数：$A=100$；$H=0$；$B=0$；$\lambda_1=0$；$\lambda_2=\lambda_s$。分别采用两种方法进行计算，可以发现得到的结果完全一致。图 7.5 为计算得到的铲磨砂轮右侧截形。

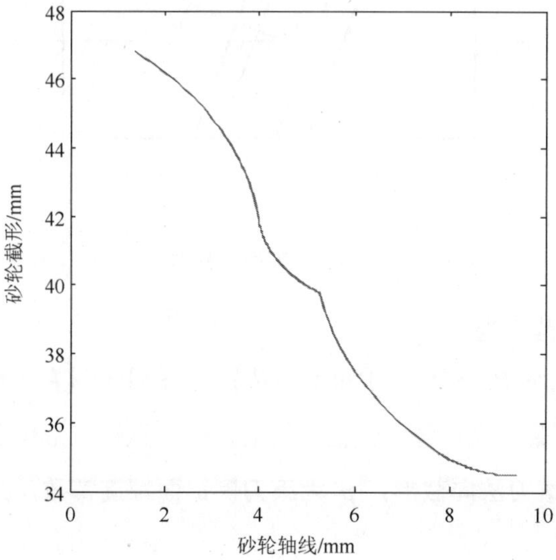

图 7.5　铲磨砂轮的右侧截形计算结果

可以发现，在求解此类铲磨砂轮的廓形问题方面，数字仿真方法避免了解析方法固有的复杂的求导运算，过程简便高效，证明了该方法的独特的优越性。

7.5 铲磨砂轮廓形的准确性校验

下面以计算获得的铲磨砂轮为工具，在工艺条件不变的情况下铲磨滚刀，计算滚刀的法向截形。

双圆弧齿轮滚刀与砂轮的位置关系如图 7.6 所示。滚刀的法截面位置为

$$\boldsymbol{n}_0 = \sin\lambda_s \boldsymbol{j}_1 - \cos\lambda_s \boldsymbol{k}_1 \tag{7.20}$$

滚刀法截面方程可以表述为

$$\boldsymbol{R}_0^{(1)} = \rho \boldsymbol{i}_1 + t_1 \boldsymbol{n}_0 + h\boldsymbol{n}_0 = \rho \boldsymbol{i}_1 + (t_1 + h)\boldsymbol{n}_0 \tag{7.21}$$

式中，$\rho = X_1$；$t_1 = \sqrt{Y_1^2 + Z_1^2}$；$h$ 为标杆长度，在这里表示误差。其中，X_1, Y_1, Z_1 为滚刀法向齿形的坐标，为已知量。

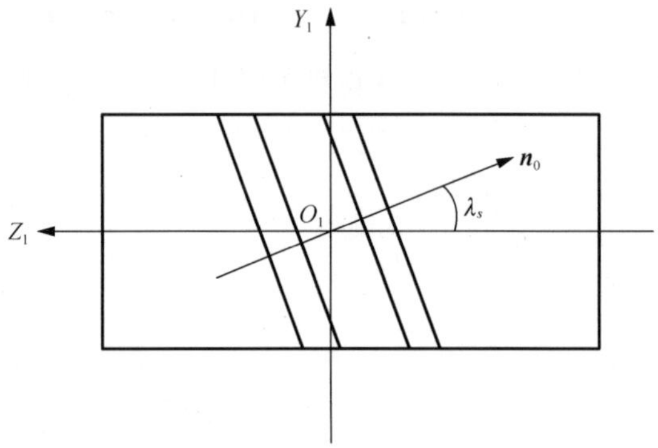

图 7.6 滚刀的法截面

滚刀侧铲面法截形为

$$\boldsymbol{R}^{(1)} = \rho \boldsymbol{e}(\theta_0) + (t_1 + h)\sin\lambda_s \boldsymbol{e}_1(\theta_0) - (t_1 + h)\cos\lambda_s \boldsymbol{k}_1 + p_c\theta_0 \boldsymbol{k}_1 \tag{7.22}$$

式中，θ_0 为滚刀法截形绕自身回转轴回转的角度，该法截形位于滚刀侧铲面上，当 $\theta_0 = 0$ 时为原始滚刀法向截形；p_c 为滚刀侧铲面螺旋常数，其计算过程详见文献[11]。

当滚刀转过 $-\varphi_1$ 角时，滚刀侧铲面的方程可写为

$$\boldsymbol{r}^{(1)} = \rho \boldsymbol{e}(\theta_0 - \varphi_1) + (t_1 + h)\sin\lambda_s \boldsymbol{e}_1(\theta_0 - \varphi_1) + \left[p_c\theta_0 - (t_1 + h)\cos\lambda_s\right]\boldsymbol{k}_1 \tag{7.23}$$

则铲磨时的接触条件式（7.13）变为

$$\begin{aligned}&\rho \boldsymbol{e}(\theta_0 - \varphi_1) + (t_1 + h)\sin\lambda_s \boldsymbol{e}_1(\theta_0 - \varphi_1) + \left[p_c\theta_0 - (t_1 + h)\cos\lambda_s\right]\boldsymbol{k}_1\\&-(R\cos\theta\cos\lambda_1 + R\sin\theta\sin\lambda_1\sin\lambda_2 + t\sin\lambda_1\cos\lambda_2 - k_c\varphi_1)\boldsymbol{i}_1\\&-(R\sin\theta\cos\lambda_2 - t\sin\lambda_2)\boldsymbol{j}_1\\&-(-R\cos\theta\sin\lambda_1 + R\sin\theta\cos\lambda_1\sin\lambda_2 + t\cos\lambda_1\cos\lambda_2 + p\varphi_1)\boldsymbol{k}_1\\&-A\boldsymbol{i}_1 - H\boldsymbol{j}_1 + B\boldsymbol{k}_1 = 0\end{aligned} \tag{7.24}$$

将式（7.24）分别点乘

$$\boldsymbol{e}(\theta_0 - \varphi_1)$$

$$\sin\lambda_s \boldsymbol{e}_1(\theta_0 - \varphi_1) - \cos\lambda_s \boldsymbol{k}_1$$

$$\cos\lambda_s \boldsymbol{e}_1(\theta_0 - \varphi_1) + \sin\lambda_s \boldsymbol{k}_1$$

可以得到如下三个方程：

$$\begin{aligned}&\rho - (R\cos\theta\cos\lambda_1 + R\sin\theta\sin\lambda_1\sin\lambda_2 + t\sin\lambda_1\cos\lambda_2 - k_c\varphi_1)\cos(\theta_0 - \varphi_1)\\&-(R\sin\theta\cos\lambda_2 - t\sin\lambda_2)\sin(\theta_0 - \varphi_1) - A\cos(\theta_0 - \varphi_1) - H\sin(\theta_0 - \varphi_1) = 0\end{aligned} \tag{7.25}$$

$$\begin{aligned}&(t_1 + h) - p_c\theta_0\cos\lambda_s\\&+(R\cos\theta\cos\lambda_1 + R\sin\theta\sin\lambda_1\sin\lambda_2 + t\sin\lambda_1\cos\lambda_2 - k_c\varphi_1)\sin\lambda_s\sin(\theta_0 - \varphi_1)\\&-(R\sin\theta\cos\lambda_2 - t\sin\lambda_2)\sin\lambda_s\cos(\theta_0 - \varphi_1)\\&+(-R\cos\theta\sin\lambda_1 + R\sin\theta\cos\lambda_1\sin\lambda_2 + t\cos\lambda_1\cos\lambda_2 + p\varphi_1)\cos\lambda_s\\&+A\sin\lambda_s\sin(\theta_0 - \varphi_1) - H\sin\lambda_s\cos(\theta_0 - \varphi_1) - B\cos\lambda_s = 0\end{aligned} \tag{7.26}$$

$$\begin{aligned}&p_c\theta_0\sin\lambda_s + (R\cos\theta\cos\lambda_1 + R\sin\theta\sin\lambda_1\sin\lambda_2 + t\sin\lambda_1\cos\lambda_2 - k_c\varphi_1)\\&\times\cos\lambda_s\sin(\theta_0 - \varphi_1) - (R\sin\theta\cos\lambda_2 - t\sin\lambda_2)\cos\lambda_s\cos(\theta_0 - \varphi_1)\\&-(-R\cos\theta\sin\lambda_1 + R\sin\theta\cos\lambda_1\sin\lambda_2 + t\cos\lambda_1\cos\lambda_2 + p\varphi_1)\sin\lambda_s\\&+A\cos\lambda_s\sin(\theta_0 - \varphi_1) - H\cos\lambda_s\cos(\theta_0 - \varphi_1) + B\sin\lambda_s = 0\end{aligned} \tag{7.27}$$

式（7.25）又可以写成如下形式：

$$(m_3 - m_1)\tan^2\frac{\theta}{2} + 2m_2\tan\frac{\theta}{2} + (m_3 + m_1) = 0 \tag{7.28}$$

式中，m_1、m_2、m_3 均为 φ_1 的函数，表达式如下：

$$m_1 = R\cos\lambda_1\cos(\theta_0 - \varphi_1)$$

$$m_2 = R\sin\lambda_1\sin\lambda_2\cos(\theta_0 - \varphi_1) + R\cos\lambda_2\sin(\theta_0 - \varphi_1)$$

$$m_3 = (t\sin\lambda_1\cos\lambda_2 - k_c\varphi_1)\cos(\theta_0 - \varphi_1) - \rho - t\sin\lambda_2\sin(\theta_0 - \varphi_1) + A\cos(\theta_0 - \varphi_1) + H\sin(\theta_0 - \varphi_1)$$

计算铲磨误差的步骤如下。

步骤 1：取已知滚刀刃形上一点$\left(\rho,t_1\right)$。

步骤 2：选取砂轮廓形上一点$\left(R,t\right)$。

步骤 3：令φ_1在取值范围内取一个数值，如$\varphi_1=\varphi_{10}$。

步骤 4：由式（7.28）计算获得θ。

步骤 5：将φ_1,θ代入式（7.27），判断方程是否满足，若满足，θ,φ_1即为所求的解；若不满足，调整φ_1取值，重复步骤 4 和步骤 5，直到满足为止。

步骤 6：利用式（7.26），可求解计算 h。

步骤 7：令$\left(R,t\right)$遍历取值，重复步骤 3～步骤 6 可得到一系列 h。

步骤 8：在上述一系列 h 中取最小 h 值为最终滚刀刃形上$\left(\rho,t_1\right)$点对应的包络误差。

步骤 9：令$\left(\rho,t_1\right)$变化取值，重复步骤 2～步骤 8，可计算出其他点对应的误差。

令$\theta_0=0$，可以计算出原始刀刃各点对应的铲磨误差，图 7.7 为滚刀齿根区域各点（一部分）对应的铲磨误差计算结果的截屏图，其他点完全相似，不再赘述。可以发现，每一点的铲磨误差均可视为 0，表明铲磨砂轮的廓形计算是准确的。

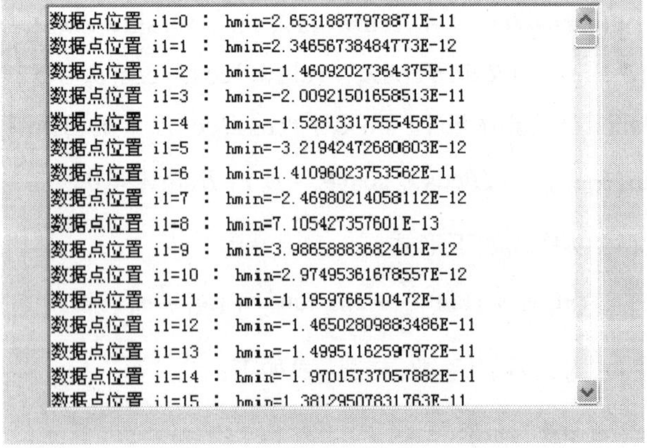
数据点位置 i1=0 ： hmin=2.65318877978871E-11
数据点位置 i1=1 ： hmin=2.34656738484773E-12
数据点位置 i1=2 ： hmin=-1.46092027364375E-11
数据点位置 i1=3 ： hmin=-2.00921501658513E-11
数据点位置 i1=4 ： hmin=-1.52813317555456E-11
数据点位置 i1=5 ： hmin=-3.21942472680803E-12
数据点位置 i1=6 ： hmin=1.41096023753562E-11
数据点位置 i1=7 ： hmin=-2.46980214058112E-12
数据点位置 i1=8 ： hmin=7.105427357601E-13
数据点位置 i1=9 ： hmin=3.98658883682401E-12
数据点位置 i1=10 ： hmin=2.97495361678557E-12
数据点位置 i1=11 ： hmin=1.19597665104472E-11
数据点位置 i1=12 ： hmin=-1.46502809883486E-11
数据点位置 i1=13 ： hmin=-1.49951162597972E-11
数据点位置 i1=14 ： hmin=-1.97015737057882E-11
数据点位置 i1=15 ： hmin=1.38129507831763E-11

图 7.7　滚刀原始齿形重磨误差计算结果

7.6　滚刀重磨对滚齿加工齿形误差的影响

7.6.1　滚齿加工的通用数字仿真模型

建立如图 7.8 所示的坐标系，坐标系$\{O_1, X_1Y_1Z_1\}$与滚刀固连，Z_1方向为滚刀轴线方向，坐标系$\{O_2, X_2Y_2Z_2\}$与齿轮固连，Z_2方向为齿轮轴线方向，滚刀轴线与齿轮端面倾斜角度为ψ。X轴,Y轴,Z轴的单位矢量分别用$\boldsymbol{i}, \boldsymbol{j}, \boldsymbol{k}$表示。

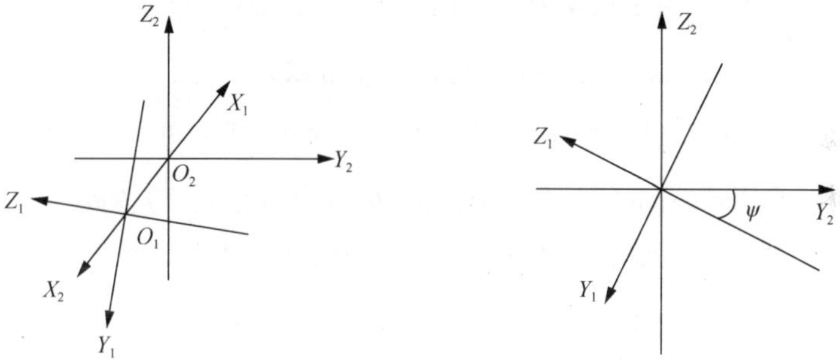

（a）滚刀与齿轮坐标系　　（b）滚刀轴线的倾斜角度

图 7.8　滚齿加工坐标系

两坐标系坐标轴矢量的转换关系如下：

$$\begin{bmatrix} \boldsymbol{i}_2 \\ \boldsymbol{j}_2 \\ \boldsymbol{k}_2 \end{bmatrix} = \begin{bmatrix} -1 & 0 & 0 \\ 0 & -\sin\psi & -\cos\psi \\ 0 & -\cos\psi & \sin\psi \end{bmatrix} \begin{bmatrix} \boldsymbol{i}_1 \\ \boldsymbol{j}_1 \\ \boldsymbol{k}_1 \end{bmatrix} \tag{7.29}$$

$$\begin{bmatrix} \boldsymbol{i}_1 \\ \boldsymbol{j}_1 \\ \boldsymbol{k}_1 \end{bmatrix} = \begin{bmatrix} -1 & 0 & 0 \\ 0 & -\sin\psi & -\cos\psi \\ 0 & -\cos\psi & \sin\psi \end{bmatrix} \begin{bmatrix} \boldsymbol{i}_2 \\ \boldsymbol{j}_2 \\ \boldsymbol{k}_2 \end{bmatrix} \tag{7.30}$$

滚齿加工时，滚刀做圆周回转运动，回转角速度大小为ω_1，工件做分齿回转运动，角速度大小为ω_2，$\omega_2 = i_{21}\omega_1$，$i_{21}$为速比，且工件（斜齿轮）做沿自身轴线的进给运动，速度大小为v_{02}，以及由此产生的附加转动$\Delta\omega_2 = \dfrac{v_{02}}{p_2}$，$p_2$为工件的螺旋常数。工件的转动角速度为

$$\omega^{(2)} = \omega_2 + \Delta\omega_2 = i_{21}\omega_1 + \frac{v_{02}}{p_2} \tag{7.31}$$

若时间用 T 表示，ϕ_1、ϕ_2 分别表示滚刀与齿轮在 T 时刻的转角，则有 $\phi_1=\omega_1 T$，$\phi_2=\omega^{(2)}T=(i_{21}\omega_1+\dfrac{v_{02}}{p_2})T=i_{21}\phi_1+\dfrac{L_2}{p_2}$，$L_2=v_{02}T$ 为工件（斜齿轮）沿自身轴线的进给距离。

设滚刀齿形为

$$\boldsymbol{R}_0^{(1)}=x_0(u)\boldsymbol{i}_1+y_0(u)\boldsymbol{j}_1+z_0(u)\boldsymbol{k}_1 \tag{7.32}$$

式中，u 表示参数。则滚刀方程可以描述为

$$\boldsymbol{R}^{(1)}=x_0(u)\boldsymbol{e}(\theta)+y_0(u)\boldsymbol{e}_1(\theta)+[z_0(u)+p_1\theta]\boldsymbol{k}_1 \tag{7.33}$$

式中，θ 为回转参数；p_1 为滚刀螺旋面的螺旋常数。

当回转至某时刻 T（回转 ϕ_1 角）时，滚刀螺旋面方程为

$$\boldsymbol{r}^{(1)}=\boldsymbol{B}(\phi_1)\boldsymbol{R}^{(1)}=x_0(u)\boldsymbol{e}(\theta+\phi_1)+y_0(u)\boldsymbol{e}_1(\theta+\phi_1)+[z_0(u)+p_1\theta]\boldsymbol{k}_1 \tag{7.34}$$

式中，$\boldsymbol{B}(\phi_1)$ 表示绕 Z_1 轴回转 ϕ_1 角的回转运动群矩阵。

若计算齿轮的端面齿形，可设被加工齿轮的方程为

$$\boldsymbol{R}^{(2)}=\rho_2\boldsymbol{e}^{(2)}(\lambda)+p_2\lambda\boldsymbol{k}_2+h\boldsymbol{e}_1^{(2)}(\lambda) \tag{7.35}$$

式中，$\boldsymbol{e}^{(2)}(\lambda)=\cos\lambda\boldsymbol{i}_2+\sin\lambda\boldsymbol{j}_2$；$\boldsymbol{e}_1^{(2)}(\lambda)=-\sin\lambda\boldsymbol{i}_2+\cos\lambda\boldsymbol{j}_2$；$\rho_2\boldsymbol{e}^{(2)}(\lambda)+p_2\lambda\boldsymbol{k}_2$ 为参考曲面，若 ρ_2 取定值，则为一条圆柱螺旋线；h 为标杆长度，现为未知。$\boldsymbol{e}_1^{(2)}(\lambda)$ 为标杆的发出方向。

T 时刻，工件齿面方程为

$$\begin{aligned}\boldsymbol{r}^{(2)}&=\boldsymbol{B}_2(\phi_2)\boldsymbol{R}^{(2)}+L_2\boldsymbol{k}_2\\&=\rho_2\boldsymbol{e}^{(2)}(\lambda+\phi_2)+h\boldsymbol{e}_1^{(2)}(\lambda+\phi_2)+(p_2\lambda+L_2)\boldsymbol{k}_2\end{aligned} \tag{7.36}$$

式中，$\boldsymbol{B}_2(\phi_2)$ 表示绕 Z_2 轴回转 ϕ_2 角的回转运动群矩阵；L_2 为移动的距离。

滚齿时同样满足接触条件：

$$\boldsymbol{r}^{(1)}-\boldsymbol{r}^{(2)}=A\boldsymbol{i}_1 \tag{7.37}$$

式中，A 为中心距。有

$$\begin{aligned}&x_0(u)\boldsymbol{e}(\theta+\phi_1)+y_0(u)\boldsymbol{e}_1(\theta+\phi_1)+[z_0(u)+p_1\theta]\boldsymbol{k}_1\\&-\rho_2\boldsymbol{e}^{(2)}(\lambda+\phi_2)-h\boldsymbol{e}_1^{(2)}(\lambda+\phi_2)-(p_2\lambda+L_2)\boldsymbol{k}_2-A\boldsymbol{i}_1=0\end{aligned} \tag{7.38}$$

式（7.38）分别点乘 $\boldsymbol{e}^{(2)}(\lambda+\phi_2)$、$\boldsymbol{e}_1^{(2)}(\lambda+\phi_2)$、$\boldsymbol{k}_2$ 得到

$$
\begin{cases}
-x_0[\cos(\lambda+\phi_2)\cos(\theta+\phi_1)+\sin(\lambda+\phi_2)\sin\psi\sin(\theta+\phi_1)] \\
\quad +y_0[\cos(\lambda+\phi_2)\sin(\theta+\phi_1)-\sin(\lambda+\phi_2)\sin\phi\cos(\theta+\phi_1)] \\
\quad -(z_0+p_1\theta)\sin(\lambda+\phi_2)\cos\psi-\rho_2+A\cos(\lambda+\phi_2)=0 \\
x_0[\sin(\lambda+\phi_2)\cos(\theta+\phi_1)-\cos(\lambda+\phi_2)\sin\psi\sin(\theta+\phi_1)] \\
\quad -y_0[\sin(\lambda+\phi_2)\sin(\theta+\phi_1)+\cos(\lambda+\phi_2)\sin\psi\cos(\theta+\phi_1)] \\
\quad -(z_0+p_1\theta)\cos(\lambda+\phi_2)\cos\psi-h-A\sin(\lambda+\phi_2)=0 \\
-x_0\cos\psi\sin(\theta+\phi_1)-y_0\cos\psi\cos(\theta+\phi_1) \\
\quad +(z_0+p_1\theta)\sin\psi-(p_2\lambda+L_2)=0
\end{cases}
\tag{7.39}
$$

式（7.39）求解步骤如下。

步骤 1：将 (x_0, y_0, z_0) 离散化成点序列 (x_{0i}, y_{0i}, z_{0i})，$\lambda=0.1,\cdots$。令 $\rho_2=\rho_0'$，ρ_0' 为一常数，介于齿轮齿根圆半径 r_{f2} 和齿顶圆半径 r_{a2} 之间。

步骤 2：令 $\lambda=0$。

步骤 3：令 $i=k$，k 为一常数，即取某一定点 (x_{0k}, y_{0k}, z_{0k})。

步骤 4：令 L_2 在 Δz_2 附近取值，Δz_2 的意义见图 7.9。

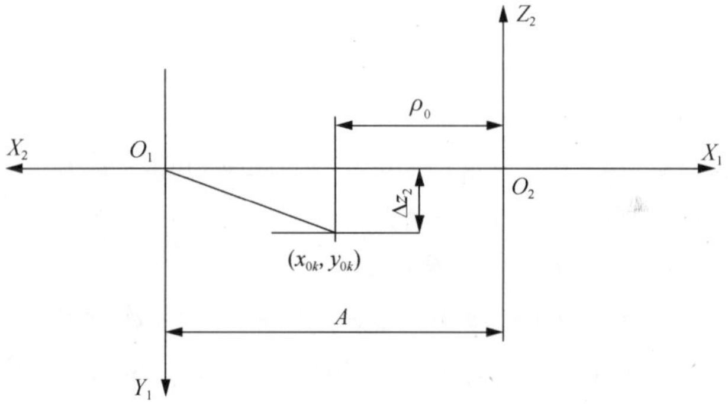

图 7.9　L_2 的取值区域

步骤 5：令 ϕ_1 在 $-2\pi \sim 2\pi$ 搜索取值，可知 $\phi_2=i_{21}\phi_1+\dfrac{L_2}{p_2}$。

步骤 6：由式（7.39）中第 3 式求解出 θ，注意 θ 的取值范围在 $-\phi_1$ 附近。

步骤 7：由式（7.39）中第 1 式解得 $\rho_2=\rho_0$，计算 $\Delta\rho=\rho_0-\rho_0'$。

步骤 8：重复步骤 5～步骤 7，当 $\Delta\rho$ 等于 0 时，记录此时的 ϕ_1 和 θ。注意，对应同一个 L_2，往往有超过 1 个的解，多为 2 个，即 2 个 ϕ_1 和 θ。

步骤 9：将各参数代入式（3.79）的第 2 式，解出 h，同样不止一个 h，取其最小者作为留用的 h。

步骤 10：令 i 变化，重复步骤 3～步骤 9，可得到一系列留用的 h。

步骤 11：计算其中最小的 h，记为 $h_{\min}$，代入式（7.35）可得齿形上一点坐标。

步骤 12：令 ρ_2 变动，重复步骤 2～步骤 11，可以计算得到其他齿形点。

若要研究齿轮任意截面的齿形，如图 7.10 所示，设要研究的齿形截面与 Y_2 轴夹角为 τ，此时被加工齿轮的方程可表示为

$$\boldsymbol{R}^{(2)} = \rho_2 \boldsymbol{e}^{(2)}(\lambda) + p_2 \lambda \boldsymbol{k}_2 + h[\cos\tau \boldsymbol{e}_1^{(2)}(\lambda) - \sin\tau \boldsymbol{k}_2] \tag{7.40}$$

此处，标杆方向改为 $\cos\tau \boldsymbol{e}_1^{(2)}(\lambda) - \sin\tau \boldsymbol{k}_2$。

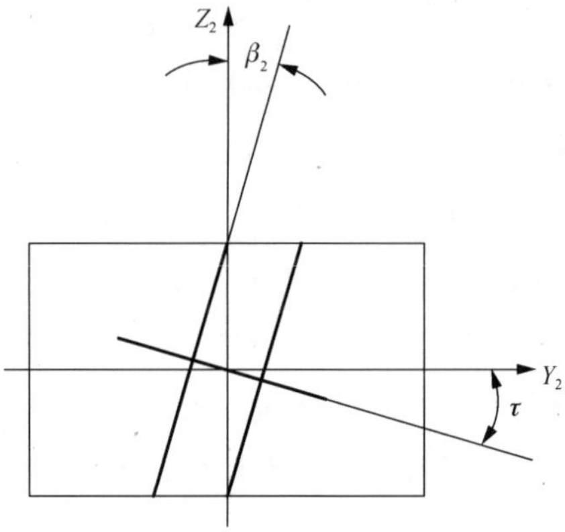

图 7.10　齿轮任意截面齿形

同样有如下方程组：

$$\begin{cases} -x_0[\cos(\lambda+\phi_2)\cos(\theta+\phi_1) + \sin(\lambda+\phi_2)\sin\psi\sin(\theta+\phi_1)] \\ \quad + y_0[\cos(\lambda+\phi_2)\sin(\theta+\phi_1) \\ \quad - \sin(\lambda+\phi_2)\sin\psi\cos(\theta+\phi_1)] \\ \quad - (z_0 + p_1\theta)\sin(\lambda+\phi_2)\cos\psi - \rho_2 + A\cos(\lambda+\phi_2) = 0 \\ x_0[\sin(\lambda+\phi_2)\cos(\theta+\phi_1)\cos\tau - \cos(\lambda+\phi_2)\cos\tau\sin\psi\sin(\theta+\phi_1) \\ \quad + \sin(\theta+\phi_1)\sin\tau\cos\psi] \\ \quad - y_0[\sin(\lambda+\phi_2)\sin(\theta+\phi_1)\cos\tau \\ \quad + \cos(\lambda+\phi_2)\cos\tau\sin\psi\cos(\theta+\phi_1) - \cos(\theta+\phi_1)\sin\tau\cos\psi] \\ \quad - (z_0 + p_1\theta)[\cos(\lambda+\phi_2)\cos\tau\cos\psi + \sin\tau\sin\psi] \\ \quad - h + (p_2\lambda + L_2)\sin\tau - A\cos\tau\sin(\lambda+\phi_2) = 0 \\ x_0[\sin(\lambda+\phi_2)\cos(\theta+\phi_1)\sin\tau - \cos(\lambda+\phi_2)\sin\tau\sin\psi\sin(\theta+\phi_1) \\ \quad - \sin(\theta+\phi_1)\cos\tau\cos\psi] \\ \quad - y_0[\sin(\lambda+\phi_2)\sin(\theta+\phi_1)\sin\tau \\ \quad + \cos(\lambda+\phi_2)\sin\tau\sin\psi\cos(\theta+\phi_1) + \cos(\theta+\phi_1)\cos\tau\cos\psi] \\ \quad - (z_0 + p_1\theta)[\cos(\lambda+\phi_2)\sin\tau\cos\psi - \cos\tau\sin\psi] \\ \quad - (p_2\lambda + L_2)\cos\tau - A\sin\tau\sin(\lambda+\phi_2) = 0 \end{cases} \tag{7.41}$$

求解过程同前，在此不再赘述。

7.6.2　滚刀重磨后的滚齿加工齿形误差计算

针对本章的滚刀实例，根据式（7.6）以及式（7.20）～式（7.22），可知式（7.41）中的 x_0, y_0, z_0 计算如下：

$$\begin{cases} x_0 = X_1\cos\theta_0 - \sqrt{Y_1^2+Z_1^2}\sin\lambda_s\sin\theta_0 \\ y_0 = X_1\sin\theta_0 + \sqrt{Y_1^2+Z_1^2}\sin\lambda_s\cos\theta_0 \\ z_0 = -\sqrt{Y_1^2+Z_1^2}\cos\lambda_s + p_c\theta_0 \end{cases} \tag{7.42}$$

式中，$\theta_0 = 0$ 表示原始（未重磨）的刀刃；$\theta_0 > 0$ 则表示重磨后的刀刃。

需要说明的是，为便于计算，在铲磨砂轮廓形计算时，将 X_1 轴建立在滚刀齿槽的中心；在滚齿加工时，可把 X_1 轴设在滚刀齿厚的对称中心。需要将式（7.42）中的坐标再经过简单的平移处理。另外，重磨后，在滚刀滚齿时，中心距减小一个 $k_c\theta_0$，k_c 为铲削当量。

设被加工齿轮齿数 $z = 42$，模数 $m_n = 6$，则原始刀刃（$\theta_0 = 0$）加工出的齿轮的法向齿形的计算结果如图 7.11 所示。

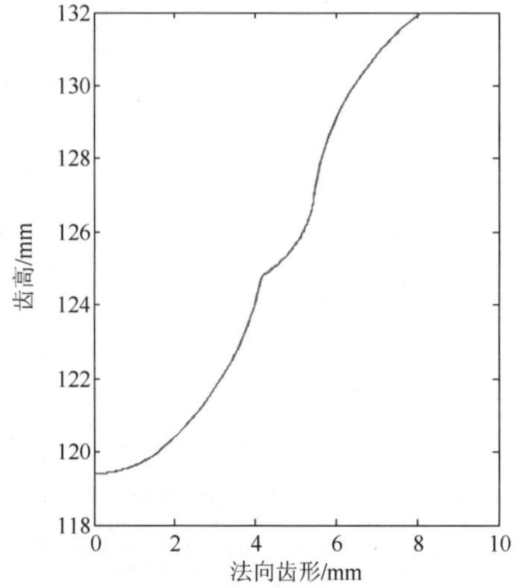

图 7.11　原始刀刃加工出的齿轮的法向齿形

当滚刀沿圆周方向重磨1°时（即 $\theta_0 = 1^\circ$），计算得到的齿轮的法向齿形如图 7.12 所示。

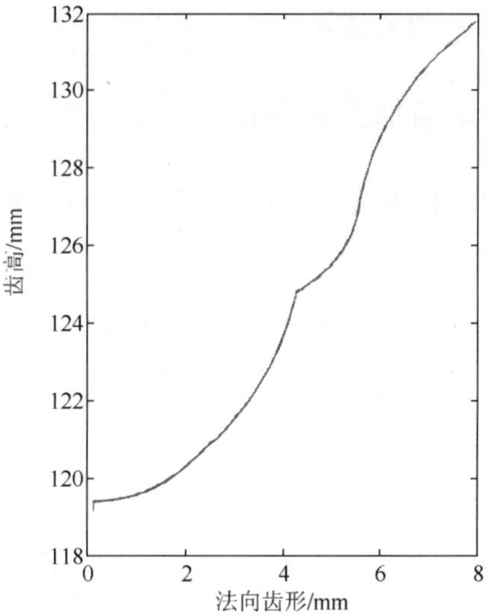

图 7.12 滚刀重磨1° 后加工的齿轮的法向齿形

对图 7.11 和图 7.12 的齿形进行比较，得出的结果如图 7.13 所示。

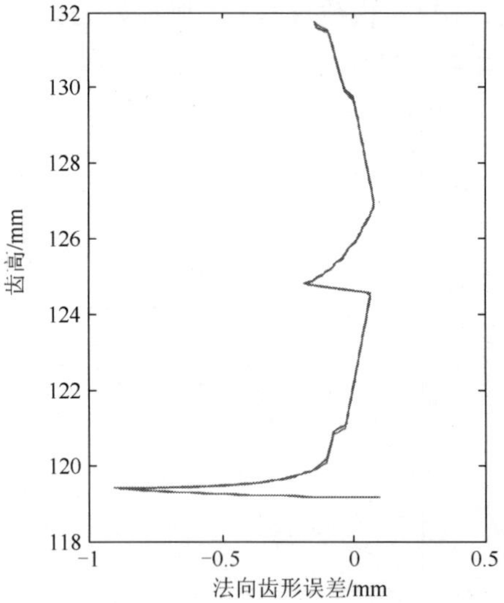

图 7.13 重磨1° 刀刃与原始刀刃加工的齿形比较

由图 7.13 可知，重磨1° 后刀刃与原始刀刃加工的齿轮齿形相比，已经产生了误差。误差在齿根部达到最大值，接近1mm，而在其他齿廓处的误差较小。

7.6.3　砂轮铲磨工艺参数对滚齿加工齿形误差的影响

砂轮铲磨滚刀时，存在 5 个工艺参数，原始中心距 A 和偏距值 H,B，以及水平方向摆角 λ_1 及垂直方向摆角 λ_2。采用单因素方案，即选取其中一个值做调整，其他因素不变的条件下，计算滚齿齿形的误差，发现 A,H,B 变化对滚齿齿形误差几乎没有影响，λ_1 从 0°～2° 变化时，可使齿形误差稍有减小。

当 $\lambda_1 = 0^{\circ}$ 时，最大齿形误差为–0.9134；

当 $\lambda_1 = 2^{\circ}$ 时，最大齿形误差为–0.9092。

λ_1 增大 2°，最大齿形误差仅减小 0.0042mm。λ_2 在 λ_s 上下小量变动，同样对滚齿齿形误差影响甚微。可见工艺参数的调整对减小滚刀侧铲面的误差，进而提高齿轮齿形精度的效果有限。

参 考 文 献

[1] 孙玉文，刘健．基于误差补偿的刀具铲磨砂轮修形的数值模拟．中国机械工程，2000，11（12）：1321-1323．

[2] 俞国平，陈先．增加齿轮滚刀齿侧面齿形合格长度的分析研究．华侨大学学报（自然科学版），1988，9（1）：82-91．

[3] 姚南珣，王殿龙．铲磨砂轮的砂轮廓形计算与修整方法．机床，1989，4：22-24．

[4] 刘丰林，秦大同，徐晓刚，等．滚刀径向整体铲磨砂轮精确计算．重庆大学学报，2009，32（12）：1374-1380．

[5] 刘鹄然，赵东富，宋德玉，等．滚刀铲磨的精确方法．现代机械，2005，6：39-40，64．

[6] 何迎霞．铲磨滚刀的砂轮廓形的数字化计算方法．科技资讯，2008，3：34-35．

[7] 孙玉文，王晓明，曹利新，等．齿轮滚刀齿侧面精密铲磨的方法研究．应用科学学报，2000，18（1）：12-15．

[8] 李志胜，高红梅，翟红升．高硬齿面双圆弧齿轮滚刀的铲磨研究．机械传动，2006，30（3）：15-16．

[9] 姚南珣．滚刀铲磨砂轮廓形解析新方法．大连工学院学报，1983，22（4）：99-105．

[10] 姚南珣，王殿龙．滚刀齿形铲磨原理的研究及其应用．大连工学院学报，1987，26（4）：55-62．

[11] 袁哲俊，刘华明，唐宜胜．齿轮刀具设计．北京：新时代出版社，1983．

第 8 章　螺杆磨削砂轮廓形的计算

众所周知，砂轮磨削作为一种重要的精加工工艺，被广泛地用于各种零件的制造。对于一些具有复杂形面的零件，砂轮几何形状的准确与否，是磨削精度能否达到设计要求的关键。本章以一个离散点形式描述的实际的螺杆零件为例，介绍砂轮廓形的数字仿真计算方法，在与传统解析方法的对比中，体现出数字仿真方法的优越性。

8.1　砂轮廓形计算的解析方法

8.1.1　问题的提出

以某企业设计的螺杆零件为例，要求计算其加工砂轮的廓形。

螺杆零件的端面线形为已知，是以离散点的形式给出的，要求设计的砂轮外径为 240mm，其他已知条件如节圆螺旋角等略。端面线形的部分数据如下：

–47.6328,34.2181

–47.5179,34.3746

–47.4017,34.5301

–47.2842,34.6845

–47.1652,34.8379

–47.0449,34.9902

–46.9233,35.1415

–46.8003,35.2916

–46.6759,35.4407

–46.5503,35.5886

⋮

32.7618,48.6046

32.9091,48.5138

33.0557,48.4219

33.2015,48.3288

33.3466,48.2345

33.4909,48.1391

33.6345,48.0426

33.7773,47.9449

33.9194,47.8461

34.0606,47.7462

按照数据点生成的端面线形如图 8.1 所示。

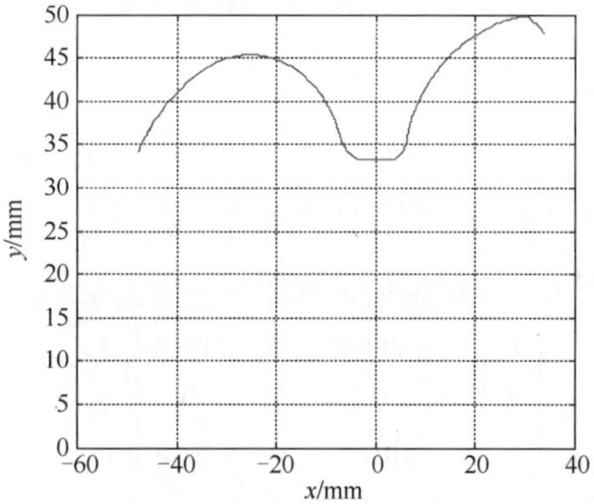

图 8.1　螺杆的端面线形

8.1.2　螺杆面方程的建立

由于端面线形是以离散点形式给出的，可将这些点称为型值点，用 (x_i, y_i) 表示，$i = 1, 2, \cdots, n$。利用插值方法（如拉格朗日插值法）可以得到端面的插值曲线：

$$\boldsymbol{r}_c^{(1)} = x(t)\boldsymbol{i}_1 + y(t)\boldsymbol{j}_1 \tag{8.1}$$

式中，t 为曲线参数。自然，型值点 (x_i, y_i)（$i = 1, 2, \cdots, n$）均满足式（8.1），即为端面曲线上的点。

建立砂轮磨削螺杆的坐标系如图 8.2 所示。

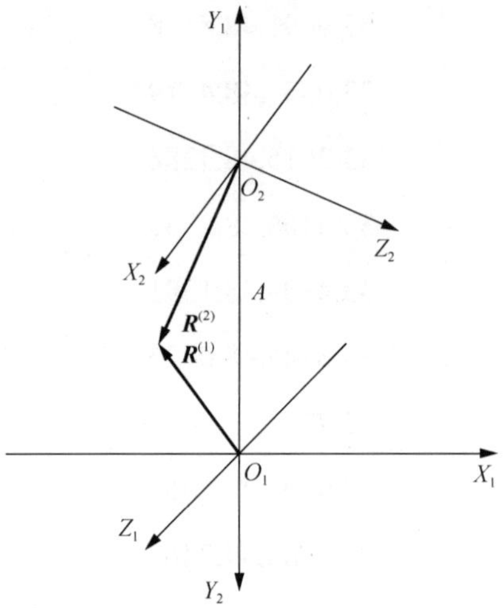

图 8.2　砂轮磨削螺杆坐标系

图 8.2 中，$\{O_1, X_1Y_1Z_1\}$ 为螺杆坐标系，$\{O_2, X_2Y_2Z_2\}$ 为砂轮坐标系。$\boldsymbol{i}_1, \boldsymbol{j}_1, \boldsymbol{k}_1$ 分别为三个坐标轴 X_1, Y_1, Z_1 方向的单位矢量，同理，$\boldsymbol{i}_2, \boldsymbol{j}_2, \boldsymbol{k}_2$ 分别为 X_2, Y_2, Z_2 三个坐标轴方向的单位矢量。Z_1 轴与螺杆轴线重合，Z_2 轴与砂轮轴线重合，Y_1 为中心距方向，A 为中心距大小。坐标轴矢量有如下转换关系：

$$\begin{bmatrix} \boldsymbol{i}_1 \\ \boldsymbol{j}_1 \\ \boldsymbol{k}_1 \end{bmatrix} = \begin{bmatrix} -\cos\psi & 0 & \sin\psi \\ 0 & -1 & 0 \\ \sin\psi & 0 & \cos\psi \end{bmatrix} \begin{bmatrix} \boldsymbol{i}_2 \\ \boldsymbol{j}_2 \\ \boldsymbol{k}_2 \end{bmatrix} \tag{8.2}$$

$$\begin{bmatrix} \boldsymbol{i}_2 \\ \boldsymbol{j}_2 \\ \boldsymbol{k}_2 \end{bmatrix} = \begin{bmatrix} -\cos\psi & 0 & \sin\psi \\ 0 & -1 & 0 \\ \sin\psi & 0 & \cos\psi \end{bmatrix} \begin{bmatrix} \boldsymbol{i}_1 \\ \boldsymbol{j}_1 \\ \boldsymbol{k}_1 \end{bmatrix} \tag{8.3}$$

式中，ψ 为 Z_1 轴与 Z_2 轴的夹角，即安装角。右旋则 $\psi = \lambda$，左旋则 $\psi = \pi - \lambda$，其中，λ 为螺杆节圆螺旋升角。由式（8.1）可以得到螺杆面的方程：

$$\boldsymbol{R}^{(1)} = x(t)\boldsymbol{e}(\phi) + y(t)\boldsymbol{e}_1(\phi) + p\phi\boldsymbol{k}_1 \tag{8.4}$$

式中，ϕ 为曲面（曲线）参数；$\boldsymbol{e}(\phi) = \cos\phi\boldsymbol{i}_1 + \sin\phi\boldsymbol{j}_1$；$\boldsymbol{e}_1(\phi) = -\sin\phi\boldsymbol{i}_1 + \cos\phi\boldsymbol{j}_1$；$p$ 为螺旋常数，右旋为正，左旋为负。式（8.4）写成直角坐标形式如下：

$$\begin{cases} X_1 = x(t)\cos\phi - y(t)\sin\phi \\ Y_1 = x(t)\sin\phi + y(t)\cos\phi \\ Z_1 = p\phi \end{cases} \tag{8.5}$$

8.1.3 磨削加工中心距的确定

为了计算磨削加工时的中心距，需要计算螺杆面的法截形，并且确定螺杆法截形的最低点，即 $\arg\min Y_1$（$Y_1 > 0$）的点。法截形的方程为

$$X_1 = Z_1 \tan\psi \tag{8.6}$$

即

$$x(t)\cos\phi - y(t)\sin\phi - p\phi\tan\psi = 0 \tag{8.7}$$

确定法截形上螺杆的最低点，分为粗搜索、半精搜索、精搜索三个步骤，具体如下：

（1）将各离散点 (x_i, y_i) 代入式（8.7），解出各自对应的 ϕ_i，再代入式（8.5）中的第 2 式，可得到 Y_{1i}，注意须满足条件 $Y_{1i} > 0$，$i = 1, 2, \cdots, n$，找出其中最小的 Y_{1i} 值 $\hat{Y}_1^{(0)} = \min\limits_{i=1,2,\cdots,n} Y_{1i} = Y_{1i_0}$，记录坐标点 (x_{i_0}, y_{i_0})。

（2）令自变量 x 在 $[x_{i_0-1}, x_{i_0+1}]$ 区间细分，取一系列离散值，设取值数为 n_1，记为 $x_1^{(1)}, x_2^{(1)}, \cdots, x_{n_1}^{(1)}$，利用拉格朗日插值公式计算对应的 y 值，代入式（8.7），并利用式（8.5）中的第 2 式，可得到一系列 Y_1 值，同样须满足条件 $Y_1 > 0$，记为 $Y_{1i}^{(1)}$，$i = 1, 2, \cdots, n_1$，找出其中最小的 Y_1 值，记为 $\hat{Y}_1^{(1)} = \min\limits_{i=1,2,\cdots,n_1} Y_{1i}^{(1)} = Y_{1i_1}^{(1)}$，记录坐标点 $(x_{i_1}^{(1)}, y_{i_1}^{(1)})$。

（3）令自变量 x 在 $[x_{i_1-1}^{(1)}, x_{i_1+1}^{(1)}]$ 区间再次细分，重复步骤（2），可得到最小的 Y_1 值 $\hat{Y}_1^{(2)}$。

设加工时砂轮的外径为 $D_{2\max}$，于是中心距 $A = \hat{Y}_1^{(2)} + \dfrac{D_{2\max}}{2}$。

8.1.4 确定砂轮廓形的解析方法

1. 解析模型的建立

设砂轮的轴向截形为

$$\boldsymbol{r}_c^{(2)} = y_2(\tau)\boldsymbol{j}_2 + z_2(\tau)\boldsymbol{k}_2 \tag{8.8}$$

式中，τ 为曲线参数。

于是，砂轮的方程可表示为

$$\begin{aligned}\boldsymbol{R}^{(2)} &= X_2(\tau,\theta)\boldsymbol{i}_2 + Y_2(\tau,\theta)\boldsymbol{j}_2 + Z_2(\tau,\theta)\boldsymbol{k}_2 \\ &= -y_2(\tau)\sin\theta\boldsymbol{i}_2 + y_2(\tau)\cos\theta\boldsymbol{j}_2 + z_2(\tau)\boldsymbol{k}_2\end{aligned} \tag{8.9}$$

式中，θ 为转角参数。砂轮在磨削螺杆时，其运动关系如下：砂轮绕自身轴线做回转运动，螺杆面做绕（沿）自身轴线的与自身导程相等的螺旋运动。显然，回转面绕自身轴线回转还是回转面自身，螺旋面沿自身运动仍是螺旋面自身[1]，因而，在加工过程中，满足下列接触条件：

$$\boldsymbol{R}^{(1)} - \boldsymbol{R}^{(2)} = A\boldsymbol{j}_1 \tag{8.10}$$

于是，砂轮的直角坐标形式可以表示如下：

$$\begin{cases} X_2 = -[x(t)\cos\phi - y(t)\sin\phi]\cos\psi + p\phi\sin\psi \\ Y_2 = A - [x(t)\sin\phi + y(t)\cos\phi] \\ Z_2 = [x(t)\cos\phi - y(t)\sin\phi]\sin\psi + p\phi\cos\psi \end{cases} \tag{8.11}$$

在包络过程中，公切点必然满足其公法线通过砂轮的回转轴线，如图 8.3 所示，即满足径矢 $\boldsymbol{R}^{(2)}$、公法矢 $\boldsymbol{N}$、轴线矢量 $\boldsymbol{k}_2$ 三矢共面，于是有

$$(\boldsymbol{R}^{(2)}, \boldsymbol{N}, \boldsymbol{k}_2) = 0 \tag{8.12}$$

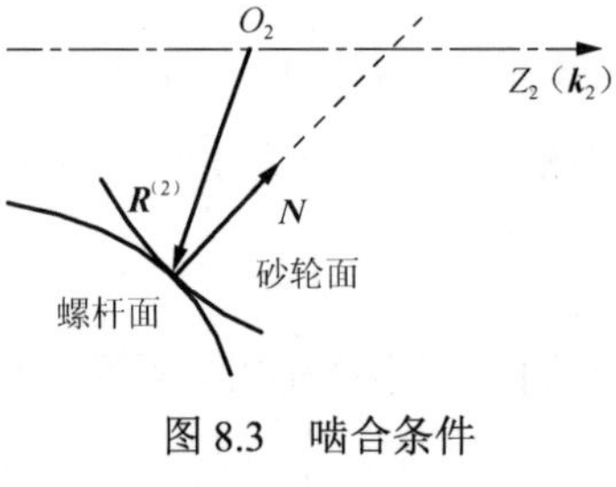

图 8.3　啮合条件

根据式（8.4）、式（8.10）可将砂轮方程描述在螺杆坐标系中，如下所示：

$$\boldsymbol{R}^{(2)} = [x(t)\cos\phi - y(t)\sin\phi]\boldsymbol{i}_1 + [x(t)\sin\phi + y(t)\cos\phi - A]\boldsymbol{j}_1 + p\phi\boldsymbol{k}_1 \tag{8.13}$$

由式（8.4）可以得到

$$\boldsymbol{N} = (py'\cos\phi + px'\sin\phi)\boldsymbol{i}_1 + (py'\sin\phi - px'\cos\phi)\boldsymbol{j}_1 + (xx' + yy')\boldsymbol{k}_1 \tag{8.14}$$

另外，由式（8.3）可知：

$$\boldsymbol{k}_2 = \sin\psi\boldsymbol{i}_1 + \cos\psi\boldsymbol{k}_1$$

将 $\boldsymbol{R}^{(2)},\boldsymbol{N},\boldsymbol{k}_2$ 的表达式代入式（8.12），可得

$$\begin{aligned}&[x(t)\cos\phi - y(t)\sin\phi]\cdot(py'\sin\phi - px'\cos\phi)\cos\psi\\&+[x(t)\sin\phi + y(t)\cos\phi - A]\\&\times[(xx'+yy')\sin\psi-(py'\cos\phi+px'\sin\phi)\cos\psi]\\&-p\phi(py'\sin\phi-px'\cos\phi)\sin\psi=0\end{aligned}\tag{8.15}$$

式（8.15）就是砂轮面与螺杆面啮合条件的具体表达式。

根据式（8.15），可以解得 $\phi=\phi(t)$，代入式（8.11）可以获得砂轮面上的接触线方程，进一步可以获得砂轮的轴向截形：

$$\begin{cases}y_2=\sqrt{X_2^{\ 2}+Y_2^{\ 2}}\\z_2=Z_2\end{cases}\tag{8.16}$$

所以，根据式（8.9），砂轮面的方程可求。

2. 解析计算结果分析

根据已知端面线形数据点，利用前面描述的数学模型，可以得到砂轮的截形，如图 8.4 所示。

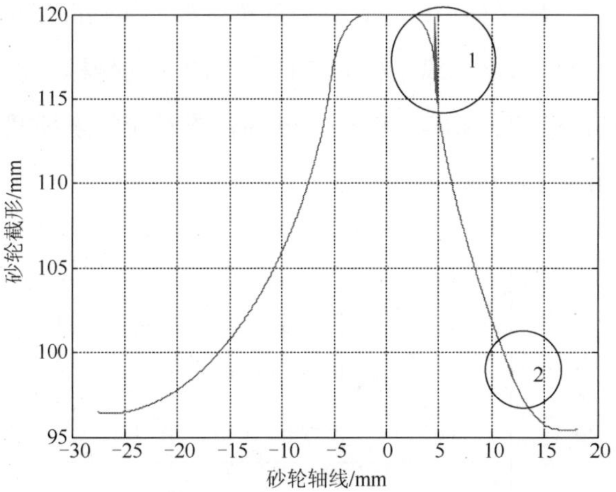

图 8.4　解析方法得到的砂轮截形

可以发现，图 8.4 中的标注 1 与标注 2 处，曲线出现了非光滑的情形。标注 1 处的局部放大图见图 8.5，标注 1 处出现了多值的情形，即同一个螺杆面端面齿形

上的点有两个计算值与之对应，如螺杆端面齿形上的点 $x_1 = 6.4872$ ，$y_1 = 36.2943$ 对应的解析解分别为 $Z_2 = 4.6133$ ， $Y_2 = 116.5136$ 以及 $Z_2 = 4.6109$ ， $Y_2 = 116.9796$ ，两个解非常接近，哪个是真值，哪个是伪解，并不容易辨别区分。

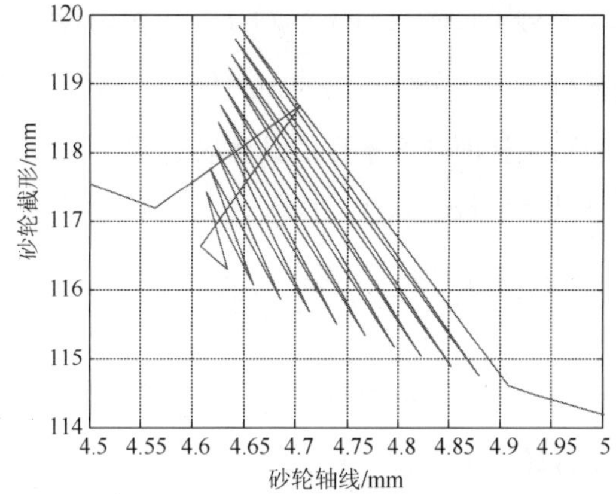

图 8.5　标注 1 处的局部放大

从图 8.6 中可见，标注 2 的区域实际上也是多值情形，但是是同一个砂轮计算截形（并非实际截形）上的点对应着不同螺杆齿形上的点，这可以从图 8.7 中得到更直观的体现。图 8.7 横坐标为砂轮计算值的横坐标，即轴向坐标值，每一个值代表砂轮截形上的一个计算点，纵坐标为螺杆齿形的 x_1 向坐标，以该坐标代表螺杆齿形上的点。可见，砂轮计算截形上一个轴向位置对应的螺杆截形上的点可能多达 5 个，见图 8.7 中竖线位置。

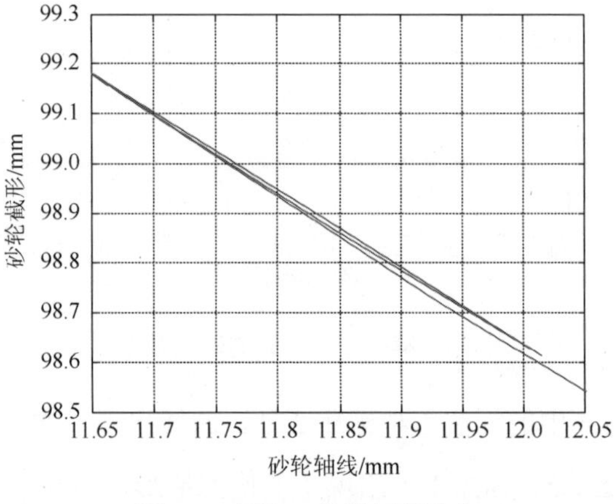

图 8.6　标注 2 处的局部放大

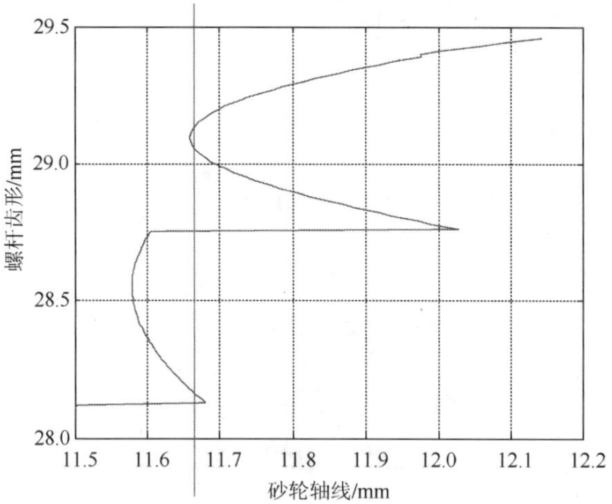

图 8.7　砂轮计算截形点与螺杆端面线形点的对应关系

理论上，可以通过对计算过程中相关参数的取值范围进行精确的界定，消除这种多值现象，从而获得光滑的砂轮截形。但是，针对本例，经过反复操作也难以找到一个简单的规律，能够有效地“去伪存真”，下节介绍的仿真方法可以自然地避免这种多值现象的产生。

8.2　砂轮廓形计算的仿真方法

8.2.1　最小值条件与啮合条件的对比

如图 8.8 所示，砂轮的轴向截形可以表示为

$$\boldsymbol{r}_c^{(2)} = h\boldsymbol{j}_2 + z_2\boldsymbol{k}_2 \tag{8.17}$$

式中，h, z_2 分别表示 y_2, z_2 方向的坐标。则砂轮面的方程为

$$\boldsymbol{R}^{(2)} = h\boldsymbol{e}_1^{(2)}(\theta) + z_2\boldsymbol{k}_2 \tag{8.18}$$

式中，θ 为转角参数；$\boldsymbol{e}_1^{(2)}(\theta) = -\sin\theta\boldsymbol{i}_2 + \cos\theta\boldsymbol{j}_2$，为绕 $\boldsymbol{k}_2$ 轴回转的圆矢量函数，上角标“(2)”表示针对坐标系 2（砂轮坐标系），下同。

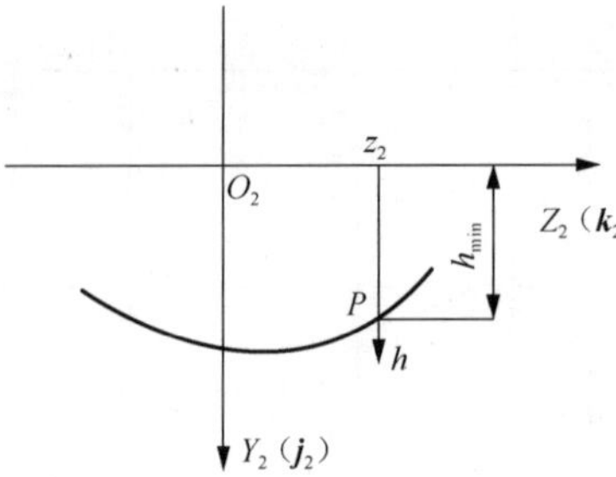

图 8.8　砂轮的轴向截形

对接触条件式（8.10）求全微分，可得

$$\mathrm{d}\boldsymbol{R}^{(1)}-\mathrm{d}\boldsymbol{R}^{(2)}=0 \tag{8.19}$$

即

$$(\boldsymbol{R}_t^{(1)}\mathrm{d}t+\boldsymbol{R}_\phi^{(1)}\mathrm{d}\phi)-[\mathrm{d}h\cdot\boldsymbol{e}_1^{(2)}(\theta)+h\mathrm{d}\boldsymbol{e}_1^{(2)}(\theta)+\mathrm{d}z_2\boldsymbol{k}_2]=0 \tag{8.20}$$

在假定螺杆面上没有奇点的条件下，式（8.20）点乘 $\boldsymbol{R}_t^{(1)}\times\boldsymbol{R}_\phi^{(1)}$，可得

$$\mathrm{d}h[\boldsymbol{e}_1^{(2)}(\theta)\cdot(\boldsymbol{R}_t^{(1)}\times\boldsymbol{R}_\phi^{(1)})]+h[\mathrm{d}\boldsymbol{e}_1^{(2)}(\theta)\cdot(\boldsymbol{R}_t^{(1)}\times\boldsymbol{R}_\phi^{(1)})]+\mathrm{d}z_2[\boldsymbol{k}_2\cdot(\boldsymbol{R}_t^{(1)}\times\boldsymbol{R}_\phi^{(1)})]=0 \tag{8.21}$$

需要说明的是，对于既定点发出的标杆，显然 z_2 为常数，即 $\mathrm{d}z_2=0$。砂轮在回转过程中，该标杆在不同的时刻（位置），将与螺杆面上不同的点相交，其被截得的标杆长度将不断变化，因而标杆长度 h 是回转角 θ 的函数，$h=h(\theta)$。最终砂轮齿面上的点（图 8.8 中的点 P）必然满足标杆数值取得最小的条件：

$$h_{\min}=\min_\theta h(\theta) \tag{8.22}$$

在连续可微的条件下，满足式（8.22）必然有 $h_\theta=0$，即 $\mathrm{d}h=h_\theta\mathrm{d}\theta=0$，于是式（8.21）可简化为

$$h[\mathrm{d}\boldsymbol{e}_1^{(2)}(\theta)\cdot(\boldsymbol{R}_t^{(1)}\times\boldsymbol{R}_\phi^{(1)})]=0 \tag{8.23}$$

式中，$\mathrm{d}\boldsymbol{e}_1^{(2)}(\theta)=\boldsymbol{e}^{(2)}(\theta)\mathrm{d}\theta$，其中，$\boldsymbol{e}^{(2)}(\theta)=\cos\theta\boldsymbol{i}_2+\sin\theta\boldsymbol{j}_2$ 同样为圆矢量函数，$\boldsymbol{R}_t^{(1)}\times\boldsymbol{R}_\phi^{(1)}$ 即为法矢 $\boldsymbol{N}$。则式（8.23）可转化为

$$h\boldsymbol{e}^{(2)}(\theta)\cdot\boldsymbol{N}\mathrm{d}\theta=0 \tag{8.24}$$

结合式（8.18），可知 $\boldsymbol{R}^{(2)}\times\boldsymbol{k}_2=h\boldsymbol{e}^{(2)}(\theta)$，代入式（8.24）可得

$$(\boldsymbol{R}^{(2)}\times\boldsymbol{k}_2)\cdot\boldsymbol{N}=0 \tag{8.25}$$

这就证明了在连续可微的条件下，标杆函数取最小值条件等同于式（8.12）的

啮合条件。但是反过来，对于既定的 z_2 发出的标杆射线，能够满足式（8.12）的点可能不止一个，却并不都满足式（8.22）的最小值条件。

在非连续可微的条件下，式（8.12）无法成立，而式（8.22）仍然有效。由此可见，标杆函数的最小值条件相对于传统的啮合条件更能反映问题的本质属性，不会受到干涉、奇异、多值等现象的影响，求解问题更直接，适用范围更加广泛。因此，仿真方法具有传统方法无可比拟的优越性。

8.2.2　砂轮廓形的仿真计算

将式（8.4）、式（8.18）代入接触条件式（8.10），可得

$$\begin{aligned}&[x(t)\cos\phi - y(t)\sin\phi]\boldsymbol{i}_1 + [x(t)\sin\phi + y(t)\cos\phi]\boldsymbol{j}_1\\&+p\phi\boldsymbol{k}_1 - A\boldsymbol{j}_1 - h\boldsymbol{e}_1^{(2)}(\theta) - z_2\boldsymbol{k}_2 = 0\end{aligned}\tag{8.26}$$

式（8.26）分别点乘 $\boldsymbol{e}^{(2)}(\theta), \boldsymbol{e}_1^{(2)}(\theta), \boldsymbol{k}_2$，再结合式（8.3），可转化为由三个标量方程组成的方程组：

$$\begin{cases}-[x(t)\cos\phi - y(t)\sin\phi]\cos\theta\cos\psi - [x(t)\sin\phi + y(t)\cos\phi]\sin\theta\\\qquad + p\phi\cos\theta\sin\psi + A\sin\theta = 0\\{}[x(t)\cos\phi - y(t)\sin\phi]\sin\theta\cos\psi - [x(t)\sin\phi + y(t)\cos\phi]\cos\theta\\\qquad - p\phi\sin\theta\sin\psi + A\cos\theta - h = 0\\{}[x(t)\cos\phi - y(t)\sin\phi]\sin\psi + p\phi\cos\psi - z_2 = 0\end{cases}\tag{8.27}$$

式（8.27）的求解步骤如下。

步骤 1：令 z_2 取一定值。

步骤 2：令 t 取一数值，由式（8.27）第 3 式解得 ϕ。

步骤 3：代入式（8.27）第 1 式，计算得到 θ。

步骤 4：利用式（8.27）第 2 式，计算得到 h。

步骤 5：令 t 取一新的数值，重复步骤 2～步骤 4，得到一系列 h。

步骤 6：在这一系列 h 中，找出最小值 $h_{\min}$。

步骤 7：令 z_2 在取值范围内取值，重复步骤 1～步骤 6，找出每一个 z_2 对应的 $h_{\min}$，即可获得砂轮截形。

仿真方法计算得到的砂轮轴向截形如图 8.9 所示。

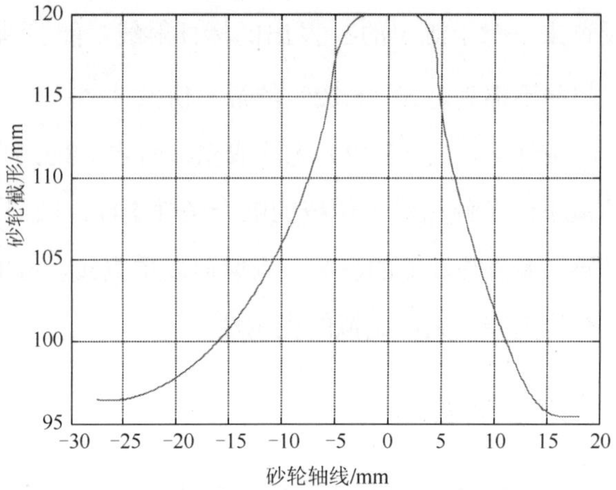

图 8.9　仿真方法计算得到的砂轮截形

8.3　砂轮截形准确性的校验

已知砂轮面方程表示如下：

$$\boldsymbol{R}^{(2)} = h_{2m}\boldsymbol{e}_1^{(2)}(\theta) + z_2\boldsymbol{k}_2 \tag{8.28}$$

下面计算在工艺参数不变的情况下，砂轮包络出的螺杆面的齿形。为便于对“待加工”螺杆与原始螺杆的齿形进行对比，以原始螺杆面的端面齿形为参考曲线，沿 $\boldsymbol{j}_1$ 方向发出标杆射线，如图 8.10 所示。可将待加工的螺杆面端面齿形表示为

$$\hat{\boldsymbol{r}}_c^{(1)} = x(t)\boldsymbol{i}_1 + [y(t) + h_1]\boldsymbol{j}_1 \tag{8.29}$$

式中，h_1 表示标杆射线上的长度取值，其物理意义是待加工螺杆与原始螺杆端面齿形 $\boldsymbol{j}_1$ 方向的误差。于是，则待加工螺杆面方程可表示为

$$\hat{\boldsymbol{R}}^{(1)} = x(t)\boldsymbol{e}(\phi) + [y(t) + h_1]\boldsymbol{e}_1(\phi) + p\phi\boldsymbol{k}_1 \tag{8.30}$$

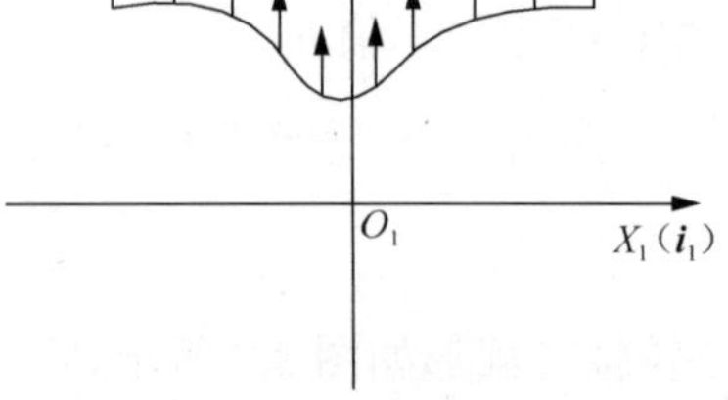

图 8.10　待加工螺杆的端面线形

同样，有如下接触方程：

$$\hat{\boldsymbol{R}}^{(1)}-\boldsymbol{R}^{(2)}=A\boldsymbol{j}_1 \tag{8.31}$$

即

$$x(t)\boldsymbol{e}(\phi)+[y(t)+h_1]\boldsymbol{e}_1(\phi)+p\phi\boldsymbol{k}_1-h_{2m}\boldsymbol{e}_1^{(2)}(\theta)-z_2\boldsymbol{k}_2-A\boldsymbol{j}_1=0 \tag{8.32}$$

式（8.32）分别点乘 $\boldsymbol{e}(\phi)$, $\boldsymbol{e}_1(\phi)$, $\boldsymbol{k}_1$ ，可转化为如下的标量方程组：

$$\begin{cases}x(t)-A\sin\phi-h_{2m}(\cos\phi\sin\theta\cos\psi-\sin\phi\cos\theta)-z_2\cos\phi\sin\psi=0\\ y(t)+h_1-A\cos\phi+h_{2m}(\sin\phi\sin\theta\cos\psi+\cos\phi\cos\theta)+z_2\sin\phi\sin\psi=0\\ p\phi+h_{2m}\sin\theta\sin\psi-z_2\cos\psi=0\end{cases} \tag{8.33}$$

式（8.33）的求解步骤如下。

步骤 1：令 t 取一定值，即选取一确定的端面齿形坐标点 $(x(t),y(t))$ 。

步骤 2：选取砂轮面上一点 (h_{2m},z_2) ，由式（8.33）第 3 式可知 $\phi=(z_2\cos\psi-h_{2m}\sin\theta\sin\psi)/p$ ，代入第 1 式，解得 θ 。

步骤 3：将上述结果代入式（8.33）第 2 式，可以计算得到 h_1 。

步骤 4：选取砂轮面上其他点，重复步骤 2～步骤 3，可以得到一系列 h_1 。

步骤 5：在一系列 h_1 中找出最小值 $h_{1\min}$ 。

步骤 6：令 t 取变量域内的其他值，重复步骤 1～步骤 5，可以计算得到所有原始螺杆端面齿形点对应的误差值 $h_{1\min}$ 。

显然，理想状态下，当所有的 $h_{1\min}$ 均为 0 时，表明砂轮截形的计算结果是正确的。

类似地，还可以用法向标杆函数表示被加工螺杆面的端面齿形，此时被加工螺杆的端面齿形表示为

$$\hat{\boldsymbol{r}}_c^{(1)}=x(t)\boldsymbol{i}_1+y(t)\boldsymbol{j}_1+h_1\boldsymbol{n}_1 \tag{8.34}$$

式中，$\boldsymbol{n}_1$ 为型值点 $(x(t),y(t))$ 处的单位法矢，$\boldsymbol{n}_1=n_{1x}\boldsymbol{i}_1+n_{1y}\boldsymbol{j}_1$ ，其中，$n_{1x}=\dfrac{-y'}{\sqrt{y'^2+x'^2}}$ ，$n_{1y}=\dfrac{x'}{\sqrt{y'^2+x'^2}}$ ； h_1 表示标杆射线上的长度取值，其物理意义是待加工螺杆与原始螺杆端面齿形法方向的误差。则待加工螺杆面方程为

$$\hat{\boldsymbol{R}}^{(1)}=x(t)\boldsymbol{e}(\phi)+y(t)\boldsymbol{e}_1(\phi)+p\phi\boldsymbol{k}_1+h_1[n_{1x}\boldsymbol{e}(\phi)+n_{1y}\boldsymbol{e}_1(\phi)] \tag{8.35}$$

接触方程如下：

$$
\begin{aligned}
& x(t)\boldsymbol{e}(\phi)+y(t)\boldsymbol{e}_1(\phi)+p\phi\boldsymbol{k}_1+h_1[n_{1x}\boldsymbol{e}(\phi)+n_{1y}\boldsymbol{e}_1(\phi)] \\
& -h_{2m}\boldsymbol{e}_1^{(2)}(\theta)-z_2\boldsymbol{k}_2-A\boldsymbol{j}_1=0
\end{aligned} \tag{8.36}
$$

将接触方程分别点乘 $n_{1x}\boldsymbol{e}(\phi)+n_{1y}\boldsymbol{e}_1(\phi)$，$-n_{1y}\boldsymbol{e}(\phi)+n_{1x}\boldsymbol{e}_1(\phi)$，$\boldsymbol{k}_1$，即向这三个正交的方向上投影可得如下标量方程组：

$$
\begin{cases}
x(t)n_{1x}+y(t)n_{1y}+h_1-A(n_{1x}\sin\phi+n_{1y}\cos\phi) \\
\qquad -h_{2m}[n_{1x}(\cos\phi\sin\theta\cos\psi-\sin\phi\cos\theta) \\
\qquad -n_{1y}(\sin\phi\sin\theta\cos\psi+\cos\phi\cos\theta)] \\
\qquad -z_2(n_{1x}\cos\phi\sin\psi-n_{1y}\sin\phi\sin\psi)=0 \\
-x(t)n_{1y}+y(t)n_{1x}-A(-n_{1y}\sin\phi+n_{1x}\cos\phi) \\
\qquad +h_{2m}[n_{1x}(\sin\phi\sin\theta\cos\psi+\cos\phi\cos\theta) \\
\qquad +n_{1y}(\cos\phi\sin\theta\cos\psi-\sin\phi\cos\theta)] \\
\qquad +z_2(n_{1y}\cos\phi\sin\psi+n_{1x}\sin\phi\sin\psi)=0 \\
p\phi+h_{2m}\sin\theta\sin\psi-z_2\cos\psi=0
\end{cases} \tag{8.37}
$$

式（8.37）的求解步骤同式（8.33），在此不再赘述。

用计算得到的砂轮反过来加工螺杆面时的齿形法向包络误差如图 8.11 所示。

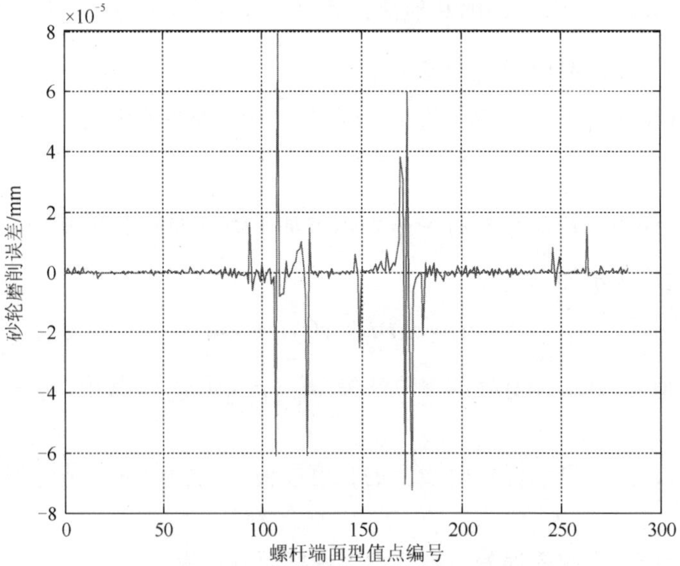

图 8.11　螺杆齿形的法向包络误差

从图 8.11 可以看到，在大部分型值点处，加工误差几乎为零。在型值点编号为 90～180 误差曲线跳动比较剧烈，一些点处的误差的幅值也较大，但最大也不超过 8×10^{-5}mm。实际上计算测试结果表明，这些点处的误差数值对于计算过程中的步长取值非常敏感。当计算砂轮截形时的步长取得足够小时（如 0.001mm），误差数值的绝对值会大幅下降至接近于 0 的水平。当然，这是以牺牲计算速度为代价的。

从计算结果可知，砂轮截形的计算结果是准确的。

参 考 文 献

[1] 吴序堂．齿轮啮合原理．第 2 版．西安：西安交通大学出版社，2009．

第 9 章　共轭曲面的数字仿真原理在数控侧铣加工中的应用

9.1　引　　言

非可展直纹面是工程实践中非常重要的一种曲面，在航空发动机、鼓风机中的整体叶轮等关键零件的生产中有着较为广泛的应用。非可展直纹面类零件在数控加工中属于难度较大的，而且其加工的精度和表面质量对整机的性能影响很大，因此对其加工方法的研究一直是国内外学者关注的热点[1]。侧铣加工具有切削条件好、零件表面可一次成形等优点，但被加工形面的不可展性会造成原理性加工误差，因此如何研究合理优化刀具路径，对于减小加工误差、提高零件性能至关重要[2]。目前，国内外关于侧铣非可展直纹面的刀位规划的研究已取得了很大的进展，但迄今为止，在非可展直纹面零件的实际生产中，还没有一种公开的、行之有效的解决方法[2]。

由于曲面的复杂性，实施侧铣加工往往需要用到 5 轴数控加工中心，由于机床各轴的运动相互联动，从运动学的角度来看，铣刀在空间内仍然是单自由度运动，于是各刀位下的刀具曲面形成了单参数的曲面族，加工所得的曲面即为该面族的包络面[1]。显然，侧铣加工中刀具与工件的相互运动仍然是两个曲面的共轭运动，符合共轭曲面的一般规律，可以用共轭曲面的数字仿真原理来进行分析和研究。

本章针对一个实际的叶轮零件，以圆锥刀为加工刀具，对其叶片的侧铣加工进行刀位规划。在规划过程中，可以利用共轭曲面的数字仿真原理与方法，方便地计算实际包络面与包络误差，据此评判刀位规划效果的优劣，甚至可以借助共轭曲面的数字仿真原理，直接生成刀位最优性判定条件，为刀位优化操作提供依据。

9.2　叶片曲面的造型

以某企业的三元整体叶轮零件为例，已知原始数据为叶片中性面上顶部（盖盘）和根部（轴盘）的两组数据点，包括顶部和根部的一系列离散数据点和对应点的叶片厚度值，共有 41 组数据，部分数据见表 9.1。其依据的原始坐标系称为工件坐标系或基坐标系，其中，Z 轴与叶轮回转轴线重合，整个叶轮共有 17 组叶片。

表 9.1　叶片中性面部分坐标　　　　（单位：mm）

序号	轴盘 X	轴盘 Y	轴盘 Z	厚度 δ_h	盖盘 X	盖盘 Y	盖盘 Z	厚度 δ_s
1	62.127	46.877	61.421	2.517	92.559	108.989	114.634	1.516
2	61.015	51.424	58.416	2.971	90.131	111.3804	112.09	1.752
3	59.879	55.7898	55.462	3.373	87.718	113.904	109.752	1.961
4	58.634	59.898	52.461	3.716	85.223	116.164	107.22	2.134
5	57.586	63.976	49.715	4.034	82.956	118.58	104.9	2.306
6	56.442	67.958	46.923	4.303	80.621	120.859	102.493	2.447
7	55.304	71.934	44.188	4.536	78.317	123.101	100.1	2.572
⋮	⋮	⋮	⋮	⋮	⋮	⋮	⋮	⋮
35	15.730	177.680	0.954	5.220	29.804	183.246	46.491	3.305
36	13.405	181.475	0.665	5.104	28.276	185.833	45.632	3.290
37	10.973	185.231	0.433	4.959	26.701	188.440	44.867	3.274
38	8.417	188.987	0.260	4.713	25.078	191.064	44.195	3.256
39	5.734	192.712	0.137	4.633	23.402	193.687	43.611	3.236
40	2.942	196.370	0.070	4.434	21.670	196.344	43.101	3.216
41	0	200	0	4.207	19.883	198.971	42.666	3.190

利用 3 次准均匀 B 样条插值方法[3]，构造中性面轴盘曲线和盖盘曲线，对应的数据点用直线相连，生成直纹面形式的中性面。在此基础上，计算各数据点的法矢，继而利用表 9.1 中的厚度值，可以方便地获得轴盘和盖盘的偏置曲线。

左侧偏置曲线如下：

$$\boldsymbol{r}_l^{(1)} = \boldsymbol{r}_l^{(1)}(i;u) = f_{i1}\boldsymbol{V}_{li}^{(1)} + f_{i2}\boldsymbol{V}_{l,i+1}^{(1)} + f_{i3}\boldsymbol{V}_{l,i+2}^{(1)} + f_{i4}\boldsymbol{V}_{l,i+3}^{(1)}$$

及

$$\boldsymbol{r}_l^{(2)} = \boldsymbol{r}_l^{(2)}(i;u) = f_{i1}\boldsymbol{V}_{li}^{(2)} + f_{i2}\boldsymbol{V}_{l,i+1}^{(2)} + f_{i3}\boldsymbol{V}_{l,i+2}^{(2)} + f_{i4}\boldsymbol{V}_{l,i+3}^{(2)}$$

式中，$i = 1,2,\cdots,n-1$ 表示曲面片的编号，n 为已知数据点数；$f_{i1}, f_{i2}, f_{i3}, f_{i4}$ 为样条基函数；参数用 u 表示，$u \in [0,1]$；$\boldsymbol{V}_{li}^{(1)}, \boldsymbol{V}_{l,i+1}^{(1)}, \boldsymbol{V}_{l,i+2}^{(1)}, \boldsymbol{V}_{l,i+3}^{(1)}$ 以及 $\boldsymbol{V}_{li}^{(2)}, \boldsymbol{V}_{l,i+1}^{(2)}, \boldsymbol{V}_{l,i+2}^{(2)}, \boldsymbol{V}_{l,i+3}^{(2)}$ 分别为轴盘以及盖盘左侧偏置曲线的控制顶点。

最终，叶片左侧曲面可以写成如下直纹面形式的方程：

$$\boldsymbol{r}_l=\boldsymbol{r}_l(i;u,v)=(1-v)\boldsymbol{r}_l^{(1)}+v\boldsymbol{r}_l^{(2)} \tag{9.1}$$

式中，v 为直母线方向的参数，$v\in[0,1]$；$\boldsymbol{r}_l^{(1)}$ 可视为叶片曲面片的准线。

同理，叶片右侧曲面方程可描述为

$$\boldsymbol{r}_r=\boldsymbol{r}_r(i;u,v)=(1-v)\boldsymbol{r}_r^{(1)}+v\boldsymbol{r}_r^{(2)} \tag{9.2}$$

式中，各符号意义同上。

9.3 两点偏置法确定初始刀位

已知圆锥刀小端半径为 r_c，锥顶半角为 δ。不失一般性，以左侧叶片曲面的某一曲面片为例，即令式（9.1）中的 i 取定值。

确定刀轴位置就是确定刀轴基准点（小端圆心）在固定坐标系中的坐标和坐标轴线的矢量方向，确定刀轴位置时需要确保刀具小端能够可靠地加工叶片底部（轴盘曲线侧）。两点偏置法确定初始刀轴的流程如图 9.1 所示。

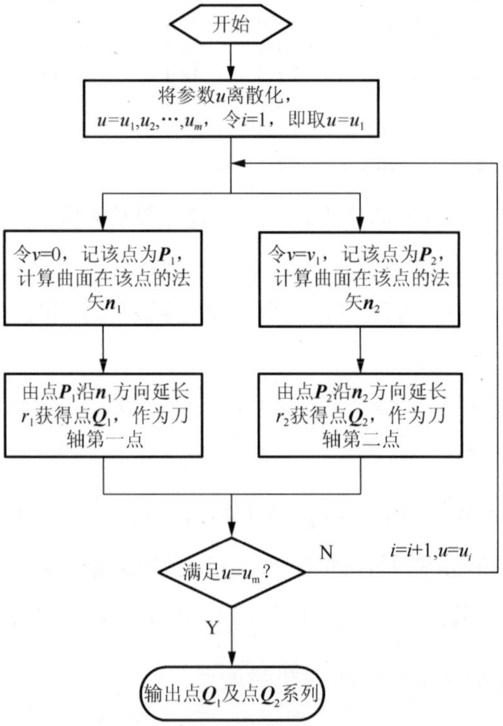

图 9.1　计算初始刀轴位置矢量流程

已知圆锥刀小端半径为r_c、锥顶半角为δ，两点偏置法确定刀轴矢量的具体步骤如下。

步骤 1：将$u \in [0,1]$离散化，$u = u_1, u_2, \cdots, u_m$。

步骤 2：令参数$v = 0$（在轴盘曲线上），$u = u_1$，将该点记为$\boldsymbol{P}_1$，利用叶片曲面公式计算在点$\boldsymbol{P}_1$处的单位法矢$\boldsymbol{n}_1$。

步骤 3：由$\boldsymbol{P}_1$沿法矢$\boldsymbol{n}_1$方向延长$r_1 = \dfrac{r_c}{\cos\delta}$至点$\boldsymbol{Q}_1$，则$\boldsymbol{Q}_1$为刀轴线上的第一点，即$\boldsymbol{Q}_1 = \boldsymbol{P}_1 + r_1\boldsymbol{n}_1$。

步骤 4：$u = u_1$不变，令$v = v_1$，v_1为$(0, |\boldsymbol{r}_l^{(2)} - \boldsymbol{r}_l^{(1)}|]$区间内的一个定值，即在同一条直母线上取另外一点，记为$\boldsymbol{P}_2$，计算叶片曲面在该点处的单位法矢$\boldsymbol{n}_2$。

步骤 5：欲确定刀轴上第二点$\boldsymbol{Q}_2$，分步骤如下：

（1）由点$\boldsymbol{P}_2$沿$\boldsymbol{n}_2$方向延伸一初始距离r_{20}，获得点$\boldsymbol{Q}_2$的初始位置，记为$\boldsymbol{Q}_{20}$，即$\boldsymbol{Q}_{20} = \boldsymbol{P}_2 + r_{20}\boldsymbol{n}_2$；

（2）计算距离$r_{\text{axis}} = |\boldsymbol{Q}_{20} - \boldsymbol{Q}_1| = |\boldsymbol{Q}_1\boldsymbol{Q}_{20}|$以及$r_{21} = r_{\text{axis}}\sin\delta + \dfrac{r_c}{\cos\delta}$（$r_{21}$参考图 9.2 中的$|\boldsymbol{P}_3\boldsymbol{Q}_2|$）；

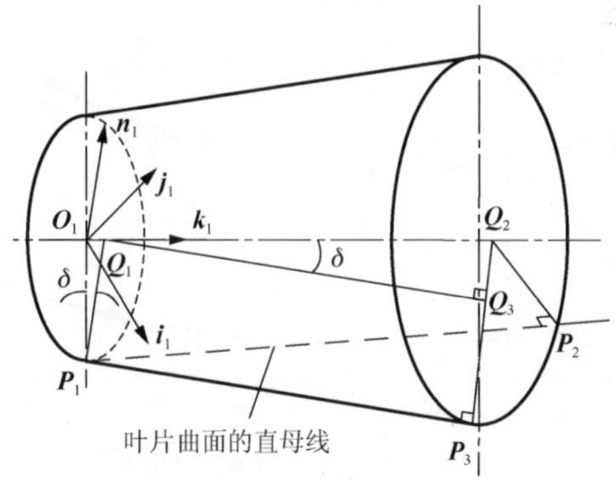

图 9.2　初始刀轴矢量的确定

（3）比较r_{20}和r_{21}，若$|r_{21} - r_{20}| < \delta_{\text{r}}$，$\delta_{\text{r}}$为控制精度的正的小量，则计算结束，$\boldsymbol{Q}_{20}$即为要求的点$\boldsymbol{Q}_2$；反之，令$r_{20} = r_{21}$，转到步骤（1），直至满足$|r_{21} - r_{20}| < \delta_{\text{r}}$。

步骤 6：令$u = u_2, u_3, \cdots, u_m$，重复步骤 2～步骤 5，可获得表征各自不同刀轴位置的一系列参考点$\boldsymbol{Q}_1$、$\boldsymbol{Q}_2$。

将生成的表征各刀位刀轴的 $\boldsymbol{Q}_1, \boldsymbol{Q}_2$ 点序列记为 $\boldsymbol{Q}_{1j}, \boldsymbol{Q}_{2j}$ （$j=1,2,\cdots,m$），进行 3 次准均匀 B 样条插值，其对应的控制顶点系列分别用 $\boldsymbol{V}_{qj}{}^{(1)}, \boldsymbol{V}_{qj}{}^{(2)}$ 表示，则有

$$\begin{aligned}\boldsymbol{r}_q^{(1)} &= \boldsymbol{r}_q^{(1)}(j;u_q)\\ &= f_{j1}\boldsymbol{V}_{qj}^{(1)} + f_{j2}\boldsymbol{V}_{q,j+1}^{(1)} + f_{j3}\boldsymbol{V}_{q,j+2}^{(1)} + f_{j4}\boldsymbol{V}_{q,j+3}^{(1)}\end{aligned} \tag{9.3}$$

$$\begin{aligned}\boldsymbol{r}_q^{(2)} &= \boldsymbol{r}_q^{(2)}(j;u_q)\\ &= f_{j1}\boldsymbol{V}_{qj}^{(2)} + f_{j2}\boldsymbol{V}_{q,j+1}^{(2)} + f_{j3}\boldsymbol{V}_{q,j+2}^{(2)} + f_{j4}\boldsymbol{V}_{q,j+3}^{(2)}\end{aligned} \tag{9.4}$$

式中，$f_{j1}, f_{j2}, f_{j3}, f_{j4}$ 意义同前；此处参数用 u_q 表示，$u_q \in [0,1]$。

于是可获得初始刀轴面：

$$\boldsymbol{r}_q = \boldsymbol{r}_q(j;u_q,v_q) = (1-v_q)\boldsymbol{r}_q^{(1)} + v_q\boldsymbol{r}_q^{(2)} \tag{9.5}$$

式中，v_q 为直母线方向的参数，$v_q \in [0,1]$；$\boldsymbol{r}_q{}^{(1)}$ 为刀轴面的准线。显然，刀轴面为直纹面。

叶片曲面片与其对应的刀轴轨迹面的参数对照关系如图 9.3 所示，可知有如下关系：

$$u = u_j + u_q(u_{j+1} - u_j) \tag{9.6}$$

式中，$j=1,2,\cdots,m-1$，表示刀轴轨迹面上准线的某一段。

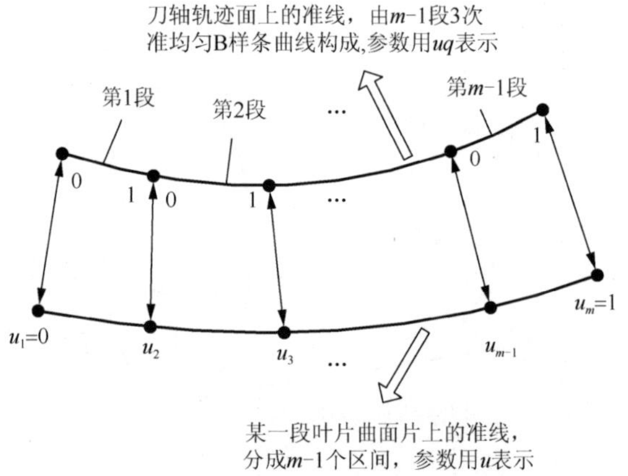

图 9.3　叶片曲面与刀轴轨迹面参数对应关系

9.4　圆锥刀侧铣加工刀位规划的最小二乘法

文献[4]从传统的共轭曲面原理出发，利用圆锥面的几何性质，提出“强制”

刀具圆锥面与工件直纹面每瞬时线接触的方法，得到优化效果较好的刀轴轨迹。

作为回转面的一种，圆锥面具有如下性质：圆锥面上各点的法线必然通过回转轴线。显然，由两点偏置法确定刀轴位置的操作步骤可知，刀具面与叶片曲面必然在 $\boldsymbol{P}_1,\boldsymbol{P}_2$ 处相切，即 $\boldsymbol{P}_1\boldsymbol{Q}_1,\boldsymbol{P}_2\boldsymbol{Q}_2$ 为公法线。据此，给出下面命题。

命题 9.1：假定每个位置刀具圆锥面与叶片曲面均为线接触，并且接触线无奇点，则刀轴上 $\boldsymbol{Q}_1,\boldsymbol{Q}_2$ 之间各点在叶片曲面上的投影一定在接触线上。

根据命题 9.1，在初始位置的刀轴上 $\boldsymbol{Q}_1,\boldsymbol{Q}_2$ 之间取若干点，分别通过这些点做叶片曲面的垂线，求得垂足点，调整刀轴至某一位置，使刀具面与叶片曲面在这些点处（尽可能）相切。这些垂足点便构成了（近似的）接触线，刀具曲面与叶片曲面便形成了（近似的）线接触，此时的刀轴便是位置优化后的刀轴。如图 9.4 所示，$\boldsymbol{Q}_t$ 为 $\boldsymbol{Q}_1,\boldsymbol{Q}_2$ 之间的一点，过该点做叶片曲面的垂线 $\boldsymbol{Q}_t\boldsymbol{Q}_d$，垂足点为 $\boldsymbol{Q}_d$。图 9.4 中的虚线为优化调整后的刀具位置，$\boldsymbol{C}_{ji}$ 为 $\boldsymbol{Q}_t\boldsymbol{Q}_d$ 与调整后刀具轴线的交点。

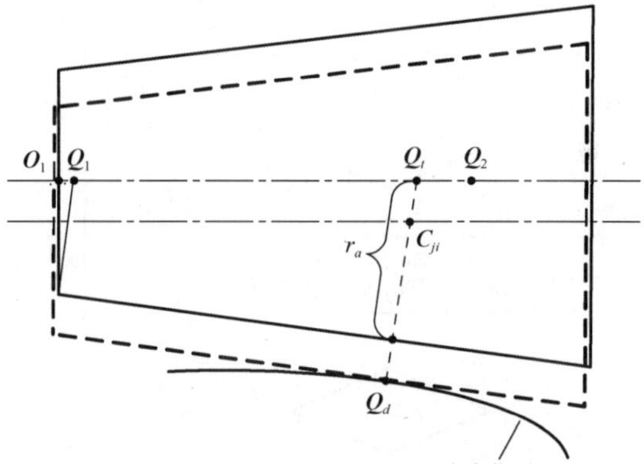

图 9.4　刀轴位置的优化调整

刀轴位置优化调整计算流程见图 9.5。

在优化过程中，需要用到的点 $\boldsymbol{Q}_t$ 的当量半径 r_a 以及垂线与圆锥面轴线的交点 $\boldsymbol{C}_{ji}$ 的计算如下：

$$r_a = r_c / \cos\delta + l_{\text{axis}} \sin\delta \tag{9.7}$$

$$C_{ji}=Q_d+r_a\frac{Q_t-Q_d}{|Q_t-Q_d|} \tag{9.8}$$

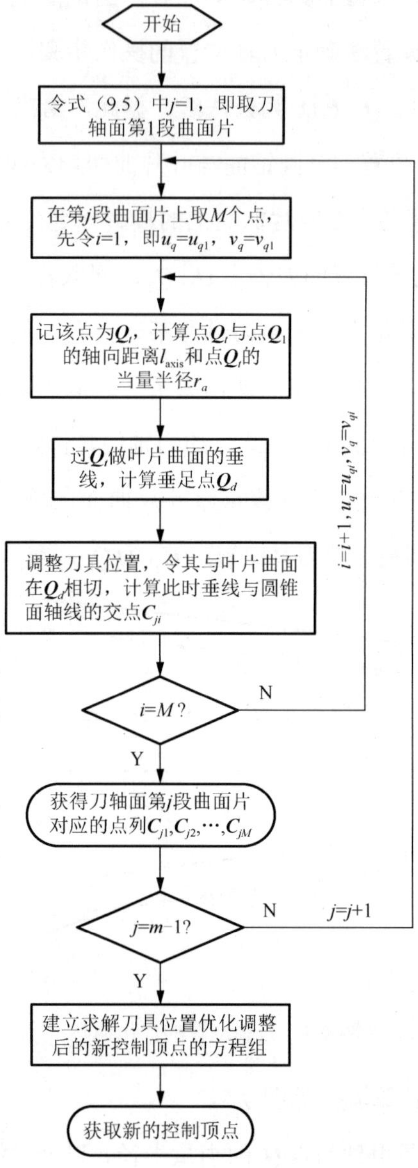

图 9.5　刀轴位置优化调整计算流程

优化方程组如下：

$$
\begin{cases}
(1-v_{q1})(f_{j1}(u_{q1})\boldsymbol{W}_j^{(1)}+f_{j2}(u_{q1})\boldsymbol{W}_{j+1}^{(1)}+f_{j3}(u_{q1})\boldsymbol{W}_{j+2}^{(1)}+f_{j4}(u_{q1})\boldsymbol{W}_{j+3}^{(1)}) \\
\qquad +v_{q1}(f_{j1}(u_{q1})\boldsymbol{W}_j^{(2)}+f_{j2}(u_{q1})\boldsymbol{W}_{j+1}^{(2)}+f_{j3}(u_{q1})\boldsymbol{W}_{j+2}^{(2)}+f_{j4}(u_{q1})\boldsymbol{W}_{j+3}^{(2)})=\boldsymbol{C}_{j1} \\
(1-v_{q2})(f_{j1}(u_{q2})\boldsymbol{W}_j^{(1)}+f_{j2}(u_{q2})\boldsymbol{W}_{j+1}^{(1)}+f_{j3}(u_{q2})\boldsymbol{W}_{j+2}^{(1)}+f_{j4}(u_{q2})\boldsymbol{W}_{j+3}^{(1)}) \\
\qquad +v_{q2}(f_{j1}(u_{q2})\boldsymbol{W}_j^{(2)}+f_{j2}(u_{q2})\boldsymbol{W}_{j+1}^{(2)}+f_{j3}(u_{q2})\boldsymbol{W}_{j+2}^{(2)}+f_{j4}(u_{q2})\boldsymbol{W}_{j+3}^{(2)})=\boldsymbol{C}_{j2} \\
\qquad \vdots \\
(1-v_{qM})(f_{j1}(u_{qM})\boldsymbol{W}_j^{(1)}+f_{j2}(u_{qM})\boldsymbol{W}_{j+1}^{(1)}+f_{j3}(u_{qM})\boldsymbol{W}_{j+2}^{(1)}+f_{j4}(u_{qM})\boldsymbol{W}_{j+3}^{(1)}) \\
\qquad +v_{qM}(f_{j1}(u_{qM})\boldsymbol{W}_j^{(2)}+f_{j2}(u_{qM})\boldsymbol{W}_{j+1}^{(2)}+f_{j3}(u_{qM})\boldsymbol{W}_{j+2}^{(2)}+f_{j4}(u_{qM})\boldsymbol{W}_{j+3}^{(2)})=\boldsymbol{C}_{jM}
\end{cases}
\tag{9.9}
$$

式中， $j=1,2,\cdots,m-1$。

式（9.9）由 $M\times(m-1)$ 个矢量方程构成，包含 $2(m+2)$ 个矢量未知数，即控制顶点 $\boldsymbol{W}_1^{(1)},\boldsymbol{W}_2^{(1)},\cdots,\boldsymbol{W}_{m+2}^{(1)}$ 以及 $\boldsymbol{W}_1^{(2)},\boldsymbol{W}_2^{(2)},\cdots,\boldsymbol{W}_{m+2}^{(2)}$。为达到一定的逼近精度，通常有 $M\times(m-1)>2(m+2)$，即方程组为超定方程组，可利用求解线性最小二乘问题的豪斯荷尔德变换法[5]求解，将求得的控制顶点 $\boldsymbol{W}$ 系列替换式（9.3）～式（9.5）中的 $\boldsymbol{V}_q$ 系列便可以得到优化后的刀轴面方程。

9.5　圆锥刀具面族的包络面与包络误差计算

9.5.1　解析方法

1. 圆锥面方程的建立

假设描述直纹面的工件坐标系用 $\{\boldsymbol{O}_B,X_BY_BZ_B\}$ 表示，三坐标轴的单位矢量分别用 $\boldsymbol{i}_B,\boldsymbol{j}_B,\boldsymbol{k}_B$ 表示，建立刀具坐标系 $\{\boldsymbol{O},XYZ\}$，如图 9.6 所示，坐标原点 $\boldsymbol{O}$ 即为圆锥刀小端圆心，设各坐标轴单位矢量分别为 $\boldsymbol{i},\boldsymbol{j},\boldsymbol{k}$。

如图 9.7 所示，在 $\{\boldsymbol{O},XZ\}$ 坐标系内，圆锥面的素线方程可写为

$$
\boldsymbol{r}_1=r_c\boldsymbol{i}+t(\sin\delta\boldsymbol{i}+\cos\delta\boldsymbol{k}) \tag{9.10}
$$

式中，t 表示直线方向的参数。

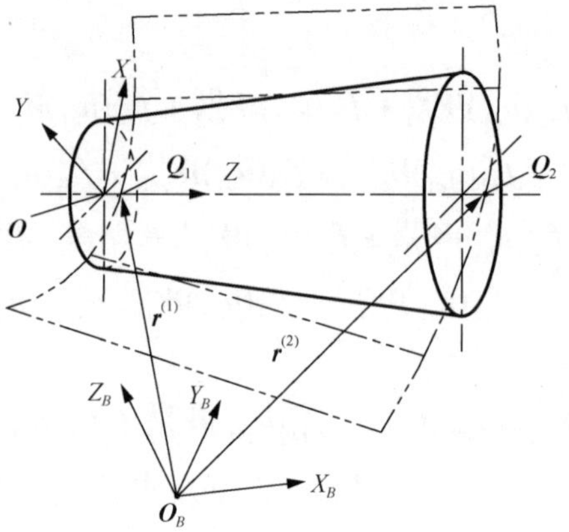

图 9.6　刀具坐标系

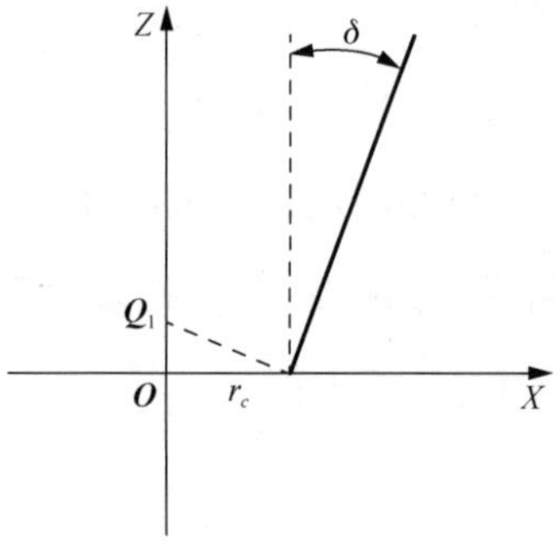

图 9.7　圆锥面的素线

在 $\{\boldsymbol{O}, XZ\}$ 坐标系内，圆锥面方程可写为

$$\begin{aligned}\boldsymbol{r} &= \boldsymbol{B}(\alpha)\boldsymbol{r}_1 \\ &= (r_c + t\sin\delta)\cos\alpha\boldsymbol{i} + (r_c + t\sin\delta)\sin\alpha\boldsymbol{j} + t\cos\delta\boldsymbol{k}\end{aligned} \tag{9.11}$$

式中，$\boldsymbol{B}(\alpha)$ 为回转运动群矩阵；α 为回转角。图 9.7 中的坐标原点，即圆锥刀小端圆心 $\boldsymbol{O}$ 与点 $\boldsymbol{Q}_1$ 的轴向距离为

$$|\boldsymbol{OQ}_1| = r_c \tan\delta \tag{9.12}$$

则圆锥面在基坐标系 $\{\boldsymbol{O}_{\mathrm{B}}, X_{\mathrm{B}}Y_{\mathrm{B}}Z_{\mathrm{B}}\}$ 内的方程为

$$\boldsymbol{R} = \boldsymbol{O} + \boldsymbol{r} = \boldsymbol{Q}_1 + \boldsymbol{Q}_1\boldsymbol{O} + \boldsymbol{r} = \boldsymbol{Q}_1 - r_c\tan\delta\boldsymbol{k} + \boldsymbol{r} \tag{9.13}$$

式中，$\boldsymbol{Q}_1$ 为表征刀轴矢量的第一点，亦为刀轴轨迹面准线上的点。注意，不论刀轴轨迹面优化与否，其方程的形式仍然如式（9.3）～式（9.5）所示。

不失一般性，假定 $\boldsymbol{Q}_1$ 位于刀轴轨迹面第一段曲面片上，于是式（9.3）可以简

单表示为

$$\boldsymbol{Q}_1 = f_1\boldsymbol{V}_{q1}^{(1)} + f_2\boldsymbol{V}_{q2}^{(1)} + f_3\boldsymbol{V}_{q3}^{(1)} + f_4\boldsymbol{V}_{q4}^{(1)} \tag{9.14}$$

式中，$f_i(i=1,2,3,4)$为样条基函数，参数为u_q，$u_q \in [0,1]$；矢量系列$\boldsymbol{V}_{qi}^{(1)}$（$i=1,2,3,4$）为控制顶点，在基坐标系$\{\boldsymbol{O}_\mathrm{B}, X_\mathrm{B}Y_\mathrm{B}Z_\mathrm{B}\}$中的三个坐标分量分别表示为$V_{qix}^{(1)}$，$V_{qiy}^{(1)}$，$V_{qiz}^{(1)}$。

同理，刀轴第二点$\boldsymbol{Q}_2$亦为刀轴轨迹面准线上的点，有

$$\boldsymbol{Q}_2 = f_1\boldsymbol{V}_{q1}^{(2)} + f_2\boldsymbol{V}_{q2}^{(2)} + f_3\boldsymbol{V}_{q3}^{(2)} + f_4\boldsymbol{V}_{q4}^{(2)} \tag{9.15}$$

则刀轴矢量为

$$\boldsymbol{k} = (\boldsymbol{Q}_2 - \boldsymbol{Q}_1)/|\boldsymbol{Q}_2 - \boldsymbol{Q}_1| \tag{9.16}$$

设$\boldsymbol{V}_{qi}^{(21)} = \boldsymbol{V}_{qi}^{(2)} - \boldsymbol{V}_{qi}^{(1)}$（$i=1,2,3,4$），令$V_{qix}^{(21)}, V_{qiy}^{(21)}, V_{qiz}^{(21)}$表示$\boldsymbol{V}_{qi}^{(21)}$在基坐标系三个坐标方向的三个分量，则

$$\boldsymbol{k} = \frac{\sum_{i=1}^{4} f_i\boldsymbol{V}_{qi}^{(21)}}{\sqrt{(\sum_{i=1}^{4} f_iV_{qix}^{(21)})^2 + (\sum_{i=1}^{4} f_iV_{qiy}^{(21)})^2 + (\sum_{i=1}^{4} f_iV_{qiz}^{(21)})^2}} \tag{9.17}$$

可写成以下形式：

$$\boldsymbol{k} = K_x\boldsymbol{i}_B + K_y\boldsymbol{j}_B + K_z\boldsymbol{k}_B \tag{9.18}$$

令$M = (\sum_{i=1}^{4} f_iV_{qix}^{(21)})^2 + (\sum_{i=1}^{4} f_iV_{qiy}^{(21)})^2 + (\sum_{i=1}^{4} f_iV_{qiz}^{(21)})^2$，则式（9.18）中的各分量可表示为

$$K_x = \frac{\sum_{i=1}^{4} f_iV_{qix}^{(21)}}{\sqrt{M}}$$

$$K_y = \frac{\sum_{i=1}^{4} f_iV_{qiy}^{(21)}}{\sqrt{M}}$$

$$K_z = \frac{\sum_{i=1}^{4} f_iV_{qiz}^{(21)}}{\sqrt{M}}$$

坐标矢量$\boldsymbol{i}, \boldsymbol{j}$确定如下：

$$\boldsymbol{i} = \frac{\boldsymbol{k}_B \times \boldsymbol{k}}{|\boldsymbol{k}_B \times \boldsymbol{k}|} = \frac{-K_y}{\sqrt{K_x{}^2 + K_y{}^2}}\boldsymbol{i}_B + \frac{K_x}{\sqrt{K_x{}^2 + K_y{}^2}}\boldsymbol{j}_B = I_x\boldsymbol{i}_B + I_y\boldsymbol{j}_B \tag{9.19}$$

$$
\begin{aligned}
\boldsymbol{j} &= \boldsymbol{k} \times \boldsymbol{i} \\
&= -K_z I_y \boldsymbol{i}_B + K_z I_x \boldsymbol{j}_B + (K_x I_y - K_y I_x) \boldsymbol{k}_B \\
&= J_x \boldsymbol{i}_B + J_y \boldsymbol{j}_B + J_z \boldsymbol{k}_B
\end{aligned} \tag{9.20}
$$

式中，

$$
I_x = -\frac{K_y}{\sqrt{K_x^2 + K_y^2}}, I_y = \frac{K_x}{\sqrt{K_x^2 + K_y^2}}
$$

$$
J_x = -K_z I_y, J_y = K_z I_x, J_z = (K_x I_y - K_y I_x)
$$

至此圆锥面族方程可写为

$$
\boldsymbol{R}(t,\alpha,u_q) = R_x(t,\alpha,u_q)\boldsymbol{i}_B + R_y(t,\alpha,u_q)\boldsymbol{j}_B + R_z(t,\alpha,u_q)\boldsymbol{k}_B \tag{9.21}
$$

式中，

$$
R_x = \sum_{i=1}^{4} f_i V_{qix}^{(1)} + (r_c + t\sin\delta)\cos\alpha I_x + (r_c + t\sin\delta)\sin\alpha J_x + (t\cos\delta - r_c\tan\delta)K_x
$$

$$
R_y = \sum_{i=1}^{4} f_i V_{qiy}^{(1)} + (r_c + t\sin\delta)\cos\alpha I_y + (r_c + t\sin\delta)\sin\alpha J_y + (t\cos\delta - r_c\tan\delta)K_y
$$

$$
R_z = \sum_{i=1}^{4} f_i V_{qiz}^{(1)} + (r_c + t\sin\delta)\sin\alpha J_z + (t\cos\delta - r_c\tan\delta)K_z
$$

2. 圆锥面族包络面的计算

根据单参曲面族的包络条件[6]，有

$$
\left(\frac{\partial \boldsymbol{R}}{\partial t}, \frac{\partial \boldsymbol{R}}{\partial \alpha}, \frac{\partial \boldsymbol{R}}{\partial u_q}\right) = 0 \tag{9.22}
$$

式中，对参数t,α求偏导数的计算如下：

$$
\frac{\partial R_x}{\partial t} = \sin\delta\cos\alpha I_x + \sin\delta\sin\alpha J_x + \cos\delta K_x \tag{9.23}
$$

$$
\frac{\partial R_x}{\partial \alpha} = -(r_c + t\sin\delta)\sin\alpha I_x + (r_c + t\sin\delta)\cos\alpha J_x \tag{9.24}
$$

$$
\frac{\partial R_y}{\partial t} = \sin\delta\cos\alpha I_y + \sin\delta\sin\alpha J_y + \cos\delta K_y \tag{9.25}
$$

$$
\frac{\partial R_y}{\partial \alpha} = -(r_c + t\sin\delta)\sin\alpha I_y + (r_c + t\sin\delta)\cos\alpha J_y \tag{9.26}
$$

$$
\frac{\partial R_z}{\partial t} = \sin\delta\cos\alpha I_z + \sin\delta\sin\alpha J_z + \cos\delta K_z \tag{9.27}
$$

$$
\frac{\partial R_z}{\partial \alpha} = -(r_c + t\sin\delta)\sin\alpha I_z + (r_c + t\sin\delta)\cos\alpha J_z \tag{9.28}
$$

相比于参数 t 、 α ，对参数 u_q 求偏导数较为复杂，结果如下：

$$\frac{\partial R_x}{\partial u_q}=\sum_{i=1}^{4}\frac{\mathrm{d}f_i}{\mathrm{d}u_q}V_{qix}^{(1)}+(r_c+t\sin\delta)\cos\alpha\frac{\mathrm{d}I_x}{\mathrm{d}u_q}+(r_c+t\sin\delta)\sin\alpha\frac{\mathrm{d}J_x}{\mathrm{d}u_q}$$
$$+(t\cos\delta-r_c\tan\delta)\frac{\mathrm{d}K_x}{\mathrm{d}u_q} \tag{9.29}$$

$$\frac{\partial R_y}{\partial u_q}=\sum_{i=1}^{4}\frac{\mathrm{d}f_i}{\mathrm{d}u_q}V_{qiy}^{(1)}+(r_c+t\sin\delta)\cos\alpha\frac{\mathrm{d}I_y}{\mathrm{d}u_q}+(r_c+t\sin\delta)\sin\alpha\frac{\mathrm{d}J_y}{\mathrm{d}u_q}$$
$$+(t\cos\delta-r_c\tan\delta)\frac{\mathrm{d}K_y}{\mathrm{d}u_q} \tag{9.30}$$

$$\frac{\partial R_z}{\partial u_q}=\sum_{i=1}^{4}\frac{\mathrm{d}f_i}{\mathrm{d}u_q}V_{qiz}^{(1)}+(r_c+t\sin\delta)\cos\alpha\frac{\mathrm{d}I_z}{\mathrm{d}u_q}+(r_c+t\sin\delta)\sin\alpha\frac{\mathrm{d}J_z}{\mathrm{d}u_q}$$
$$+(t\cos\delta-r_c\tan\delta)\frac{\mathrm{d}K_z}{\mathrm{d}u_q} \tag{9.31}$$

其中，

$$\frac{\mathrm{d}K_x}{\mathrm{d}u_q}=\frac{\sqrt{M}(\sum_{i=1}^{4}\frac{\mathrm{d}f_i}{\mathrm{d}u_q}V_{qix}^{(21)})-(\sum_{i=1}^{4}f_iV_{qix}^{(21)})M'/\sqrt{M}}{M}$$

$$\frac{\mathrm{d}K_y}{\mathrm{d}u_q}=\frac{\sqrt{M}(\sum_{i=1}^{4}\frac{\mathrm{d}f_i}{\mathrm{d}u_q}V_{qiy}^{(21)})-(\sum_{i=1}^{4}f_iV_{qiy}^{(21)})M'/\sqrt{M}}{M}$$

$$\frac{\mathrm{d}K_z}{\mathrm{d}u_q}=\frac{\sqrt{M}(\sum_{i=1}^{4}\frac{\mathrm{d}f_i}{\mathrm{d}u_q}V_{qiz}^{(21)})-(\sum_{i=1}^{4}f_iV_{qiz}^{(21)})M'/\sqrt{M}}{M}$$

$$M'=(\sum_{i=1}^{4}f_iV_{qix}^{(21)})(\sum_{i=1}^{4}\frac{\mathrm{d}f_i}{\mathrm{d}u_q}V_{qix}^{(21)})+(\sum_{i=1}^{4}f_iV_{qiy}^{(21)})(\sum_{i=1}^{4}\frac{\mathrm{d}f_i}{\mathrm{d}u_q}V_{qiy}^{(21)})$$
$$+(\sum_{i=1}^{4}f_iV_{qiz}^{(21)})(\sum_{i=1}^{4}\frac{\mathrm{d}f_i}{\mathrm{d}u_q}V_{qiz}^{(21)})$$

$$\frac{\mathrm{d}I_x}{\mathrm{d}u_q}=\frac{-\frac{\mathrm{d}K_y}{\mathrm{d}u_q}(K_x^{\ 2}+K_y^{\ 2})+K_y(K_x\frac{\mathrm{d}K_x}{\mathrm{d}u_q}+K_y\frac{\mathrm{d}K_y}{\mathrm{d}u_q})}{(K_x^{\ 2}+K_y^{\ 2})^{\frac{3}{2}}}$$

$$\frac{\mathrm{d}I_y}{\mathrm{d}u_q}=\frac{-\frac{\mathrm{d}K_x}{\mathrm{d}u_q}(K_x^{\ 2}+K_y^{\ 2})+K_x(K_x\frac{\mathrm{d}K_x}{\mathrm{d}u_q}+K_y\frac{\mathrm{d}K_y}{\mathrm{d}u_q})}{(K_x^{\ 2}+K_y^{\ 2})^{\frac{3}{2}}}$$

$$\frac{\mathrm{d}J_x}{\mathrm{d}u_q}=-\frac{\mathrm{d}K_z}{\mathrm{d}u_q}I_y-K_z\frac{\mathrm{d}I_y}{\mathrm{d}u_q}$$

$$\frac{\mathrm{d}J_y}{\mathrm{d}u_q}=\frac{\mathrm{d}K_z}{\mathrm{d}u_q}I_x+K_z\frac{\mathrm{d}I_x}{\mathrm{d}u_q}$$

$$\frac{\mathrm{d}J_z}{\mathrm{d}u_q}=\frac{\mathrm{d}K_x}{\mathrm{d}u_q}I_y+K_x\frac{\mathrm{d}I_y}{\mathrm{d}u_q}-(\frac{\mathrm{d}K_y}{\mathrm{d}u_q}I_x+K_y\frac{\mathrm{d}I_x}{\mathrm{d}u_q})$$

将式（9.21）和式（9.22）联立可计算出包络面。

上面只描述了刀轴轨迹面的第一段曲面片的刀具包络面的计算过程，如果要计算其他段刀轴轨迹曲面的刀具包络面，只需替换成相应的控制顶点即可。

3. 包络误差的计算

由包络面上各点向工件直纹面做垂线，该点与垂足点的距离（需判断正负）就是包络误差。前面已知在工件直纹面选取了 m 个刀位，形成了 $m-1$ 段刀轴轨迹面的曲面片，相对于工件直纹面，整个加工区域的包络误差的计算步骤如下。

步骤 1：令 $i=1$，即选择第 1 个刀轴曲面片。

步骤 2：令参数 $u_q=0$。

步骤 3：令参数 $t=0$。

步骤 4：由式（9.22）计算出参数 α。

步骤 5：由式（9.21）得到包络面上点的坐标，计算该点至工件直纹面的距离值，并判断该值的符号，过切为负，欠切为正。

步骤 6：令参数 t 取一个新的数值，重复步骤 4 和步骤 5，直至 $t=t_{\max}$，$t_{\max}$ 可通过在工件直纹面上的垂足点是否超过曲面的边界来判断。

步骤 7：令参数 u_q 取一个新的数值，重复步骤 3～步骤 6，直至 $u=1$。

步骤 8：令 $i=i+1$，重复步骤 2～步骤 7，直至 $i=m-1$。

由上述过程可以发现，用解析方法计算圆锥刀的包络面以及计算包络面与设计曲面的误差非常复杂，求解并不容易。

9.5.2　基于共轭曲面仿真原理的包络面与包络误差计算

1. 计算过程描述

根据共轭曲面的数字仿真原理，圆锥面族的包络面可以分片表示如下：

$$\boldsymbol{R}^{(2)}(i;u,v)=\boldsymbol{r}_l(i;u,v)+h\boldsymbol{n}(i;u,v) \tag{9.32}$$

式中，i, u, v 的意义与取值同前；$\boldsymbol{r}_l(i;u,v)$ 表示参考曲面；$h\boldsymbol{n}(i;u,v)$ 为该曲面片沿法线方向发出的标杆射线，其中，$\boldsymbol{n}(i;u,v)$ 为单位法矢，h 为标杆函数，表示包络面与叶片曲面的对应点的误差。

考虑到刀轴面准线的分段特性［参见式（9.3）～式（9.5），式（9.21）中 $\boldsymbol{R}(t,\alpha,u_q)$ 仅为 $j=1$ 的特例］，式（9.13）所示的圆锥面族方程应该表示为

$$\boldsymbol{R}(j;t,\alpha,u_q)=\boldsymbol{O}+(r_c+t\sin\delta)(\cos\alpha\boldsymbol{i}+\sin\alpha\boldsymbol{j})+t\cos\delta\boldsymbol{k}\quad j=1,2,\cdots,m-1 \tag{9.33}$$

在加工过程中，首先满足接触条件：

$$\boldsymbol{R}^{(2)}(i;u,v)=\boldsymbol{R}(j;t,\alpha,u_q)$$

由式（9.32）、式（9.33）可知：

$$\boldsymbol{r}_l(i;u,v)+h\boldsymbol{n}(i;u,v)=\boldsymbol{O}+(r_c+t\sin\delta)(\cos\alpha\boldsymbol{i}+\sin\alpha\boldsymbol{j})+t\cos\delta\boldsymbol{k} \tag{9.34}$$

对于已知叶片曲面片上的点（i, u, v 取定值），要求其被某一位置（j, u_q 取定值）的圆锥面截得的标杆长度时，式（9.34）成为只含有三个未知量 α, t, h 的由三个标量方程组成的方程组，因而可解。不同位置的圆锥面截得的标杆长度 h 是不同的，h 中最小的标杆长度 $h_{\min}$ 对应的标杆的端点便为刀具包络面上的点，而 $h_{\min}$ 则是叶片曲面上该已知点对应的包络误差。令 u, v 取变量域内一系列值，则可确定整个刀具的包络面以及叶片曲面片各点对应的包络误差。

分析可知，基于共轭曲面仿真原理的包络面及包络误差计算，原理直观清晰，过程简单直接，求解方便快捷，充分体现了仿真方法的优越性。

2. 计算实例与分析

下面以第 5 段叶片曲面片［即式（9.1）中 $i=5$］为例给出具体的计算结果。已知刀具条件如下：圆锥刀小端半径 $r_c=5\,\text{mm}$，锥顶半角 $\delta=5^\circ$。计算过程中，令

u 均匀取 0、0.2、0.4、0.6、0.8、1.0，即 $m=6$；每一段初始刀轴曲面片上令 u_q 分别取 0.001、0.331、0.661、0.991，v_q 分别取 0、0.19、0.38、0.57、0.76、0.95，共 24 个点，即 $M=24$。也就是说式（9.9）有 16 个矢量未知数，120 个矢量方程。图 9.8～图 9.10 为优化前的包络误差，分别对应刀轴第二点由参数 $v_1=0.5$，$v_1=0.75$，$v_1=1.0$ 确定时的情形，各自对应的误差（mm）分别为–0.0170～+0.0700，–0.0460～+0.0460，–0.0990～0。图 9.11～图 9.13 为同样三种情形优化后的包络误差（mm），分别为–0.0065～+0.0312，–0.0240～+0.0580，–0.0580～0.0690。可见，$v_1=0.5$ 时的优化效果最好。v_1 值增大，则优化效果变差，当 $v_1=1.0$ 时，仅有误差的分布得到改善，误差的数值反而增大，达不到优化的效果。因而取 $v_1=0.5$，生成刀轴第二点的方案作为最终选择的方案，优化的结果为–0.0065～+0.0312，优化前后的刀轴面两端准线的控制顶点如表 9.2 所示。

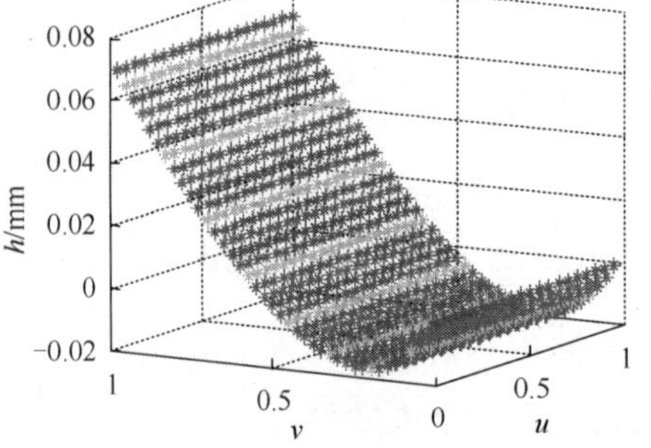

图 9.8 v_1 =0.5 时的初始包络误差

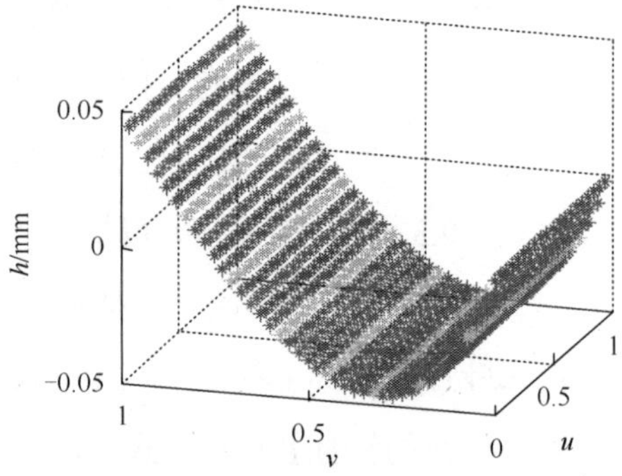

图 9.9 v_1 =0.75 时的初始包络误差

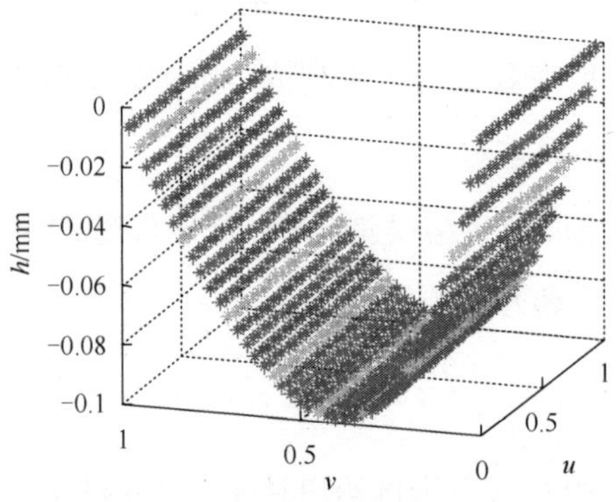

图 9.10 v_1 =1.0 时的初始包络误差

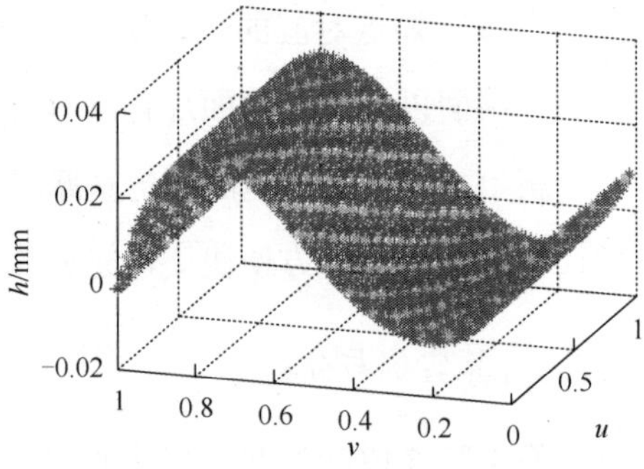

图 9.11 v_1 =0.5 优化后的包络误差

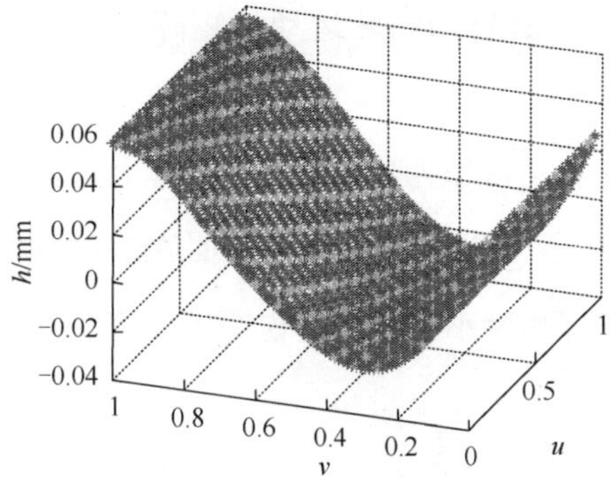

图 9.12　v_1 =0.75 优化后的包络误差

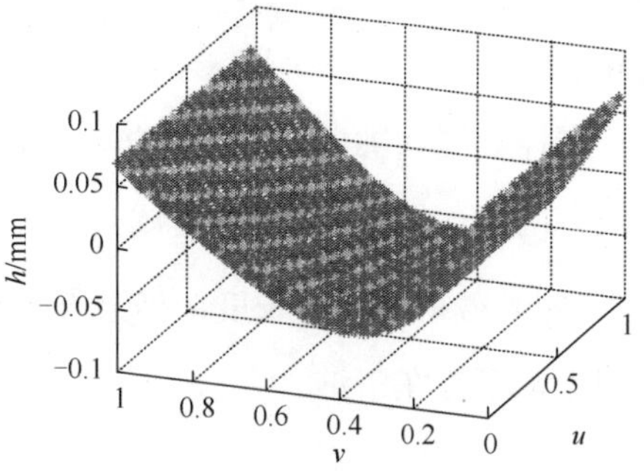

图 9.13　v_1 =1.0 优化后的包络误差

表 9.2　优化前后刀轴面的控制顶点

	初始刀轴	优化后的刀轴
一侧控制顶点	(−62.984,67.826,44.139)	(−62.994,67.826,44.135)
	(−62.917,68.094,43.955)	(−62.927,68.094,43.951)
	(−62.784,68.629,43.589)	(−62.794,68.629,43.585)
	(−62.584,69.429,43.041)	(−62.593,69.429,43.037)
	(−62.382,70.227,42.496)	(−62.392,70.227,42.492)
	(−62.180,71.022,41.953)	(−62.190,71.022,41.949)
	(−62.044,71.551,41.592)	(−62.054,71.551,41.588)
	(−61.976,71.815,41.412)	(−61.986,71.816,41.408)
另一侧控制顶点	(−77.480,95.229,69.983)	(−77.488,95.229,69.979)
	(−77.370,95.445,69.816)	(−77.378,95.445,69.812)
	(−77.149,95.877,69.483)	(−77.157,95.878,69.479)
	(−76.818,96.524,68.984)	(−76.826,96.524,68.980)
	(−76.487,97.168,68.487)	(−76.495,97.169,68.483)
	(−76.155,97.811,67.991)	(−76.163,97.812,67.987)
	(−75.934,98.238,67.661)	(−75.942,98.239,67.658)
	(−75.824,98.452,67.496)	(−75.831,98.453,67.493)

9.6　加工过程中相邻叶片的干涉检查

将叶片曲面逆时针回转一个分齿角即得到相邻的叶片曲面。刀具在加工叶片的左侧齿面时，需要检验刀具是否会和相邻叶片的右侧齿面发生干涉。

由式（9.2）可知相邻叶片右侧曲面的方程可以表示如下：

$$\hat{\boldsymbol{r}}_r = \hat{\boldsymbol{r}}_r(i;u,v) = (1-v)\hat{\boldsymbol{r}}_r^{(1)} + v\hat{\boldsymbol{r}}_r^{(2)} \tag{9.35}$$

式中，$\hat{\boldsymbol{r}}_r^{(1)} = \boldsymbol{B}(\lambda)\boldsymbol{r}_r^{(1)}$；$\hat{\boldsymbol{r}}_r^{(2)} = \boldsymbol{B}(\lambda)\boldsymbol{r}_r^{(2)}$，其中，$\boldsymbol{B}(\lambda)$为回转运动群矩阵，$\lambda$为分齿角。

同样利用共轭曲面的数字仿真方法，将$\hat{\boldsymbol{r}}_r(i;u,v)$作为参考曲面，由其上各点沿法线方向$\hat{\boldsymbol{n}}(i;u,v)$发出标杆射线，如图 9.14 所示，同样可以计算圆锥面族的包络面（另一侧）截得的标杆长度，当某参考点的标杆长度小于零时，说明出现了干涉，否则表示不存在干涉。

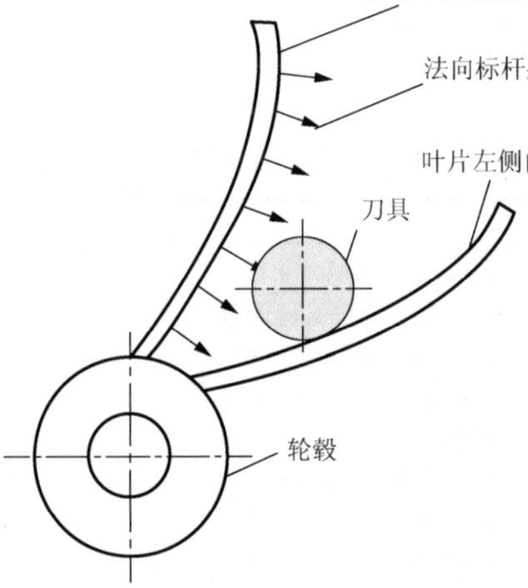

图 9.14　相邻叶片曲面干涉检查

对于本章的实例，在对利用最小二乘法得到的刀轴轨迹进行加工的同时，进行相邻叶片的干涉校验。结果表明，即便在最危险的近轮毂处，也不会存在相邻叶片的加工干涉。

9.7　基于共轭曲面仿真原理的侧铣刀位最优性条件的生成

9.7.1　单刀位优化的难点分析

分析侧铣加工问题的实质，不难发现，侧铣加工的核心目标，就是寻求刀具在加工过程的每一个时刻都处于一个“恰当”的位姿以使整个刀具包络面尽可能地逼近设计曲面。但存在的问题是，由于刀具包络面是在所有刀位都确定之后才形成的，如何在单个刀位规划的时候考虑刀具包络面与设计曲面之间的偏差是理论上困扰众学者多年的难题[7]。目前的研究大多没有从刀具包络面向设计曲面逼近的角度来考虑，而是将刀位规划转化成单个刀位下刀具曲面与设计曲面之间的优化逼近问题[8]。采用这种方法带来的直接后果是，设计的前一个刀位切削加工的区域，往往会被下一个刀位切削破坏，造成实际加工误差难以控制。

前面提到的最小二乘法同样没有很好地解决上述问题。为实现每个刀位下刀具曲面与工件曲面尽可能线接触，采用直接获得整个控制顶点系列的方法，可以发现其优化并不是针对单个刀位进行的，而是在整个曲面加工区域内针对多个刀位同时进行。事实上这是一个多目标优化问题，其最优解必然兼顾各个目标（各个刀位）。由于非可展直纹面各点法矢的不同，显而易见，所获得的最优解对于其中任何一个单一目标（单个刀位）都难以称为最优解。因此，该方法仅适用于扭曲度不大的非可展直纹面或者很小的加工区域，不然优化效果必然难以保证，事实上该方法的计算结果已经证明在直母线参数 $v=0$ 至 $v=1$ 的整个区域内进行优化，结果反而不如优化前。

9.7.2　刀位的最优性判定条件

下面利用共轭曲面的仿真原理，建立设计曲面与刀具包络面的法向映射关系，并从假定两者重合，即实现零误差加工的特殊情形出发，研究单个刀位的优化条件，即将刀位优化问题纳入曲面逼近的整体目标之内，提出一种以位姿参数为自变量的评价刀位优劣的目标函数。

1. 刀具包络面的相伴曲面表示

假设设计曲面（直纹面）S 方程为 $\boldsymbol{R}^{(1)}=\boldsymbol{R}^{(1)}(u,v)$，$u$ 为直纹面准线参数，v 为直母线方向参数，$u\in[0,1]$，$v\in[0,1]$。以设计曲面 S 为参考曲面，可将刀具包络面 S^* 表示为如下形式：

$$\boldsymbol{R}^{(2)}(u,v)=\boldsymbol{R}^{(1)}(u,v)+h_m(u,v)\boldsymbol{n}(u,v) \tag{9.36}$$

式中，$\boldsymbol{n}(u,v)$ 为设计曲面中点 (u,v) 发出的某一方向的单位矢量，在一定范围内可为任意方向，其指向规定为离体；$h_m(u,v)$ 表示设计曲面与刀具包络面对应点的联络。特殊地，当$\boldsymbol{n}(u,v)$为法线方向时，$h_m(u,v)$表示设计曲面上点的包络误差。

可见设计曲面S和刀具包络面S^*之间确立了点到点的映射关系，两个曲面构成了一对相伴曲面[9]。

设刀具沿刀轴面运动的面族方程为

$$\boldsymbol{r}=\boldsymbol{r}(\tau;\xi,\zeta)$$

式中，τ为面族参数；ξ,ζ为刀具曲面参数。

在加工过程中，工件毛坯受到连续刀位的切削，设计曲面上各点误差$h_m(u,v)$是在该点对应的最后一个有效刀位（切得最深的刀位）切削终止后形成的，而其中间值为刀具面族参数τ的函数，可表示为$h(\tau;u,v)$，即标杆函数，显然有

$$h_m(u,v)=\min_{\tau} h(\tau;u,v) \tag{9.37}$$

因而，求解加工曲面及其加工误差的问题实际上就是求解标杆函数的最小值的数学规划问题。

2. 包络过程的极值条件

在加工过程中，满足如下接触条件：

$$\boldsymbol{R}^{(1)}(u,v)+h(\tau;u,v)\boldsymbol{n}(u,v)-\boldsymbol{r}(\tau;\xi,\zeta)=0 \tag{9.38}$$

对式（9.38）全微分，有

$$\begin{aligned}&\boldsymbol{R}_u^{(1)}\mathrm{d}u+\boldsymbol{R}_v^{(1)}\mathrm{d}v+(h_\tau\mathrm{d}\tau+h_u\mathrm{d}u+h_v\mathrm{d}v)\boldsymbol{n}\\&+h(\boldsymbol{n}_u\mathrm{d}u+\boldsymbol{n}_v\mathrm{d}v)-(\boldsymbol{r}_\tau\mathrm{d}\tau+\boldsymbol{r}_\xi\mathrm{d}\xi+\boldsymbol{r}_\zeta\mathrm{d}\zeta)=0\end{aligned} \tag{9.39}$$

对于设计曲面上的某一固定点，u,v取定值，因而$\mathrm{d}u=0$，$\mathrm{d}v=0$，式（9.39）可简化为

$$h_\tau\mathrm{d}\tau\boldsymbol{n}-\boldsymbol{r}_\tau\mathrm{d}\tau-\boldsymbol{r}_\xi\mathrm{d}\xi-\boldsymbol{r}_\zeta\mathrm{d}\zeta=0 \tag{9.40}$$

将式（9.40）点乘$(\boldsymbol{r}_\xi\times\boldsymbol{r}_\zeta)$，并注意在连续可微的条件下，$h(\tau;u,v)$取最小值必然满足$h_\tau=0$，得到最小值点的表达式：

$$\boldsymbol{r}_\tau\cdot(\boldsymbol{r}_\xi\times\boldsymbol{r}_\zeta)=0 \tag{9.41}$$

式（9.41）的条件恰好为曲面族$\boldsymbol{r}=\boldsymbol{r}(\tau;\xi,\zeta)$的包络条件[6]，证明在正则条件下，标杆函数的最小值条件与曲面的包络条件等价。

对于圆锥刀这一类典型的回转面刀具，根据回转面的几何性质可知，其上满

足包络条件的点必然满足该点处曲面的法线通过回转轴。

考虑侧铣加工过程，假设刀具包络面已经形成，以刀具包络面为参考曲面，在其上某点发出法向标杆射线，可知加工过程中该点的标杆长度不断变短，最终最小数值（为 0）的获得必然因为刀具轴线通过该点法线的刀位，如图 9.15 所示，该刀位称为最小值刀位。单纯从几何学上看，刀具包络面上一个点的生成只需考虑最小值刀位，与其他刀位无关。

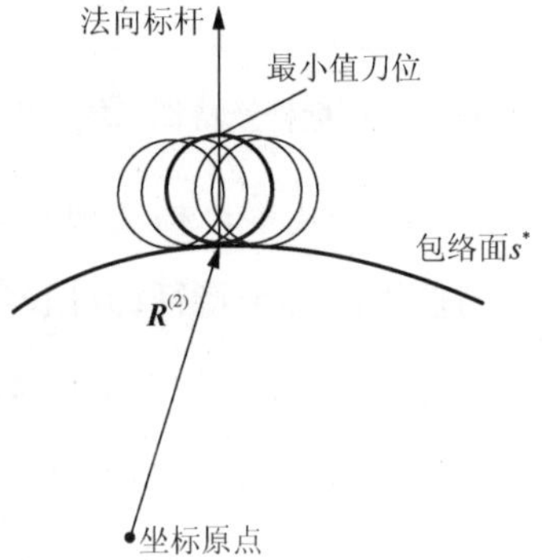

图 9.15　最小值刀位

3. 圆锥刀侧铣单刀位的最优判定条件

鉴于以上分析，进行以下操作。

如图 9.16 所示，对于圆锥刀侧铣加工的某一个瞬时刀位，通过其轴线上各点 $\boldsymbol{Q}_1,\boldsymbol{Q}_2,\cdots,\boldsymbol{Q}_n$（$n\in[1,\infty)$，任意取值）向设计曲面做垂线，垂足记为 $\boldsymbol{P}_1,\boldsymbol{P}_2,\cdots,\boldsymbol{P}_n$，再从设计曲面上 $\boldsymbol{P}_1,\boldsymbol{P}_2,\cdots,\boldsymbol{P}_n$ 各点发出法向标杆射线 $\boldsymbol{l}_1,\boldsymbol{l}_2,\cdots,\boldsymbol{l}_n$，显然 $\boldsymbol{l}_i$ 与 $\boldsymbol{P}_i\boldsymbol{Q}_i$ 重合。由于各标杆射线 $\boldsymbol{l}_i$ 均通过该瞬时刀轴，具有明显的特征——和其他不与刀轴相交的标杆不同，称之为该瞬时刀轴对应的特征标杆。设各特征标杆射线与圆锥面的交点为 $\boldsymbol{L}_1,\boldsymbol{L}_2,\cdots,\boldsymbol{L}_n$（圆锥面与特征标杆射线的交点实为两个，取离设计曲面最近的一个），截得的标杆长度 $|\boldsymbol{P}_i\boldsymbol{L}_i|$ 用标量 l_i 表示，称为特征标杆长度。

当设计曲面为可展直纹面时，必然存在最优刀轴轨迹面，使得每个刀位满足各特征标杆长度 $l_1=l_2=\cdots=l_n=0$，即理论上可以实现刀具包络面与设计曲面的重合。

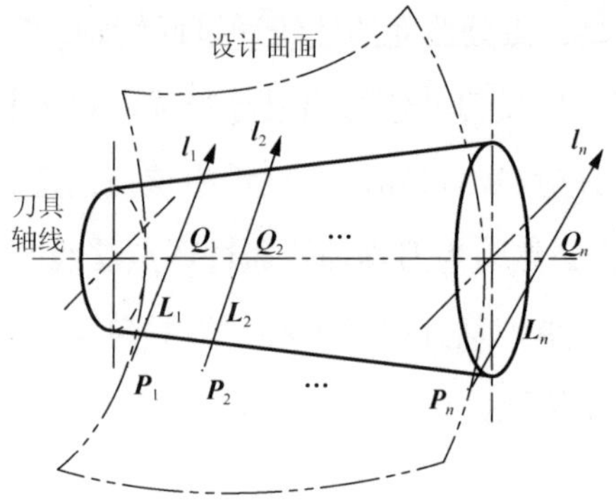

图 9.16　特征标杆及特征标杆长度

当设计曲面为非可展直纹面时，不可能严格实现 $l_1 = l_2 = \cdots = l_n = 0$（$n \in [1,\infty)$，任意取值）条件，只有使每个刀位下的各个特征标杆长度 l_i（$i = 1,\cdots,n$）均尽可能小，才有可能实现刀具包络面向设计曲面最大限度的逼近，因此给出如下命题。

命题 9.2：圆锥刀侧铣非可展直纹面的单刀位最优性判定条件为该刀位应满足各特征标杆长度的平方和为最小，即

$$\min_{c \in C} f = \sum_{i=1}^{n} l_i^2 \tag{9.42}$$

式中，c 表示刀轴位姿；$C = \{c\}$ 为刀轴位姿的集合。

鉴于曲面问题的复杂性，命题 9.2 是否构成充分条件、必要条件或充要条件，尚无法给出严密的数学证明，但该优化是针对单个刀位进行的，其目标函数是刀具包络面逼近设计曲面的根本目标在单个刀位上的合理分解，反映了问题的本质。理论上刀位的优化与相邻的刀位无关，因而可以认为该命题是合理的，其合理性也得到了实例的验证。

实际上，为了实现上述目标，在初始刀位的基础上，让表征初始刀轴位姿的 6 个参数在各自的初始值邻域内进行调整，形成一系列刀轴位姿，组成刀轴位姿集合，也就是形成了位姿参数的可行域。在可行域内，可以通过一些优化方法寻找符合最优性条件的刀轴位姿，即获得优化的刀位。文献[10]利用组合优化结合响应面方法对此进行了寻优，针对 9.5.2 小节中的实例，相同条件下可以获得的优化结果如下：最大过切量为–0.0173mm，最大欠切量为 0.0165mm，即极差为 0.0338mm，

小于前面最小二乘法获得的 0.0377mm（−0.0065mm～0.0312mm）的优化结果。刀轴优化后曲面包络误差的分布如图 9.17 所示。

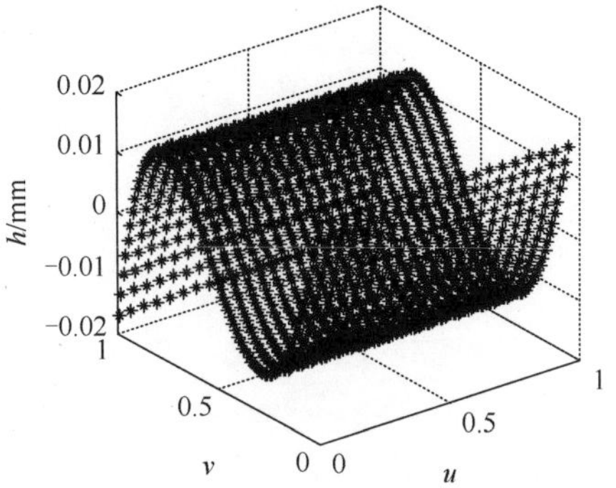

图 9.17　刀轴优化后的曲面包络误差

参 考 文 献

[1] 宫虎，曹利新，刘健．数控侧铣加工非可展直纹面的刀位整体优化原理与方法．机械工程学报，2005，41（11）：134-139.

[2] 蔺小军，樊宁静，郭研，等．非可展直纹面侧铣刀位轨迹优化算法．机械工程学报，2014，50（9）：136-141.

[3] 朱心雄．自由曲线曲面造型技术．北京：科学出版社，2000.

[4] 阎长罡，施晓春，邓晓云．圆锥刀侧铣整体叶轮叶片曲面的刀轴轨迹规划．计算机集成制造系统，2014，20（5）：1114-1120.

[5] 徐士良．C 常用算法程序集．北京：清华大学出版社，1996.

[6] 吴大任，骆家舜．齿轮啮合理论．北京：科学出版社，1985.

[7] 郭东明，孙玉文，贾振元．高性能精密制造方法及其研究进展．机械工程学报，2014，50（11）：119-134.

[8] 朱利民，丁汉，熊有伦．非球头刀宽行五轴数控加工自由曲面的三阶切触法（I）：刀具包络曲面的局部重建原理．中国科学：技术科学，2010，40（11）：1268-1275.

[9] 王永青，刘海波，贾振元，等．基于活动标架理论的加工目标曲面再设计及刀位计算．机械工程学报，2012，48（19）：141-147.

[10] 阎长罡．数控侧铣加工的几何学原理与方法．北京：科学出版社，2016.